水资源开发利用与水库综合调节研究与实践

SHUIZIYUAN KAIFA LIYONG YU SHUIKU ZONGHE TIAOJIE YANJIU YU SHIJIAN

杨 健 詹红丽 马 壮◎主编

·南京·

图书在版编目（CIP）数据

水资源开发利用与水库综合调节研究与实践 / 杨健，詹红丽，马壮主编. -- 南京：河海大学出版社，2024.7. -- ISBN 978-7-5630-9249-9

Ⅰ. TV213；TV697

中国国家版本馆 CIP 数据核字第 2024GV3761 号

书　　名 / 水资源开发利用与水库综合调节研究与实践
书　　号 / ISBN 978-7-5630-9249-9
责任编辑 / 金怡
特约校对 / 张美勤
封面设计 / 徐娟娟
出版发行 / 河海大学出版社
地　　址 / 南京市西康路 1 号(邮编:210098)
电　　话 / (025)83737852(总编室)　(025)83722833(营销部)
经　　销 / 江苏省新华发行集团有限公司
排　　版 / 南京月叶图文制作有限公司
印　　刷 / 广东虎彩云印刷有限公司
开　　本 / 710 毫米×1000 毫米　1/16
印　　张 / 19.5
字　　数 / 380 千字
版　　次 / 2024 年 7 月第 1 版
印　　次 / 2024 年 7 月第 1 次印刷
定　　价 / 98.00 元

《水资源开发利用与水库综合调节研究与实践》

编委会

主　编　杨　健　詹红丽　马　壮

副主编　郭　兴　李文凯　张　云　刘慧文
　　　　胡小青　张佳宾

编　委　翟永胜　魏　祎　王金锴　张　青
　　　　张　冉　党　莹　李向阳　王佳林
　　　　温杨茜　赵先勇　李来山　沈加旺
　　　　张　励　胡亚东　马迎双　刘璐阳

前言

水是生命之源，生产之要，生态之基。作为地球上最宝贵的自然资源之一，水资源对人类的生存和发展具有不可替代的重要作用。在全球气候变化、人口增长和经济社会快速发展的背景下，水资源的科学管理和合理利用已成为各国面临的共同挑战。本书由主编杨健、詹红丽、马壮领衔，副主编郭兴、李文凯、张云、刘慧文、胡小青、张佳宾以及各编委会成员共同编写，旨在系统介绍水资源的调查评价、开发利用、规划管理、节约保护以及水能利用等方面的基本理论和实践经验，为水资源领域的科研工作者、工程技术人员和管理决策者提供参考和借鉴。

本书编写团队全部来自中国电建集团北京勘测设计研究院有限公司，他们凭借深厚的专业知识和丰富的实践经验，共同完成了本书的编写工作。全书分为两篇，共11章。第一篇“水资源开发利用与管理”由第1章至第7章组成，第二篇“水库综合调节与调度”由第8章至第11章组成。

在“水资源开发利用与管理”篇中，第1章绪论由胡小青编写，主要介绍了水资源的含义、特点以及我国水资源概况，为读者提供了对水资源及其重要性的初步认识。第2章至第7章分别由党莹、张冉、张云、李文凯和赵先勇、张青、魏祎编写，深入探讨了水资源的调查评价、开发利用、规划管理、节约保护和生态补偿等方面内容。这些章节不仅涵盖了水资源数量评价、质量评价、开发利用影响评价等基础理论，还结合实例分析了水资源供需平衡、水资源配置、节水措施、水资源管理现状以及我国生态补偿的进展和实践，为读者提供了丰富的实践经验和启示。在“水库综合调节与调度”篇中，第8章由郭兴和温杨茜编写，详细介绍了水能资源的估算、水电站开发布置和水能计算等关键技术；第9章由翟永胜编写，系统介绍了水库特性、兴利调节的作用及分类以及兴利调节计算的时历列表法和图解法等内容；第10章由刘慧文编写，着重介绍了防洪与兴利结合、发电与灌溉结合以及生态与环境调度等多种水库调度方式；第 11 章由张佳宾和王金锴编写，探讨了水库群联合调度的目标、模型以及应用实例，为读者提供了水库综合调节的新思路和方法。这些内容对提高水资源利用效率、保障水安全和促进生态文明建设具有重要意义。全书由杨健、詹红丽和马壮统稿。

本书在编写过程中参考了大量国内外文献和资料，并紧密结合理论与实践，力求内容全面、系统、深入。同时，本书也积极吸收了最新的研究成果和实践经验，确保内容的前沿性和实用性。在此，向所有参考文献的作者表示崇高的敬意和衷心的感谢。相信本书能为水资源领域的科研工作者、工程技术人员和管理决策者提供有益的参考和借鉴，共同推动水资源的科学管理和合理利用。

最后，感谢所有参与本书编写的专家学者和工作人员，感谢他们的辛勤付出和无私奉献，使得本书得以顺利完成。同时，也要感谢所有读者的关注和支持，让我们有动力不断追求卓越、精益求精。期待本书能成为相关领域研究和实践的宝贵资料，为学者们提供深刻的见解和启示，为实践者提供实用的指导和借鉴，共同推动水资源领域的进一步发展和进步。

《水资源开发利用与水库综合调节研究与实践》编委会

二〇二四年六月

目录

第一篇　水资源开发利用与管理

第二篇 水库综合调节与调度

第一篇

水资源开发利用与管理

第1章

绪　　论

1.1 水资源的含义及特点

水是人类生产、生活必不可少的重要物质，也是整个生态系统的重要组成要素。在很长时期内，人们对水资源的含义有着不同的见解，直到1977年联合国召开水事会议后，在联合国教科文组织(UNESCO)和世界气象组织(WMO)共同制定的《水资源评价活动——国家评价手册》中，提出了水资源的含义："水资源是指可利用或有可能被利用的水源，这种水源应当有足够的数量和可用的质量，并在某一地点为满足某种用途而得以利用。"这一含义为联合国经济及社会理事会所采纳。

作为重要资源的水具有可以更新补充、可供永续开发利用这样一种不同于其他矿物资源的关键特性。因此，作为参加水的供需关系分析中的水资源，主要是指不断通过蒸发、降水、径流的形式参与全球水循环平衡活动的、人类可以控制和开发利用的动态水源。水资源既是一种经济资源，也是一种环境资源。关于水资源，其主要特点呈现如下。

(1) 流动性

水是一种流动性很强的自然资源。自然界中的大气水、地表水、地下水等各种形态的水体在水文循环的过程中还可以相互转化。因此，水资源难以按地区或城乡的界限硬性分割，应按流域、自然单元进行开发、利用和管理。

(2) 时空变化性

水资源主要受大气降水补给，由于年际和年内变化较大，水资源量随时间的变化比较突出，地表水最明显，地下水次之。由于降水地区分布不均匀，造成了水资源地区分布的不均衡，导致了水土资源组合的不合理，水资源丰、欠地区差异很大。水资源在时间和空间上的变化，给人类利用水资源带来了一系列问题，需要人们通过对各类水资源量、水质的监测，掌握其变化规律，指导水资源合理开发利用。

（3）可再生性

地球上存在着复杂的、大体以年为周期的水循环，使得水资源不同于矿产资源，成为具有可再生性和可重复开发利用的资源。也应指出，水资源的可再生性并不意味着它是一种取之不尽、用之不竭的资源。实际上，就一定区域、一定时段（年）而言，年降水量虽有或大或小变化，但是一个总值是有限的，这就决定了区域年水资源量的有限性。总而言之，无限的水循环和有限的大气降水补给，决定了区域水资源量的可再生性和有限性。

（4）有限性

一个地区的降水量是有限的，比如我国多年平均降水量是 648 mm，海南省多年平均降水量 1 800 mm，北京多年平均降水量是 625 mm。由于降至地面的水还要蒸发消耗和被植物吸收，不可能全部截留，因此，降水量是一个地区水资源的极限数量，而实际上地区水资源量远远达不到这个数字。这就说明，水资源不是取之不尽用之不竭的。确切地说，水循环是无限的，但水资源却是有限的，只有在一定数量限度内取用水资源才可以持续，否则就有枯竭的风险。

（5）相互转换性

地表水资源与地下水资源的相互转换是自然界中的一个重要水文过程，这种现象客观存在。水在重力和毛细力作用下，总是"无孔不入"。在天然状态下，河道常常是地下水的排泄出路，即地下水可以变成地表水。实际资料表明，如河道受潜水补给，则枯水流量变化较大；如果受承压水补给，则枯水流量比较稳定。地表水在某些时期、某些河段也会补给地下水，例如汛期中河流的中下游就是如此，而在其他时段这种补给关系可能相反。只有在那些所谓"地上河"的河段，地表水才常年补给地下水。应当说明，在人类活动影响下，这种转换关系往往发生较大的变化。

（6）多用途性

水资源是具有多种用途的自然资源。水量、水能、水体均各有用途。人们对水的利用十分广泛，包括生活用水、生产用水和生态用水等三大类，具体的用水部门有：①生活用水；②农业（包括林、牧、副业）生产用水；③工业生产用水；④水力发电用水；⑤船、筏水运用水；⑥水产养殖用水；⑦生态环境用水（包括娱乐、景观用水）等。用水目的不同对水质的要求各不相同，使得水资源表现出一水多用的特征。

（7）利害两重性

水资源质、量适宜，且时空分布均匀，为区域经济发展、自然环境的良性循环和人类社会进步做出巨大贡献。水资源开发利用不当，又可制约国民经济发展，破坏人类的生存环境。如水利工程设计不当、管理不善，可造成垮坝事故，引起土壤次生盐碱化。水量过多或过少，往往会产生各种各样的自然灾害。水量过多容易造成洪水泛滥，内涝渍水；水量过少容易形成干旱等自然灾害。适量开采地下水，可为国民经济各部门和居民生活提供水源，满足生产、生活的需求。无节制、不合理地抽取地下水，往往引起水位持续下降、水质恶化、水量减少，不仅影响生产发展，而且严重威胁人类生存。正是由于水资源的双重性质，在开发利用过程中尤其要强调合理利用、有序开发，以达到兴利除害的目的。

1.2 水的存在形式与分布

自然界赋存的水有气态、液态和固态三种形态。一是在大气圈中以水汽的形态存在；二是在地球表面的海洋、湖泊、沼泽、河流中以液态水的形态存在，其中海洋储存的水量最多，在地球表面以下的地壳中也存在液态的水，即地下水；三是以固态的形态存在的冰川水（包括永久冻土的底冰）。地球上的水，指地球表面、岩石圈、大气圈和生物体内各种形态的水，这些水在地球的水循环中发挥着各自的作用。地球上各种水的储量见表1.1-1。

表1.1-1 地球水储量

水的类型	储水总量		咸水		淡水	
	水量（km^3）	所占比例（%）	水量（km^3）	所占比例（%）	水量（km^3）	所占比例（%）
海洋水	1 338 000 000	96.54	1 338 000 000	99.54	0	0
地表水	24 254 100	1.75	85 400	0.006	24 168 700	69
冰川与冰盖	24 064 100	1.736	0	0	24 064 100	68.7
湖泊水	176 400	0.013	85 400	0.006	91 000	0.26
沼泽水	11 470	0.000 8	0	0	11 470	0.033
河流水	2 120	0.000 2	0	0	2 120	0.006
地下水	23 700 000	1.71	12 870 000	0.953	10 830 000	30.92
重力水	23 400 000	1.688	12 870 000	0.953	10 530 000	30.06
地下冰	300 000	0.022	0	0	300 000	0.86
土壤水	16 500	0.001	0	0	16 500	0.05

续表

水的类型	储水总量		咸水		淡水	
	水量（km^3）	所占比例（%）	水量（km^3）	所占比例（%）	水量（km^3）	所占比例（%）
大气水	12 900	0.000 9	0	0	12 900	0.04
生物水	1 120	0.000 1	0	0	1 120	0.003

1.3 水利建设与水资源综合利用

水利是指对水资源的开发、利用、管理和保护，以满足人类生活和生产需要的综合性技术经济活动。水利是人类在充分掌握水的客观规律的前提下，采用工程措施和非工程措施，以及行政、经济、法制等手段，对自然界水循环过程中的水进行调节控制、开发利用和保护管理的各项工作的总称。由于降水量年内、年际分布不均，特别是雨水较丰年份，经常出现暴雨和霪雨形成洪涝灾害，于是除害兴利就构成了整个水利事业，包括防洪治涝、水力发电、灌溉、航运、水生态环境保护等。

防洪治涝历来是水利部门最重要的任务之一。就防洪而言，其主要任务是按照规定的防洪标准，因地制宜地采用工程措施和非工程措施保证安全度汛。而治涝的主要任务是尽量阻止易涝地区以外的山洪、坡水等向本区汇集，并防御外河、外湖洪水倒灌，健全排水系统，及时降低地下水位，保证治涝区的生产和居民生活正常进行。

水力发电是利用河流、湖泊等位于高处具有势能的水流至低处，将其中所含势能转换成水轮机之动能，再借水轮机为原动力，推动发电机产生电能的过程。这个过程实现了将水能转变为机械能，再将机械能转变为电能。这里发生变化的只是水能，水流本身没有消耗，仍能为下游用水部门利用。

灌溉是在降水稀少时，或在干旱缺水地区，用人工措施向田间补充农作物生长所需的水分。灌溉用水中，经由作物蒸腾、渠系水面蒸发和浸润损失等途径消耗掉不能回归到地表水体和地下含水层的水量称为灌溉耗水量；灌溉用水的另一部分则将回归到地表水体和地下含水层。灌溉用水具有较强的季节性。

内河航运是指利用天然河流、湖泊、水库或运河等陆地内的水域进行的货物和人员的水上运输活动。它是交通运输的重要组成部分。内河航运只利用内河水道中水体的浮载能力，并不消耗水量。

水生态环境保护是自然环境保护的重要组成部分，也是水利的一个重要领域，其范畴大体上包括防治水域污染、生态保护及与水利有关的自然资源合理利用和保护等。水利水电工程建设通常会涉及生态平衡、改善环境和自然资源的合理利用与保护等问题，这类问题面广而复杂，性质各不相同，应坚持"在开发中保护，在保护中开发"的原则，具体分析研究，采取合理措施，实现两者共同发展。

《中华人民共和国水法》第四条"开发、利用、节约、保护水资源和防治水害，应当全面规划、统筹兼顾、标本兼治、综合利用、讲求效益，发挥水资源的多种功能，协调好生活、生产经营和生态环境用水"。现实情况下，同一河流或同一地区的水资源需要同时满足几个部门，并且将除水害和兴水利结合起来统筹解决，应当指出，水资源综合利用不仅是一种开发水资源的方式，也是水利建设必须坚持的一项重要原则。《中华人民共和国水法》明确规定，"开发、利用水资源，应当坚持兴利与除害相结合，兼顾上下游、左右岸和有关地区之间的利益，充分发挥水资源的综合效益，并服从防洪的总体安排"。为将水资源综合利用的原则落到实处，必须从当地的客观自然条件和用水部门的实际需要出发，抓住主要矛盾，从经济社会、环境的综合效益最大的角度来考虑，因时、因地制宜地来制定水资源综合利用规划。

1.4 中国水资源概况

中国陆地面积约 960 万 km^2，多年平均年降水总量约 6 万亿 m^3，折合年降水深为 628 mm，比亚洲平均年降水深少 114 mm。中国河川径流总量与世界各国比较，次于巴西、俄罗斯、加拿大、美国、印度尼西亚等五国，居世界第六位。按人口平均每人占有年径流量 2 670 m^3，相当于世界平均水平的 1/4；按耕地平均每亩①占有年径流量 1 800 m^3，约相当于世界平均数的 2/3。

中国水资源情况复杂且具有挑战性。2020 年，中国水资源总量达到 31 605.2亿 m^3，全国用水总量为 5 812.9 亿 m^3，为世界上用水量最多的国家。尽管水资源总量排名世界第六，但由于人口众多，人均水资源量仅为世界平均水平的 35%，有三分之二的城市面临不同程度的水资源短缺问题。

中国水资源的时空分布不均，供需矛盾突出。据水利部数据，2020 年中国地表水资源量 30 407 亿 m^3，地下水资源量 8 553.5 亿 m^3，显示出地表水资源在中国水资源中占据主导地位。《国家节水行动方案》指出，由于人多水少，水资源利

① 1 亩≈666.67 m^2。

用效率与国际先进水平存在较大差距,水资源短缺已经成为生态文明建设和经济社会可持续发展的瓶颈。中国34个省级行政区中有16个面临水资源短缺问题,300个城市存在不同程度的缺水,每年因缺水造成的直接经济损失达2 000亿元。2022年《中国水资源公报》显示,全国用水总量比2021年有所增加,用水效率进一步提升,用水结构也在不断优化。

中国水资源天然水质较好,但水质恶化趋势仍未得到扭转,保护问题依然十分紧迫。我国河流的天然水质较好,矿化度大于1 g/L的河水分布面积占全国河水面积的13.4%,而且主要分布在我国西北人烟稀少的地区。但由于人口不断增长和工业迅速发展,水体污染日趋严重。人口密集、工业发达的城市附近,河流污染比较严重。一些城市的地下水也遭受污染,北方城市较为严重。因此,治理污染、保护水资源,提高水质监测水平,已成为当前的迫切任务。

总的来说,中国水资源面临着总量丰富但分布不均、人均占有量低、利用效率有待提高、水污染治理压力大等多重挑战。解决这些问题需要采取综合性的水资源管理和节水措施。

1.5 我国水资源开发利用成就与展望

我国是水资源开发利用最早的国家之一。古代劳动人民在长期的生活、生产实践活动中,积累了大量兴水利、除水害的宝贵经验,陆续兴建了不少举世闻名的水利工程。

经过几十年的努力,全国各类水库从中华人民共和国成立前的1 200多座增加到近10万座,总库容从200多亿m^3增加到近9 000亿m^3,5级以上江河堤防超过30万km,规模以上水闸10万多座,规模以上泵站9.5万处,全国水利工程供水能力达到8 600多亿m^3。全国农田有效灌溉面积由2.4亿亩增长到10.2亿亩,位居世界第一,大中型灌区发展到7 800多处,小型泵站、机井、塘堰等发展到2 000多万处,基本形成了蓄、引、提、排较为完善的农田灌排体系,约占全国耕地面积50%的灌溉面积生产了占全国总量75%的粮食和90%的经济作物。三峡水利枢纽、南水北调工程等一批关系国脉国运、民族盛衰的大国重器建成并发挥重要作用,成为中国国力提升和大国治理优势的重要标志;初步构建了以《中华人民共和国水法》《中华人民共和国防洪法》《中华人民共和国水污染防治法》《中华人民共和国水土保持法》等为核心的水法规体系,探索了富有中国特色的河湖长制,形成了水治理体系的基本框架。

目前全国已基本形成了防洪、排涝、灌溉、供水发电等工程体系,在防御水旱灾害、保障经济社会安全、促进工农业生产持续稳定发展、保护水土资源和改善生态环境等方面发挥了重要作用。由于我国水问题的复杂性和治水的艰巨性，与构建现代化高质量基础设施体系要求相比，水利工程体系还存在系统性不强、标准不够高、智能化水平有待提升等问题，国家水网总体格局尚未完全形成。总体上，防洪排涝减灾体系仍不完善，水资源统筹调配能力不高，水利工程互联互通和协同融合不够，现代化管理体制机制尚不健全，安全绿色智慧发展亟待加强，水利公共服务水平和质量效率有待提升，水利基础设施网络系统性、综合性、强韧性还需增强。

当前，世界正经历百年未有之大变局，我国发展外部环境日趋复杂。习近平总书记多次强调，防范化解各类风险隐患，积极应对各类挑战，关键在于提高发展质量。《中共中央关于制定国民经济和社会发展第十四个五年规划和二〇三五年远景目标的建议》把高质量发展作为主题，强调发展中的矛盾和问题的解决，都集中体现在发展质量，要把发展质量摆在更加突出位置，推动质量变革、效率变革、动力变革。因此，新的历史坐标下的水利现代化建设，应围绕发展质量这一主线，不断提高贯彻新发展理念、构建新发展格局的能力和水平，努力为优化供给结构、稳定经济增长做贡献；为促进绿色转型、推动优化升级做贡献；为提升服务质量、促进民生改善做贡献；为抵御系统风险、保障总体安全做贡献，持续推动水利向安全、高效、智能、绿色转型。

2023年5月，中共中央、国务院印发《国家水网建设规划纲要》(以下简称《纲要》)，明确了当前和今后一个时期国家水网建设的方向。《纲要》指出，到2025年，建设一批国家水网骨干工程，国家骨干网建设加快推进，省市县水网有序实施，着力补齐水资源配置、城乡供水、防洪排涝、水生态保护、水网智能化等短板和薄弱环节，水旱灾害防御能力、水资源节约集约利用能力、水资源优化配置能力、大江大河大湖生态保护治理能力进一步提高，水网工程智能化水平得到提升，国家水安全保障能力明显增强。到2035年，基本形成国家水网总体格局，国家水网主骨架和大动脉逐步建成，省市县水网基本完善，构建与基本实现社会主义现代化相适应的国家水安全保障体系。水资源节约集约高效利用水平全面提高，城乡供水安全保障水平和抗旱应急能力明显提升；江河湖泊流域防洪减灾体系基本完善，防洪安全保障水平显著提高，洪涝风险防控和应对能力明显增强；水生态空间有效保护，水土流失有效治理，河湖生态水量有效保障，美丽健康水生态系统基本形成；国家水网工程良性运行管护机制健全，数字化、网络化、智能化调度运用基本实现。

展望未来，水利现代化应坚持以创新驱动为引领，按照建设现代化经济体系、统筹发展和安全、生态文明建设的有关要求，持续推动与现代化要求相适应的水利基础设施体系建设，持续推动水治理体系和水治理能力现代化建设，打牢现代化国家建设的强有力水利支撑。最终实现以下目标。

系统完备。综合考虑防洪排涝、水资源配置与综合利用、水生态保护等需求，构建互联互通、丰枯调剂、有序循环的水流网络，发挥防洪、供水、灌溉、航运、发电、生态等综合效益。

安全可靠。水网工程安全性和可靠性显著提升，水安全风险防控能力和防灾减灾能力大幅提高，城乡防洪排涝、供水保障能力明显增强，有效应对特大洪水、干旱灾害以及突发水安全事件，保障人民生命财产安全。

集约高效。水利基础设施网络规模效益大幅提升，水资源节约集约高效利用达到世界先进水平，水资源刚性约束作用明显增强，人口经济、产业布局与水资源承载能力相适应，居民生活、工业、农业供水保证率得到提高。

绿色智能。基本实现水利基础设施规划设计、建设运行全过程全周期绿色化，水生态环境质量明显改善。国家水网数字化、网络化、智能化调度水平明显提升。

循环通畅。国家骨干网及省市县水网实现互联互通，河湖水系连通性明显提高，大江大河及中小河流水流畅通，泄洪、排水、输水和循环利用能力增强。

调控有序。水资源调配能力进一步加强，实现国家水网骨干工程联合调度，有序调蓄河道径流，保障生活、生产、生态用水，发挥综合效益。

第2章

水资源调查评价

水是人类生存、经济发展和社会进步不可或缺的生命线，是实现可持续发展的重要物质基础。同时，水资源也是一个国家综合国力的重要组成部分，对经济社会和文明发展具有战略意义。然而，水圈中的水资源是有限的，任何地区在特定时间内参与水分循环的水量都是可计量的。随着人口增长、工业化和城市化进程的加速，人类社会对水资源的需求不断增加，水资源的供需矛盾日益突出，已成为制约国民经济发展的重要因素。因此，水资源的合理开发、高效利用和有效保护是实现国民经济持续健康发展的关键。

水资源评价是对一个国家或地区的水资源数量、质量、时空分布特征和开发利用情况作出的全面分析和评估。这一工作对于科学规划和合理开发水资源具有重要意义。通过水资源评价，可以全面了解水资源的现状和未来发展趋势，为制定合理的水资源利用规划提供科学依据。同时，水资源评价也是保护和管理水资源的基础，有助于及时发现和解决水资源开发利用过程中存在的问题，保障水资源的可持续利用。

2.1 概述

2.1.1 水资源评价的发展历程

2.1.1.1 国外水资源评价发展历程

自19世纪中期以来，国外水资源评价工作经历了从初步的数据收集与分析到全面、系统的科学评价的转变。这一历程不仅反映了人类对水资源认识的深化，也体现了水资源管理技术的不断进步。

早期阶段(19世纪中期至20世纪初)

在这一阶段，水资源评价工作主要集中在水文观测资料的整编和水量的统计上。美国于1840年对俄亥俄河和密西西比河的河川径流量进行了统计，并陆续出版了如《纽约州水资源》、《科罗拉多州水资源》和《联邦东部地下水》等专著。苏联则在1930年编制了《国家水资源编目》，为后续的水资源评价工作奠定了基础。这些工作主要侧重于对河川径流水量的统计，同时也涉及径流化学（水质）成分的资料整理和其他水文资料的统计数据。然而，受当时的认识和技术水平限制，这些评价大多局限于数据的收集和初步分析，尚未形成完整的评价理论和方法体系。

中期阶段(20世纪中期至20世纪70年代)

进入20世纪中期后，随着全球水资源问题的日益突出和大量水资源工程的兴建，水资源评价工作开始受到广泛关注。1965年，美国国会通过了水资源规划法案，并成立了水资源理事会，开启了全美国的水资源评价工作。1968年，美国完成了第一次国家级水资源评价报告，对美国水资源的现状和未来发展趋势进行了全面研究，为水资源管理提供了重要依据。随后，美国在1978年进行了第二次水资源评价，这次评价更加关注水资源开发利用的评价和供需预测，为水资源的合理利用和保护提供了指导。苏联也在这一时期对《苏联国家水册》进行了修订，并建立了统一自动化信息系统，提高了水文信息的处理效率。

近期阶段(20世纪80年代至今)

随着国际社会对水资源问题的关注度不断提高，水资源评价工作也日益走向全面和深入。1983年，日本完成了21世纪用水预测工作，并进行了全国水资源及其开发、保护和利用的现状评价。在此基础上，日本制定了水资源规划，为水资源的可持续利用提供了指导。1988年，联合国教科文组织和世界气象组织提出了水资源评价的定义，明确了水资源评价的内容包括水资源的源头、数量范围、可依赖程度、水的质量等方面的确定，以及在此基础上的水资源利用和控制的可能性评估。这一定义不仅为水资源评价提供了明确的指导方向，也标志着水资源评价工作开始走向更加科学、系统的发展道路。

综上，国外水资源评价工作的发展历程是一个从初步的数据收集与分析到全面、系统的科学评价的转变过程。随着技术的不断进步和人类对水资源问题认识的深化，水资源评价工作将继续在水资源管理领域发挥重要作用。

2.1.1.2　我国水资源评价发展历程

与全球水资源评价的发展相比，我国的水资源评价方法研究虽然起步稍晚，但鉴于我国水资源短缺的严峻国情，其理论与方法的发展速度却异常迅猛。

早期探索阶段(20世纪50年代至70年代末)

在中华人民共和国成立初期，我国便开始了对各大河流域的规划工作，其中对河川径流量进行了系统的统计。1963 年，中国水利水电科学研究院出版了《全国水文图集》，这部图集对全国的降水、河川径流、蒸散发、水质、侵蚀泥沙等水文要素的天然情况进行了深入分析，并编制了各类等值线图、分区图表等，这标志着我国水资源评价工作开始初具雏形。随后，各省、自治区和直辖市也相继编制了本地区的水文图集，为地方水资源管理提供了基础数据。

部门级评价阶段(20 世纪 80 年代)

到了 20 世纪 80 年代，随着改革开放的深入和水资源问题的日益突出，全国范围内开始了水资源调查评价及水资源利用的调查分析和评价工作。这一时期，与水相关的各部门如水利电力部、地质矿产部、交通部等都独立开展了水资源评价工作，并形成了各自的研究报告。这些成果虽具有部门特色，但缺乏统一性和协调性。为了整合各部门资源，形成全国性的水资源评价成果，1985 年，国务院批准建立了全国水资源协调小组，由各部门领导参与，共同推进全国水资源评价工作。1987 年，全国水资源协调小组办公室在各部门成果的基础上，提出了《中国水资源概况和展望》这一成果，为后来的水资源评价工作奠定了基础。

科学规范阶段(20 世纪 90 年代末至今)

进入 20 世纪 90 年代末，我国水资源评价工作进入了一个新的发展阶段。1999 年，水利部发布了《水资源评价导则》(SL/T 238—1999)，这部导则对水资源评价的内容、技术方法进行了明确规定，形成了较为完善的水资源评价理论和方法体系。这标志着我国水资源评价工作开始走上科学、规范、系统的道路。2002 年，国家发展计划委员会和水利部部署了全国水资源综合规划编制工作，第二次全国水资源评价工作正式拉开序幕。这次评价工作不仅涵盖了水资源的数量、质量、时空分布等基本特征，还加强了水资源供需分析、开发利用前景展望以及环境影响评价等方面的研究。

从国内外水资源评价工作的发展进程中可以看出，水资源评价的内容随时代的前进而不断增加。未来，我国的水资源评价工作将继续深化和拓展，特别是在应对气候变化、实现可持续发展等方面将发挥更加重要的作用。同时，随着科技的不断进步和数据的不断积累，我国的水资源评价工作将更加精准、高效，为水资源管理提供强有力的支撑。

2.1.2　水资源评价的内容

水资源评价的内容涵盖了多个方面，根据《中国水利百科全书》的定义和《水资源评价导则》(SL/T 238—1999)的要求，主要包括以下五个方面的内容。

水资源评价的背景与基础：这部分内容主要关注评价区域的自然概况(如降雨、蒸发等的时间空间变化规律)、社会经济现状(如人口、工业、农业产值等)以及水利工程及水资源利用现状（如水库数量、大小、分布、水资源系统等）。这些信息为水资源评价提供了重要的背景和基础。

水资源数量评价：这是水资源评价的基础部分，主要对评价区域的水汽输送、降水、蒸发、地表水资源、地下水资源的数量及其水资源总量进行估算和评价。这些数据的准确性和完整性对于后续的水资源质量评价、开发利用及其影响评价等都具有重要意义。

水资源质量评价：根据用水要求和水的物理、化学和生物性质对水体质量作出评价。我国水资源评价主要关注河流泥沙、天然水化学特征及水资源污染状况等方面。这些评价内容有助于了解水资源的质量状况，为水资源的合理利用和保护提供科学依据。

水资源开发利用及其影响评价：通过对社会经济、供水基础设施和供用水现状的调查，对供用水效率、存在问题和水资源开发利用现状对环境的影响进行分析。这部分内容有助于了解水资源开发利用的实际情况和存在的问题，为水资源的可持续利用提供指导。

水资源综合评价：在上述四部分内容的基础上，采用全面综合和类比的方法，从定性和定量两个角度对水资源时空分布特征、利用状况以及与社会经济发展的协调程度作出综合评价。主要内容包括对水资源供需发展趋势分析、水资源条件综合分析和水资源与社会经济协调程度分析等。这部分内容有助于全面了解水资源的整体状况和发展趋势，为水资源的合理规划和管理提供决策支持。

综上，水资源评价是一个系统、全面的过程，需要综合考虑水资源的数量、质量、开发利用状况以及与社会经济发展的协调程度等多个方面。这些评价内容有助于为水资源的合理开发、利用和保护提供科学依据，促进水资源的可持续利用和经济社会的可持续发展。

2.2 水资源数量评价

水资源的数量评价主要包括地表水资源量计算、地下水资源量计算以及水资源总量计算。

降水、蒸发与径流是决定区域水资源状态的三要素，它们之间的数量变化关系制约着区域水资源数量的多寡和可利用量的大小。

2.2.1　降水

在水资源评价中，降水量分析计算是至关重要的一环。主要包括面平均降水量计算、降水量统计参数的确定、降水量的时空分布规律分析等。以下是详细的步骤和方法。

2.2.1.1　资料收集与分析

1. 资料收集

降水资料的主要来源是国家水文部门统一刊印的水文年鉴、各省（市、自治区）刊印的地面气象观测资料。各省（市、自治区）及地区编印的水文图集、水文手册、水文特征值统计、水资源评价、水资源利用及其他有关文献都有较系统的降水资料或特征值。但是，由于这些文献编印周期长，对于较新的资料，可能需要从水文或气象部门直接摘抄。

2. 三性审查

对降水资料的审查，应从可靠性、一致性和代表性三个方面入手。确保原始资料的可靠性，避免计算结果的误差；确保资料的一致性和代表性，使成果能正确反映降水特征。

3. 插补展延

当实测资料存在缺测或需要外延时，采用插补展延方法。常用方法包括地理插值法、相似法和相关分析法。目的是扩大样本容量，提高统计参数的精度，并确保计算成果的同步性。

2.2.1.2　面平均降水量计算

对于涉及区域较大的水资源评价，计算逐时段面平均降水量至关重要。常用方法包括算术平均法、泰森多边形法和等雨量线法。

2.2.1.3　统计参数确定

统计参数主要包括多年平均降水量、变差系数和偏态系数。当资料系列较长时，采用图解适线法确定；当资料短缺时，可采用地理插值法或比值法求得多年平均降水量，变差系数可用临近测站值或地理插值法求得。

2.2.1.4　等值线图绘制

为研究降水量变化的地理规律，需绘制年降水量均值和变差系数等值线图。偏态系数一般不绘制等值线图，而用分区法表示。

2.2.1.5　区域多年平均及不同频率降水量计算

根据实测降水资料情况，可采用直接计算法或降水量等值线图法计算区域多年平均及不同频率降水量。

2.2.1.6 降水量时空分布

1. 降水量时程变化

降水量的时程变化是指降水量在时间上的分配，一般包括年内分配和年际变化两个方面。

1）年内分配

年内分配系指年降水量在年内的季节变化，它受气候条件影响比较明显。按照《水资源评价导则》(SL/T 238—1999)，要求分析计算多年平均最大连续四个月降水量占全年降水量的百分数及其发生月份，并统计不同频率典型年的降水量月分配。一般按照以下两个步骤来分析。

(1) 计算多年平均最大连续四个月降水量占全年降水量的百分数，并确定这四个月发生的月份。这一步骤的目的是为了反映年内降水量分布的集中程度和发生季节。

(2) 基于上述分析，按照不同的降水类型划分区域，在各区域中选择具有代表性的站点。然后，对这些站点的降水量进行统计分析，包括不同频率(根据适线的频率)典型年和多年平均降水量月分配。在挑选典型年时，除了要求年降水量接近某一保证率的年降水量外，还要求其月分配对农业需水和径流调节等产生不利影响。因此，需先根据某一保证率的年降水量，挑选出年降水量相近的实测年份，然后比较它们的月分配情况，从中选择资料较完整、月分配不利的年份作为典型年。为便于应用，典型年的月分配也可直接采用实测月、年资料的比值作为百分比。

2）年际变化

年际变化关注的是降水量在不同年份之间的变化特征，主要包括变化幅度和丰枯阶段的分析。

(1) 多年变化幅度分析：除了变差系数，还可以采用极值法、距平法和趋势法等方法来分析降水量的年际变化幅度，这些方法能够更全面地揭示降水量的年际变化特征。

(2) 多年变化的丰、枯阶段分析：为了了解降水量多年变化的丰、枯趋势，可以采用差积曲线和滑动平均过程线等方法。同时，游程理论分析方法可用于评估连丰、连枯的程度。这些分析有助于理解降水量的长期变化趋势和周期性特征，为水资源的规划和管理提供科学依据。

2. 降水量空间分布

降水量的空间分布是研究一个地区气候特征的重要组成部分，对于农业、水利、生态环境等领域都有着重要意义。降水量等值线图作为直观反映降水量空间分布的工具，为科研人员和政策制定者提供了重要的参考依据。

1）降水量等值线图的绘制

降水量等值线图的绘制通常包括多年平均降水量等值线图和多年最大连续四个月平均降水量等值线图等。绘制这些图件时，需要收集长时间序列的降水数据，并运用地理信息系统（GIS）等技术手段进行数据处理和空间分析。通过绘制等值线图，可以清晰地展现出降水量在不同区域的空间分布特点。

2）降水量空间分布特征概述

完成等值线图绘制后，对评价区域进行全面分析，得出轮廓性概念。

降水量量级：整体而言，评价区域的降水量量级属于何种水平（如丰富、适中、较少等）。

高值区与低值区：识别出降水量明显偏高的区域（高值区）和降水量明显偏低的区域（低值区）。

3）小区域降水量分布特点描述

在概述整体分布特征的基础上，进一步分小区域描述各区特点。

高值区特点：描述高值区的具体分布位置、范围大小、降水量数值以及可能的原因（如地形抬升、海洋水汽输送等）。

低值区特点：描述低值区的具体分布位置、范围大小、降水量数值以及可能的原因（如地形阻挡、气候干旱等）。

过渡区特点：对于降水量由高到低或由低到高逐渐过渡的区域，分析其过渡特点及其原因。

通过深入分析降水量的空间分布特征，可以为评价区域的气候变化研究、水资源管理、农业生产和生态环境保护等提供科学依据和决策支持。

2.2.2　蒸发

蒸发是影响水资源数量的重要水文要素，评价内容应包括水面蒸发、陆面蒸发和干旱指数。

2.2.2.1　资料收集与分析

计算水面蒸发前，必须收集水文和气象部门的蒸发资料，并对各站历年使用的蒸发器（皿）型号、规格、水深等均做详细调查考证。在此基础上，对资料进行审查，审查方法同降水章节。

2.2.2.2　水面蒸发

水面蒸发是反映蒸发能力的一个指标，它的分析计算对于探讨陆面蒸发量时空变化规律、水量平衡要素分析及水资源总量的计算都具有重要作用。水资源评价工作中，对水面蒸发计算的要求是计算水面蒸发量，绘制年平均水面蒸发量等值线图。

1. 水面蒸发量计算

常用的水面蒸发量计算方法有蒸发器折算系数法、道尔顿经验公式和彭曼经验公式等。

2. 水面蒸发空间分布

水面蒸发是反映区域蒸发能力的重要指标。一个地区蒸发能力的大小又对自然生态、人类生产活动，特别是农业生产具有重要影响。因此，了解水面蒸发的空间分布特点对国民经济建设具有不可低估的作用。一个地区水面蒸发在面上的分布特点可用水面蒸发等值线图表示。

3. 水面蒸发时程分配

(1) 年内分配

对水面蒸发年内分配的分析应包括了解不同月份及不同季节蒸发量所占总蒸发量的比重，可用评价区内代表站的水面蒸发资料进行分析。在有蒸发站的水资源三级区内，至少选取一个资料齐全的蒸发站，参考降水量年内分配的计算方法计算多年平均水面蒸发量的月分配。

(2) 年际变化

水面蒸发的大小主要受气温、湿度、风速、太阳辐射等影响，而这些气象要素在特定的地理位置年际变化很小，因此决定了水面蒸发量年际变化比较小。水面蒸发的年际变化特性可参考降水量的年际变化，用统计参数等来反映。

2.2.2.3 陆面蒸发

陆面蒸发指特定区域天然情况下的实际总蒸散发量，又称流域蒸发。流域蒸发即流域的实际蒸发，系流域内土壤和水体蒸发以及植被蒸腾散发的总和。

1. 陆面蒸发量计算

陆面蒸发量因流域下垫面情况比较复杂而无法实测，通常只能间接估算求得。现行估算陆面蒸发量的方法有流域水量平衡法和基于水热平衡原理的经验公式法。水量平衡法把降水和径流的误差全部计入流域蒸发中，使得计算结果不准确，且蒸发量不能独立，无法对降水量和径流量进行检查，但窘于资料缺乏，目前仍常用该法进行计算。经验公式法是通过对气象要素的分析，建立地区经验公式计算陆面蒸发量，由于流域下垫面情况复杂，影响陆面蒸发的因素较多，导致经验公式参数的率定难度很大，故此法计算结果常用作参考。

2. 陆面蒸发空间分布

陆面蒸发的空间分布可用流域蒸发等值线图反映。

3. 陆面蒸发时程变化

流域蒸发在时间上的变化包括年内和年际变化，一般来说跟降水、径流一致，但其变幅较小。

2.2.2.4　干旱指数

干旱指数反映一个地区气候的干湿程度，用年蒸发能力与年降水量的比值表示，即：

$$r = \frac{E}{P} \tag{2.2-1}$$

当 $r > 1$ 时，说明年蒸发能力大于年降水量，气候干燥，r 值越大，反映气候越干燥；$r < 1$ 时，说明年降水量大于年蒸发能力，气候湿润，r 值越小，反映气候越湿润。我国以干旱指数将全国划分为五个气候带：十分湿润带（$r < 0.5$）、湿润带（$0.5 \leqslant r < 1.0$）、半湿润带（$1.0 \leqslant r < 3.0$）、半干旱带（$3.0 \leqslant r < 7.0$）和干旱带（$r \geqslant 7.0$）。

2.2.3　地表水资源量

地表水资源量是指河流、湖泊等地表水体可以更新的动态水量，用天然河川径流量即还原后的多年平均天然河川径流量表示。地表水资源数量评价应包括以下内容：单站径流资料统计分析；主要河流年径流量计算；分区地表水资源量计算；地表水资源量时空分布特征分析；入海、出境、入境水量计算；地表水资源可利用量估算；人类活动对河流径流的影响分析。

2.2.3.1　资料收集与分析

1. 资料收集

地表水资源指天然河川径流，但由于人类活动等影响，许多河流的天然径流过程发生了很大的变化，实测径流量往往与天然状态之间产生很大的差异。因此，在地表水资源评价中，除了收集径流资料，还必须收集各种人类活动对河川径流影响的资料。归纳起来主要收集区域社会经济、评价分区的自然地理特征、水文气象、水资源开发利用及以往水文、水资源分析计算和研究成果这五个方面的资料。

2. 三性审查

同降水量一样，径流分析计算成果的精度与合理性取决于原始资料的可靠性、一致性和代表性，对其审查主要通过对比分析进行，通常以长系列降水资料、流域或区域主要水文要素的统计参数、已有水资源量和开发利用的成果作为对比的参照资料。

3. 插补展延

径流资料插补展延的目的是在水资源评价中采用与分析代表站具有同步系列的径流资料。

年径流资料的插补展延可采用上下游站年径流相关、临近流域站年径流相关、年降水径流相关以及汛期流量与年径流相关等方法。

月径流资料的插补展延根据不同情况采用不同的方法：对有水位资料无径流资料的月份，可借用相近年份的水位流量关系推求流量，但要分析水位流量关系的稳定性及外延精度；对枯水期缺测，可采用历年均值法、趋势法、上下游月径流量相关法推求；对汛期缺测，可采用上下游站或相邻流域月径流量相关法、月降雨径流相关法推求。

4. 资料还原

水资源评价要计算的是天然状态下的年径流量。由于人类活动的影响，流域自然地理条件发生变化，影响地表水的产汇流过程，从而影响径流在时间、空间和总量上的变化，使实测径流量不能代表天然径流量，需对其进行还原计算。常用的径流还原计算方法有分项调查还原法、降水径流模型法、流域蒸发差值法和双累积曲线法等。

2.2.3.2 河川径流分析计算

河川径流量的分析计算是地表水资源量评价的基础，其目的是了解评价区域代表站年径流的统计规律，推求多年平均年径流量和指定频率的年径流量，分析河川径流量的年内分配和年际变化规律，为区域地表水资源量的分析计算和水资源供需分析与规划提供依据。

1. 年径流量频率分析

选定区域内资料质量好、观测系列长的水文站(包括国家基本站和专用站)作为代表站，对其径流资料进行还原计算和插补展延，并进行三性审查，选定代表期(与全国水资源调查评价要求一致)，在此基础上对年径流量进行频率分析。对主要河流的年径流量进行计算时，应选择河流出口控制站的长系列径流量资料，分别计算长系列和同步系列的均值及不同频率的年径流量。

2. 径流的时程分配

1) 年内分配

(1) 多年平均年径流量的年内分配

有充分径流资料时，正常年河川径流量的年内分配常用多年平均的月径流过程、多年平均的最大连续四个月径流量占多年平均年径流量的百分率或枯水期径流量占年径流量的百分率等来反映。

(2) 不同频率年径流的年内分配

在水资源评价中，一般采用典型年的年内分配作为不同频率年径流的年内分配过程。其计算包括选择典型年和年内分配过程计算两个步骤。选择典型年时，要遵循“接近”和“不利”的原则。典型年确定后，采用同倍比或同频率缩放法求得某频率年径流的年内分配。

2) 年际变化

径流量的年际变化通常用年径流变差系数 C_v 和实测(还原)最大与最小年径流量之比来反映其相对变化程度。

径流的年际变化也可通过丰、平、枯年的周期分析和连丰、连枯变化规律分析等途径深入研究。年径流多年变化周期分析可采用差积分析、方差分析、累积平均过程线分析和滑动平均值过程线分析等方法。径流的连丰、连枯变化规律分析是在年径流频率计算的基础上，将年径流分为丰($P<12.5\%$)、偏丰($P=12.5\%\sim37.5\%$)、平($P=37.5\%\sim62.5\%$)、偏枯($P=62.5\%\sim87.5\%$)和枯水($P>87.5\%$)五级，进而分析年径流丰、枯连续出现的情况。

3. 年径流的空间分布

年径流的空间分布是水资源评估和管理中的重要参数，它直接反映了区域内水资源的可利用性和稳定性。年径流的空间分布不仅受到年降水量的影响，还受到下垫面条件的显著影响，包括地形、地貌、水文地质条件、坡度、土壤水分、地下水埋深以及岩性等因素。

1) 年径流深等值线图

年径流深或多年平均年径流深等值线图是一种直观展示年径流空间分布的工具。通过绘制这类等值线图，可以清晰地看到区域内年径流深的高值区和低值区，以及它们之间的过渡带。这些等值线图对于评估水资源的空间分布和区域差异具有重要意义。

2) 年径流年际变化的空间规律

除年径流的空间分布外，其年际变化的空间规律也是水资源管理中需要关注的重要问题。年径流的变差系数 C_v 等值线图可以反映年径流年际变化的空间规律。C_v 值越大，表示年径流的年际变化越剧烈，反之则越稳定。通过绘制 C_v 等值线图，可以了解不同区域年径流年际变化的差异和规律，为水资源管理和规划提供科学依据。

3) 下垫面条件对年径流的影响

下垫面条件对年径流的空间分布和年际变化具有显著影响。地形和地貌条件决定了径流的流向和汇流速度，从而影响径流量的空间分布。水文地质条件、土壤水分、地下水埋深和岩性等因素则会影响径流的补给和排泄过程，进而影响径流量的年际变化。

通过综合分析年径流的空间分布和年际变化规律，以及下垫面条件对年径流的影响，可为水资源的合理开发和利用提供科学依据。在规划和管理水资源时，应充分考虑区域内水资源的空间分布和年际变化规律，以及下垫面条件的影响，制定科学的水资源开发和利用策略，确保水资源的可持续利用和生态环境的健康发展。

2.2.3.3 区域地表水资源量计算

在国民经济发展中，通常以行政区域为单元进行资源分配和规划，因此，为满足行政管理的需要，水资源评价必须提供详尽的区域水资源报告。相比于单一的小流域，行政区域内的水系更加复杂，包含了闭合流域、区间、山丘区以及平原区等多种类型。特别是大型流域水系，如长江、黄河等，其范围广泛，各地的气候和下垫面条件差异极大，这使得估算区域地表水资源量变得尤为复杂。

为准确计算区域地表水资源量，需要综合考虑以下因素。

(1) 区域气候及下垫面条件：气候因素包括降水量、蒸发量等，而下垫面条件则涉及地形、地貌、植被覆盖、土壤类型等。这些因素直接影响着水资源的生成、转化和消耗过程。

(2) 气象、水文站点的分布：站点的分布密度和位置对于获取准确的气象和水文数据至关重要。这些数据是计算水资源量的基础。

(3) 实测资料年限与质量：数据的年限决定了时间序列的长度，而数据质量则直接影响计算结果的可靠性。

基于以上考虑，可采用以下几种方法来计算区域地表水资源量。

(1) 代表站法：选择具有代表性的气象和水文站点，根据这些站点的数据推算整个区域的水资源量。

(2) 等值线法：通过绘制降水量、径流量等要素的等值线图，结合地理信息系统(GIS)技术，估算区域水资源量。

(3) 年降水径流相关法：通过分析年降水量与年径流之间的统计关系，建立相关模型，以此来估算水资源量。

(4) 水热平衡法：基于能量守恒原理，考虑水分和能量的交换过程，计算区域水资源的生成和消耗。

(5) 水文模型法：利用数学模型模拟水文循环过程，包括降水、蒸发、径流等各个环节，从而得到区域水资源量的估算值。

在实际应用中，可根据具体情况选择适合的计算方法。在条件允许的情况下，也可以采用多种方法相结合的方式进行计算，并以某种方法为主，用其他方法的计算成果进行验证，以提高计算结果的精度和可靠性。

2.2.3.4　出境和入境水量计算

出境和入境水量的计算，必须在实测径流资料已经还原的基础上进行。在区域水资源分析计算中，一般应当分别计算多年平均及不同频率年(或其他时段)入境、出境水量，同时要研究入境、出境水量的时空分布规律，以满足水资源供需分析的需要。

1. 多年平均及不同频率年入境、出境水量计算

不同区域过境河流的分布往往是千差万别的，有时只有一条河流过境，有时则有几条河流同时过境；过境河流的水文测站又可能位于区域的不同位置上。因此，计算区域多年平均及不同频率年入境、出境水量时，应当根据过境河流的特点和水文测站分布情况采用不同的计算方法。

1) 代表站法

当区域内只有一条河流过境时，若其出(入)境处恰有径流资料年限较长且有足够精度的代表站，该站多年平均及不同频率的年径流量即为计算区域相应的出(入)境水量。

大多数情况下代表站并不恰好位于区域边界上。例如，某区域入境代表站位于区内，其集水面积与本区面积有一部分重复，此时需首先计算重复面积上的逐年产水量，然后从代表站对应年份的水量中予以扣除，从而组成入境逐年水量系列，经频率计算后得多年平均及不同频率年入境水量。若入境代表站位于区域的上游，则需在代表站逐年水量系列的基础上，加上代表站以下至区域入境边界部分面积的逐年产水量，按同样方法推求多年平均及不同频率年入境水量。出境水量参照上述原则计算。

2) 水量平衡法

当过境河流的上下断面恰与区域上下游边界重合时，河流上下断面的年水量平衡计算公示为：

$$W_{出} = W_{入} + W_{支} - W_{蒸发} - W_{渗漏} + W_{地下} - W_{引、提} + W_{回归} + \Delta W_{槽蓄} \tag{2.2-2}$$

式中：$W_{出}$、$W_{入}$为区域年出入境水量；$W_{支}$为年区间加入水量；$W_{蒸发}$为河道水面蒸发量；$W_{渗漏}$为河道渗漏量；$W_{地下}$为地下水补给量；$W_{引、提}$为河流上下断面之间的引水和提水量；$W_{回归}$为回归水量；$\Delta W_{槽蓄}$为河槽蓄水变化量。

可依据式(2.2-2)推求出(入)境水量。

当区域内有几条河流过境时，需逐年将各河流的年出(入)境水量相加，组成区域逐年总出(入)境水量系列，经频率计算后得多年平均及不同频率的出(入)

境水量。

2. 入境与出境水量的时空分布

年内分配方面,可以通过正常年水量的月分配过程、最大连续四个月或枯水期水量占年水量的百分率等来反映。此外,也可以分析指定频率年出入境水量的年内分配形式。多年变化方面,可以通过代表站年出入境水量变差系数、出入境水量的周期变化规律以及连丰、连枯变化规律来反映。地区分布方面,可以采用分区法来表示出入境水量的地区分布特点。这些分析有助于更全面地了解区域水资源的时空分布规律,为水资源管理和规划提供科学依据。

2.2.3.5 地表水资源可利用量估算

地表水资源可利用量是指在经济合理、技术可能及满足河道内用水并顾及下游用水的前提下,通过蓄、引、提等地表水工程措施可能控制利用的河道外一次性最大水量(不包括回归水的重复利用)。

可用水均衡法计算,首先按流域划分均衡区,按一年或多年划分均衡期,其次确定均衡项,入境水量和自产水量为收入项,流出均衡区水量、蒸发、人工调出水量为支出项,收入项与支出项的差值大体可作为境内地表水资源可利用量。其中入境水量指从区外流入评价区(均衡区)的逐年地表水量,自产水量指区内因降水等因素引起地表径流增量或地下水溢出地表产生的地表径流,出境水量指地表站实测的流出评价区径流量、蒸发等以及人工按计划调出或实际提出的水量。对于一个地区而言,估算出的某一分区的地表水资源可利用量应不大于当地河川径流量与入境水量之和再扣除相邻地区分水协议规定的出境水量。

目前,地表水资源可利用量的估算一般分类进行,依据水系特征可以划分 4 种类型,即:大江大河、沿海独流入海诸河、内陆河及国际河流。估算结果应以现状水资源开发利用综合分析为基础,充分体现定性分析与定量计算相结合原则,计算结果进行合理性分析与协调平衡,最好选择典型水系加以验证。

2.2.4 地下水资源量

地下水资源通常是指储存和运移于地壳岩层中具有使用价值的各种地下水量的总称。地下水资源评价的主要内容包括:资料收集,确定计算分区;分析确定水文地质参数;分析确定各平原区、山丘区及水资源评价区的地下水资源量和多年平均浅层地下水可开采量。

2.2.4.1 资料收集与计算分区

1. 资料收集

资料收集是分析计算地下水资源量的基础和前提。需要收集的资料主要有：评价区和临近区有关的水文资料；评价分区内的流域特征资料；区域内水利工程概况；区域水文地质资料；区域经济社会资料；水质监测资料；以往水文、水资源分析计算成果。

水资源调查评价成果的精度取决于收集的资料的可靠程度。为了保证成果质量，对收集的资料都应进行必要的审查和合理性检查。

2. 计算分区

为正确计算和评价地下水资源量，通常按地形地貌特征、地下水类型和水文地质条件将区域划分为若干个不同类型的计算分区。各计算分区采用不同的方法计算地下水资源量，计算成果按流域和行政区划进行汇总。按地下水资源计算的项量、方法不同，主要分为山丘区、平原区两大类型。

表 2.2-1　地下水资源评价类型区名称及划分依据一览表

<table>
<tr><th colspan="2">一级类型区</th><th colspan="2">二级类型区</th><th colspan="2">二级类型亚区</th><th colspan="2">计算区</th></tr>
<tr><th>划分依据</th><th>名称</th><th>划分依据</th><th>名称</th><th>划分依据</th><th>名称</th><th>划分依据</th><th>名称</th></tr>
<tr><td rowspan="11">区域地形地貌特征</td><td rowspan="5">平原区</td><td rowspan="11">次级地形地貌特征、地层岩性及地下水类型</td><td>山前倾斜平原区</td><td rowspan="11">地下水矿化度</td><td rowspan="11">淡水区、微咸水区、咸水区</td><td rowspan="11">水文地质条件</td><td rowspan="11">计算区</td></tr>
<tr><td>一般平原区</td></tr>
<tr><td>滨海平原区</td></tr>
<tr><td>黄土台塬区</td></tr>
<tr><td>内陆闭合盆地平原区</td></tr>
<tr><td rowspan="6">山丘区</td><td>山间盆地平原区</td></tr>
<tr><td>山间河谷平原区</td></tr>
<tr><td>沙漠区</td></tr>
<tr><td>一般基岩山丘区</td></tr>
<tr><td>岩溶山区</td></tr>
<tr><td>黄土丘陵沟壑区</td></tr>
</table>

2.2.4.2　确定水文地质参数

水文地质参数是地下水资源评价的最重要的基础资料，包括潜水含水层的给水度、降水入渗补给系数、灌溉入渗补给系数、渗透系数、导水系数、潜水蒸发系数等。

测定这些参数的方法可以概括为两类：一类是水文地质实验（抽水试验等），这种方法可以在较短时间内得出有关参数的数据，精度较高，因而得到广泛的应用。另一类是利用地下水水位、流量等长期观测资料，经统计分析后求出参数，这是一种比较经济的测定方法，并且测定参数的项目比前者多，可以求出抽水试验不能求得的一些参数(如降水入渗补给系数)。但是由于天然的地下水水位波动幅度相对较小，利用这些资料求得的水文地质参数的精度比抽水试验要低一些，但成本低、适应面广、收效快，所以它们仍是推求水文地质参数的一种基本方法。

2.2.4.3　平原区地下水资源量计算

在平原区，通常以地下水的补给量作为地下水资源量。在有条件的地区，可同时计算总排泄量进行校核。地下水开发程度较高的平原区，一般尚需计算可开采量，以便为水资源供需分析提供依据。

1. 补给量计算

平原区补给量计算公式为：

$$\overline{W}_{g补平}=\bar{U}_{p}+\bar{U}_{R}+\bar{U}_{侧山}+\bar{U}_{越补} \qquad (2.2\text{-}3)$$

式中：$\overline{W}_{g补平}$为平原区地下水补给量；$\bar{U}_{p}$为降水入渗补给量；$\bar{U}_{R}$为地表水体对地下水体的入渗补给量；$\bar{U}_{侧山}$为山前侧向流入补给量；$\bar{U}_{越补}$为越流补给量。

式中各项均为多年平均值，单位均为 m^3。

2. 排泄量计算

平原区地下水的排泄量计算公式为：

$$\overline{W}_{g排平}=\bar{E}_{R}+\bar{U}_{g平}+\bar{U}_{侧平}+\bar{U}_{越排} \qquad (2.2\text{-}4)$$

式中：$\overline{W}_{g排平}$为平原区地下水排泄量；$\bar{E}_{R}$为潜水蒸发量；$\bar{U}_{g平}$为河道排泄量；$\bar{U}_{侧平}$为侧向流出量；$\bar{U}_{越排}$为越流排泄量。

式中各项均为多年平均值，单位均为 m^3。

2.2.4.4　山丘区地下水资源量计算

山丘区水文、地质条件复杂，研究程度相对较低，资料短缺，直接计(估)算地下水的补给量往往是有困难的。但在山丘区，地形起伏、高差悬殊、河床深切、底坡陡峻、调蓄较差，大气降水入渗补给形成径流后，通过散泉很快溢出地面，排入河流，补排机制比较简单。按地下水均衡原理，总排泄量等于总补给量，所以山丘区的地下水资源量可用各项排泄量之和来计算。计算公式如下：

$$\overline{W}_{g山}=\bar{R}_{g山}+\bar{C}_{潜}+\bar{C}_{侧山}+\bar{C}_{泉}+\bar{E}_{g山}+\bar{g}_{山} \qquad (2.2\text{-}5)$$

式中：$\overline{W}_{g山}$为山丘区地下水总排泄量；$\bar{R}_{g山}$为河川基流量；$\bar{C}_{潜}$为河床潜流量；$\bar{C}_{侧山}$为山前侧向流出量；$\bar{C}_{泉}$为未计入河川径流的山前泉水出露量；$\bar{E}_{g山}$为山前盆地潜水蒸发量；$\bar{g}_{山}$为浅层地下水开采的净消耗量。

式中各项均为多年平均值，单位为 m^3 或万 m^3。

上式各项排泄量中，以河川基流量为主要部分，也是分析计算的主要内容。对于我国南方降水量较大的山丘区，其他各项排泄量相对较小，一般可忽略不计。

2.2.4.5　地下水可开采量计算

地下水资源评价的核心问题是地下水允许开采量（亦称可开采量）的计算。地下水可开采量是指在经济合理、技术可行和不造成地下水位持续下降、水质恶化及其他不良后果条件下可供开采的浅层地下水量。它是在一定期限内既有补给保证，又能从含水层中取出的稳定开采量。允许开采量的大小，主要取决于补给量，也受开采经济技术条件及开采方案的制约。特别是在大量开采地下水后，会引起地下水补给、排泄条件的改变，给地下水量的准确计算带来不少困难。考虑该情况，研究了地下水资源评价方法，大体可以分为以下几类，见表 2.2-2。

表 2.2-2　地下水资源评价常用方法

评价方法	依据理论	所需资料	使用条件
解析法	渗流理论	渗流运动水文地质参数和给定边界条件、初始条件、开采条件；一个水文年以上的地下水动态观测资料或一段时间的抽水资料	含水层条件较为单一、边界条件简单，井群规则，可概化为计算公式要求的解析解
数值法 电模拟法			水文地质条件复杂、计算区形状不规则、含水层介质不均匀且各向异性，评价精度高的大型水源地
相关外推法	统计理论	需要抽水试验资料（水位、流量、降深等）或地下水长期动态观测资料	不受含水层结构及复杂边界条件限制，适用于旧水源地扩建及泉水水源地开采
系统理论法 （黑箱法）			适用于水文地质条件复杂，一时很难查清补给条件而又急需做出评价的中小型水源地
Q-S 曲线外推法			适用于含水层分布范围有限，有较大储存量可充分调节，地下水补给在时间上分配不均地区
开采试验法	统计理论	需要抽水试验资料（水位、流量、降深等）或地下水长期动态观测资料	适用于水文地质条件复杂，一时很难查清补给条件而又急需做出评价的中小型水源地
补偿疏干法			适用于含水层分布范围有限，有较大储存量可充分调节，地下水补给在时间上分配不均地区

续表

评价方法	依据理论	所需资料	使用条件
水均衡法	水均衡理论	需要测定均衡区各项水量均衡要素	适用于地下水埋藏较浅，地下水补给消耗条件单一，在开采条件下各项均衡要素易确定的情况
水量比拟法 水文地质参数比拟法	相似比理论	需要相似水源地的勘探或开采统计资料	勘察区与开采区的水文地质条件基本相似

在实际勘察中，由于水文地质条件的复杂性不宜采用单一方法。可根据具体条件，选择一种或几种方法进行计算与评价，相互比较论证与验证后择优选取。

2.2.5 水资源总量

水资源总量计算的目的是分析评价在当前自然条件下可用水资源量的最大潜力，从而为水资源的合理开发利用提供依据。

2.2.5.1 水资源总量计算

在水量评价中，把河川径流量作为地表水资源量，把地下水补给量作为地下水资源量，由于地表水、地下水相互联系和相互转换，河川径流量中包括了一部分地下水排泄量，而地下水补给量中又有一部分来自地表水体的入渗，故不能将地表水资源量和地下水资源量直接相加作为水资源总量，而应扣除相互转化的重复水量，即：

$$W=R+Q-D \tag{2.2-6}$$

式中：W 为水资源总量；R 为地表水资源量；Q 为地下水资源量；D 为地表水和地下水相互转化的重复水量。

式中各项的单位均为万 m^3 或亿 m^3。

由于各分区重复水量 D 的确定方法因区内所包括的地下水评价类型区而异，故分区水资源总量的计算方法也有所不同。下面分 3 种类型予以介绍。

1. 单一山丘区

这种类型区一般包括一般山丘区、岩溶地区、黄土高原丘陵沟壑区。地表水资源量为当地河川径流量，地下水资源量按排泄量计算，相当于当地降水入渗补给量，地表水和地下水相互转化的重复水量为河川基流量。山丘区水资源总量计算公式为：

$$W_m=R_m+Q_m-R_{gm} \tag{2.2-7}$$

式中：W_m 为山丘区水资源总量；R_m 为山丘区河川径流量；Q_m 为山丘区地下水资源量，即河川基流量和山前侧向流出量；R_{gm} 为山丘区河川基流量。

式中各项的单位均为万 m^3 或亿 m^3。

2. 单一平原区

这种类型区一般包括北方一般平原区、沙漠区、内陆闭合盆地平原区、山间盆地平原区、山间河谷平原区、黄土高原台塬阶地区。地表水资源量为当地平原河川径流量。地下水除由当地降水入渗补给外，一般还包括地表水体补给（包括河道、湖泊、水库、闸坝等地表蓄水体）和上游山丘区或相邻地区侧向渗入。平原区计算公式为：

$$W_p = R_P + Q_P - D_{rgP} \tag{2.2-8}$$

式中：W_p 为水资源总量；R_P 为河川径流量；Q_P 为地下水资源量；D_{rgP} 为重复计算量。

式中各项的单位均为万 m^3 或亿 m^3。

在开发利用地下水较少的地区（特别是我国南方地区），降水入渗补给中有一部分要排入河道，成为平原区河川基流，即成为平原区河川径流的重复量，此部分水量估算公式为：

$$R_{gP} = Q_{SP} \times \frac{R_{gm}}{Q_P} = \theta_1 Q_{SP} \tag{2.2-9}$$

式中：R_{gP} 为降水入渗补给中排入河道的水量；Q_{SP} 为降水入渗补给量；R_{gm} 为平原区河道基流量；Q_P 为平原区地下水资源量；θ_1 为平原区河道基流占平原区地下水资源量的比例。

式中除 θ_1 外各项的单位均为万 m^3 或亿 m^3。

平原区地下水中的地表水体补给量来自两部分，一部分来自上游山丘区，另一部分来自平原区的河川径流，这两部分的计算公式为：

$$Q_{BBP} = \theta_2 Q_{BB} \tag{2.2-10}$$

$$Q_{BBm} = (1 - \theta_2) Q_{BB} \tag{2.2-11}$$

式中：Q_{BBP} 为地表水体补给量中来自平原区河川径流的补给量；θ_2 为 Q_{BBP} 占 Q_{BB} 的比例，可通过调查确定；Q_{BB} 为平原区地下水的地表水体补给量；Q_{BBm} 为地表水体补给量中来自上游山丘区的补给量。

式中除 θ_2 外各项的单位均为万 m^3 或亿 m^3。

平原区地表水和地下水相互转化的重复水量有降水形成的河川基流量和地表水体渗漏补给量，即：

$$D_{rgP} = R_{gP} + Q_{BBP} = \theta_1 Q_{SP} + \theta_2 Q_{BB} \quad (2.2\text{-}12)$$

3. 多种地貌类型混合区

这种类型的评价区域，一般上游为山丘区，下游为平原区。在评价时首先分别对山丘区和平原区计算各自地表水资源量和地下水资源量，然后扣除山丘区与平原区地下水资源量的重复计算量(即山前侧流量和山丘区基流对平原区地下水的补给量)，得到全区的地下水资源总量。最后从全区地表水资源和地下水资源总量中扣除重复计算量就得到全区水资源总量，重复计算量包括山丘区河川基流量、平原区降水形成的河川基流量和平原区地表水体渗漏补给量。

2.2.5.2 水量平衡分析

水量平衡分析的目的是研究不同地区水文要素的数量及其相互的对比关系，利用水文、气象以及其他自然因素的地带性规律，检查水资源计算成果的合理性。

在一个流域片内，如果忽略地下水进出该片的潜流量，则在多年平均的情况下可以建立水量平衡方程：

$$P = R + E \quad (2.2\text{-}13)$$

$$R = RS + RG \quad (2.2\text{-}14)$$

$$E = ES + EG \quad (2.2\text{-}15)$$

$$W = R + EG \quad (2.2\text{-}16)$$

式中：P 为降水量，为已知量；R 为河川径流量，为已知量；E 为总蒸散发量，用降水量减去河川径流量求得；RS 为地表径流量，用河川径流量减去河川基流量求得；RG 为河川基流量，评价区的降水入渗补给量主要消耗于潜水蒸发，基流量可以忽略不计，则该量为山丘区基流量与平原区降水形成的基流量之和，其数值由重复计算成果中取得；ES 为地表蒸散发量，用总蒸散发量减去平原淡水区潜水蒸发量求得；EG 为平原淡水区潜水蒸发量，在开采情况下还包括地下水开采净消耗量，用水资源总量减去河川径流量求得；W 为水资源总量，为已知量。

式中各项的单位均为万 m^3 或亿 m^3。

根据上述水量平衡方程，可对各流域片的水文要素进行分析，并求得 R/P、W/P、RG/R、EG/E、$(RG+EG)/W$ 等比值，进而进行水量平衡对比分析。

2.3 水资源质量评价

水资源质量评价旨在准确评估水体及水源的质量状况，为水体环境质量的维护、改善以及用水功能的安全评价提供科学依据和保障。水资源质量，简称水质，是指天然水及其特定水体中的物质成分、生物特征、物理特征和化学性质，以及对于所有可能的用水目的和水体功能，其质量的适应性和重要性的综合特征。通过科学评价，能够更好地理解和保护水资源，实现其可持续利用。

2.3.1 水质指标体系及水质评价方法

2.3.1.1 水质指标体系

水质是指水和其中所含物质组成所共同表现的物理、化学和生物学方面综合的特性。水质指标则表示水中物质的种类、成分和数量，是反映水体质量特征的参数、判断水质的具体衡量指标。水质指标种类繁多，可分为物理、化学和生物学三类。

1. 物理性水质指标

(1) 感官物理性状指标：温度、色度、嗅和味、透明度、浊度等。

(2) 其他物理性水质指标：总固体、悬浮固体、可沉固体、电导率(电阻率)等。

2. 化学性水质指标

(1) 一般的化学性水质指标：pH 值、碱度、硬度、各种阴阳离子、总含盐量、一般有机物等。

(2) 有毒的化学性水质指标：各种重金属、氰化物、多环芳烃、各种农药等。

(3) 氧平衡指标：溶解氧(DO)、化学耗氧量(COD)、生化耗氧量(BOD)、总需氧量(TOD)等。

3. 生物学水质指标

一般包括细菌总数、总大肠杆菌菌群数、各种病原细菌、病毒等。

2.3.1.2 水质评价方法

用水目的不同，相应的水质评价标准也不相同。通常情况下，对水体环境质量给予综合性评价时需选择合适的水质评价方法。水质评价的方法很多，目前我国使用的水质评价方法大致分为指数评价法和分级评价法两类。

指数评价法的共同特点是以水质实测值与水质标准中相应指标数值的比值作为基本单元，经算术平均、加权平均、指数比等数学归纳统计的方法，得出一个比较简便的值，以表征水质特性或水的污染程度。这种方法比较简便，但对有些参数如电导率、细菌群数等不适用。常用的指数评价法有单项指数法、综合指数法、平均指数法、加权平均指数法、内梅罗指数法、直接评分法等。

分级评价法是把评价参数的区域代表值(实测值或经转换的值)用同一分级

标准进行对比打分、分级，再综合各项目的得分值，来确定水质的优劣。这种方法比较直观、准确，适用范围广，能反映水域污染的真实情况。但不能反映污染物质进入水体后的迁移、转化、加成等许多复杂的作用。常用的方法是环保部推荐、由中国环境监测总站提出的分级评分法。目前我国实行的分级评价方法一般是以评价的对象不同(如地表水、地下水、工业用水等)，依次选用相应的标准，作为分级的依据。

2.3.2 地表水水质评价

地表水资源质量评价是以地表水资源保护和管理为目标，根据地表水资源开发利用和保护要求，参照国家和有关用水部门制定的各类用水水质标准，对地表水水质状况进行的评价。

2.3.2.1 评价标准

地表水水质受控于流经地区的岩石、土壤类型和植被条件，所以地表水质评价的基础数据除包括水质项目的监测数据之外，还必须包括与水质同步监测的有关水文数据。通常是按天然水的物理性质、化学成分、生物学特性等方面的检测分析结果，来评价水质的好坏。为适用于不同供水目的所制定出的各种成分含量界限值，则是水质评价的基础。

我国于1983年首次发布《地表水环境质量标准》，后于1988年、1999年和2002年分别对其进行了3次修订。该标准客观反映地表水环境质量状况及变化趋势、规范全国地表水的评价方法，按照地表水环境功能分类和保护目标，规定了水环境质量控制的项目及限值，以及水质评价、水质项目分析方法和标准等诸多内容。适用范围：地表型饮用水水源地、地表水环境功能区达标评价，地表水水域功能区划分以及全国地表水质量环境状况评价。

2.3.2.2 评价内容

地表水水质评价涵盖地表水环境现状调查、水质调查、水文测量与分析、现有水污染调查、水环境质量现状评价以及水环境影响评价等。地表水水质评价应根据应实现的水域功能类别，选择相应的类别标准，进行单因子评价，提交的评价结果应说明水质达标情况，超标的应说明超标项目和超标倍数。地表水水体按照河流和湖泊两种水体类型进行评价。水质评价时段划分为旬、月、水期(汛期、非汛期)和年度4级时间尺度，对于丰、平、枯水期特征明显的水域，应分水期进行水质评价。

评价指标包括水质评价指标，地表水水质评价指标，营养状态评价指标，湖泊、水库营养状态指标。评价指标参考《地表水环境质量标准》(GB 3838—

2002)，水质评价项目包括该标准中的基本项目，其中氨氮、溶解氧、高锰酸盐指数(或化学需氧量)、五日生化需氧量，以及挥发酚、铅、砷、汞和石油 9 项为必选项目。其他选评和参评项目，可以根据水质评价目的、水质监测情况以及水质评价的辅助作用选取。

2.3.2.3　评价方法

由于地表水质涉及内容较多，不同区域或流域水体环境特征迥异，评价方法以及对评价成果的表述也各不相同，主要有标准对比分析法、水质指数法、水质分级评价法以及模糊数学法、生物学评价法等。这些评价方法特点各异，要综合考虑多方面的因素，如水体类别、水源地功能区划、水质监测项目等，选择合适的评价方法。总之，合理的地表水质评价方法要满足两点要求：一是水质类别的判定一定要符合国家规定的地表水分类标准；二是在准确判断水质类别的基础上，对水质类别相同的水体能够进行比较，从而使评价成果规范、准确，具有科学性和权威性。评价方法依据《地表水资源质量评价技术规程》(SL 395—2007)中的有关规定执行。

2.3.3　地下水水质评价

地下水资源评价是水资源评价乃至整个环境质量评价的重要组成部分。根据国民经济不同的用途，对地下水质提出的要求也不尽相同，通过对地下水质进行评价，可以确定其满足某种用水功能要求的程度，为地下水资源合理开发利用提供科学依据。

2.3.3.1　评价标准

因为地下水常作为饮用水源，评价时多以国家饮用水标准作为评价标准。但严格来说，这是不够的。因为地下水从未污染、开始污染到严重污染以至不能饮用，要经过一个长时间的从量变到质变的过程。为此，有人提出用污染起始值作为地下水水质评价标准，水污染起始值也称为水污染对照值、水质量背景值，因为地下水已受到普遍且严重的污染威胁，评价的基本原则是不允许地下水遭受污染。因此，对地下水进行水质现状评价，以水污染起始值作为评价标准更好。它是某一地区或区域在不受人为影响或很少受人为影响的条件下所获得的具有代表意义的天然水质。

水污染起始值的确定方法很多，但是有的计算公式中含有诸如用水标准值之类的人为数据，这是不合适的。其值的选取应该摆脱人为的影响，完全决定于原始资料的丰富程度和对初始状态的认知程度。资料来源的时代越早，就越能代表初始的状态。对初始状态认可程度越高，所确定的污染起始值就越能代表初始的状态。选取方法是可以利用数理统计的办法获得选取代表值，亦可以采用类比的方法，选取条件相近或相同的区域的值代替。

其计算公式为：

$$X_0=\bar{X}+2S=\bar{X}+2\sqrt{\frac{\sum_{i=1}^{n}(\bar{X}-X_i)^2}{n-1}} \tag{2.3-1}$$

式中，X_0 为污染起始值；$\bar{X}$ 为某种污染物的区域背景值；S 为污染物统计方差；X_i 为背景调查中各水井该种污染物的实际含量；n 为背景调查样品的数量。

2.3.3.2 评价内容

地下水水质评价主要包括地下水化学分类、水质现状评价、水质变化趋势分析及地下水污染分析等诸多方面。

1. 地下水化学分类

地下水化学分类的方法有很多，如倍倍尔分类法、三角形分类法、舒卡列夫分类法、布罗德茨基分类法等，较常用的分析方法是舒卡列夫分类法。舒卡列夫分根据地下水中6种主要离子（Na^+、Ca^{2+}、Mg^{2+}、HCO_3^-、SO_4^{2-}、Cl^-）为基础，根据水质分析结果，将6种主要离子中含量大于25%毫克当量的阴离子和阳离子进行组合，得到49种化学类型，见表2.3-1。

表2.3-1 舒卡列夫分类法

超过25%毫克当量的离子成分	HCO_3^-	$HCO_3^-+SO_4^{2-}$	$HCO_3^-+SO_4^{2-}+Cl^-$	$HCO_3^-+Cl^-$	SO_4^{2-}	$SO_4^{2-}+Cl^-$	Cl^-
Ca^{2+}	1	8	15	22	29	36	43
$Ca^{2+}+Mg^{2+}$	2	9	16	23	30	37	44
Mg^{2+}	3	10	17	24	31	38	45
Na^++Ca^{2+}	4	11	18	25	32	39	46
$Na^++Ca^{2+}+Mg^{2+}$	5	12	19	26	33	40	47
Na^++Mg^{2+}	6	13	20	27	34	41	48
Na^+	7	14	21	28	35	42	49

2. 水质现状评价

根据《地下水质量标准》（GB/T 14848—2017）中规定的地下水质量分类指

标，选择水质必评指标和增选指标，对地下水水质进行系统评估，评价水质超标项目类别与超标程度，以图表等形式提交地下水水质现状成果。对于超标的地下水，应分析其超标原因，并采取相应的治理措施。

3. 水质变化趋势分析及地下水污染分析

为了解地下水水质的历史演变及未来可能的发展趋势，需要选用质量较好、监测年份较多且具有代表性的地下水水质监测井的监测资料，分析历年变化情况，进行各监测项目监测值变化趋势分析，在此基础上，对计算分区的地下水水质近期变化趋势进行综合分析。

地下水污染分析方面，应重点关注污染源附近的地下水水源地。这些污染源可能包括水质低劣的地表水体（如排污河道、纳污湖库塘坝等）、污灌区、农药化肥施用量较高的农田及废弃物堆放场等。此外，一些特殊地区，如遭遇海（咸）水入侵地区的地下淡水区，也应纳入分析范围。

在进行污染分析时，需要综合分析污染源种类、物质组成和地理分布特征，以确定污染范围与程度。同时，还需要探讨污染成因与规律，以做出地下水污染趋势评价。这些信息对于制定地下水污染防治措施、保护地下水资源安全具有重要意义。

2.3.3.3　评价方法

水质评价应符合下列要求：（1）地下水质量评价以地下水水质调查分析资料或水质监测资料为基础，分为单指标评价和综合评价两种；（2）进行地下水质量单指标评价时，按指标值所在的限值范围确定地下水质量类别，指标限值相同时，从优不从劣；（3）进行地下水质量综合评价，按单指标评价结果最差的类别确定，并指出最差类别的指标。

2.4　水资源开发利用及其影响评价

水资源开发利用及其影响评价是对水资源开发利用现状以及存在问题的调查分析，是水资源调查评价工作的重要组成部分，是开展水资源保护、规划和管理的基础性前期工作。旨在通过对评价区社会经济现状调查、供水与用水现状调查、水资源开发利用对环境影响评价以及区域水资源综合分析，对全区的水资源开发利用状况以及对社会、经济、环境等各方面带来的影响进行全面、系统的评价，为区域水资源规划和管理工作的顺利开展提供技术支持，促进区域社会经济健康、高质量、可持续发展。

2.4.1 社会经济及供水基础设施现状调查

2.4.1.1 社会经济现状调查

社会经济现状调查是评估当前用水需求和预测未来需水趋势的基础。调查内容涵盖社会发展现状、经济发展现状和自然资源开发现状三个方面。在社会发展现状调查中，需重点关注人口分布、城镇及乡村发展情况，采用如人口总数、人口密度、城市人口总数、城市人均住宅面积、农村人均基础设施支出等指标进行量化分析。经济发展现状调查则侧重于工农业和城乡的产业布局与发展，分析各行业产值、产量情况，利用人均国内生产总值(GDP)、GDP 增长率、人均粮食产量、工业总产值占 GDP 比重等指标进行衡量。自然资源开发现状调查则着重于农牧业土地、矿产、草场、林区等自然资源的分布、数量、开发利用现状及存在的主要问题。

2.4.1.2 供水基础设施现状调查

供水基础设施现状调查旨在全面了解当前供水能力及其工程状况。调查内容主要包括现状年地表水源、地下水源和其他水源工程的数量及供水能力。地表水源工程按蓄水、引水、提水和调水分类，并按大、中、小型工程规模进行统计。地下水源工程则主要统计利用浅层地下水和深层承压水的水井工程。此外，还调查其他水源工程，如暴雨工程、污水处理回用工程、地下微咸水和海水利用等供水工程。在调查过程中，需特别关注供水基础设施的配套情况、工程完好率以及工程老化、失修、报废等问题，以全面评估供水基础设施的现状。

表 2.4-1 蓄、引、提工程规模划分标准

工程类型	指标	工程规模		
		大	中	小
水库工程	库容(亿 m^3)	≥1.0	0.1～1.0	0.004～0.1
引、提水工程	取水能力(m^3/s)	≥30	10～30	<10

2.4.2 供用水现状调查

2.4.2.1 供水现状调查

供水现状调查是评估区域内水资源供应能力的基础。调查内容涵盖当地地表水、地下水、过境水、外流域调水、微咸水、海水淡化、中水回用等多种水源，并

依据蓄、引、提、调四种主要工程措施进行分类统计。

主要任务如下。

1. 统计水源信息：收集和统计各种水源的实际情况，包括水库、湖泊、河流、地下水等。

2. 分析供水方式：分析各种供水方式（蓄、引、提、调）的实际供水量占总供水量的百分比，并评估其调整变化趋势。

3. 评估供水能力：调查评价区内已有的水利工程及措施情况，包括水库、塘坝、引水渠首及渠系、水泵站、水厂、水井等的数量和分布，评估其设计供水能力和实际有效供水能力。

4. 分析水资源开发程度：调查评价区内水资源开发程度，包括天然河川径流经过调节后的改变情况，以及因地下水位下降导致的水井出水能力降低情况。

2.4.2.2　用水现状调查

用水现状调查旨在了解评价区内水资源的实际利用情况，为未来的水资源规划和管理提供依据。

1. 河道内用水

河道内用水主要用于维护生态环境和水力发电、航运等生产活动，要求河流、水库、湖泊保持一定的流量和水位所需的水量。其特点是：主要利用河水的势能和生态功能，基本上不消耗水量或污染水质，属于非损耗性清洁用水；河道内用水是综合性的，可以“一水多用”，在满足一种主要用水要求的同时，还可兼顾其他用水要求。

河道内用水包括水力发电、航运、冲沙、防凌和维持生态环境等方面的用水，又分为生产用水和生态环境用水两类，前者指水力发电、渔业和航运用水等，后者包括冲沙、防凌、冲淤保港、稀释净化、保护河湖湿地等用水以及维持生态环境所需的最小流量和入海水量。

同一河道内的各项用水可以重复利用，应确定重点河段的主要用水项，分析各主要用水项的月水量分配过程，取外包线作为该河段的河道内各项用水综合要求，并分析近年河道内用水的发展变化情况。在收集已有的河道内用水调查研究成果的基础上，确定重点研究河段，结合必要的野外调查工作，分析确定主要河流及其控制节点的河道内用水量。

2. 河道外用水

河道外用水是指采用取水、输水工程措施，从河流、湖泊、水库和地下水层将水引至用水地区，满足城乡生产和生活所需的水量。在用水过程中，大部分水量被消耗掉而不能返回原水体中，而且排出一部分废污水，导致河湖水量减少、地下水位下降和水质恶化，所以又称损耗性用水。

河道外用水应按农业、工业、生活三大类用户分别统计各年用水总量、用水定额和人均用水量。用水量是指分配给用户的包括输水损失在内的毛用水量。农业用水包括农田灌溉和林牧渔业用水。农田灌溉用水应考虑灌溉定额的差别按水田、水浇地（旱田）和菜田分别统计。林牧渔业用水按林果地灌溉（含果树、苗圃、经济林等）、草场灌溉（含人工草场和饲料基地等）和鱼塘补水分别统计。工业用水量按取用新鲜水量计，不包括企业内部的重复利用水量。生活用水按城镇生活用水和农村生活用水分别统计，应与城镇人口和农村人口相对应。未经处理的污水和海水直接利用量需另行统计并要求单列，但不计入总用水量中。结合过去的水资源利用评价资料，分析用水总量、农业用水量、工业用水量、生活用水量及用水组成的变化趋势。

通过这些调查，可以全面了解评价区内的供用水现状，为未来的水资源规划、管理和保护提供科学依据。

2.4.3 现状供用水效率分析

现状供用水效率分析包括以下几方面的内容：

（1）应根据典型调查资料或分区水量平衡法，分析各项用水的消耗系数和回归系数，估算耗水量、排污量和灌溉回归量，对水资源有效利用率做出评价；

（2）分析近几年万元工业产值用水定额和重复利用率的变化，并通过对比分析，对工业节水潜力做出评价；

（3）分析近几年的城镇生活用水定额，并通过对比分析，对生活节水潜力做出评价；

（4）分析各项农业节水措施的发展情况及其节水量，并通过对比分析，对农业节水潜力做出评价；

（5）分析城镇工业废水量、生活污水量和废污水处理、回用状况，对近几年的发展趋势进行评价；

（6）有条件的地区，可分析海水和微咸水利用及其替代淡水量方式，对近几年发展趋势进行评价。

2.4.4 现状供用水存在问题分析

通过对水资源利用现状分析，就可以发现现状水资源利用中存在的问题，达到合理利用水资源的目的。常见的水资源开发利用中存在的问题有：原规划方案是否满足蓄水要求；水的有效利用率高低；地下水是否超采；供水结构、用水结构是否合理；是否产生水环境问题；水资源保护措施是否得力等。

2.4.5　水资源开发利用现状对环境的影响

水资源开发利用所造成的环境问题主要表现在以下几个方面：(1)水体污染；(2)河道退化、断流，湖泊、水体萎缩消亡；(3)次生盐碱化和沼泽化；(4)地面沉降、岩溶塌陷、海水入侵、咸水入侵；(5)沙漠化。

针对上述环境问题，应开展如下评价工作：(1)分析环境问题的性质及其成因；(2)调查统计环境问题的形成过程、空间分布特征和已造成的正面和负面影响；(3)分析环境问题的发展趋势；(4)提出防治、改善措施。

此外，针对上述环境问题，还要进一步考虑以下因素：(1)对于河道退化和湖泊、水库萎缩问题，还要评价河床变化和湖泊、水库蓄水量及水面面积减少等定量指标；对于河道断流问题，还要评价河道断流发生的地段及起讫时间。(2)对于次生盐碱化和沼泽化问题，还要评价发生次生盐碱化和沼泽化地区的面积、地下水埋深、地下水水质、土壤质地和土壤含盐量等定量指标。(3)对于地面沉降问题，还要评价开采含水层及其顶部弱透水层的岩性组成、厚度，年地下水开采量、开采模数、地下水埋深、地下水位年下降速率，地下水位降落漏斗面积、漏斗中心地下水位及年下降速率，地面沉降量及年地面沉降速率。(4)对于海水入侵和咸水入侵问题，还要评价开采含水层岩性组成、厚度、层位，开采量及地下水位，水化学特征，包括地下水矿化度或氯离子含量。(5)对于沙漠化问题，还要评价地下水埋深及植物生长、生态系统的变化。

上述问题都要针对具体情况来进行分析评价，并分别按照对环境质量的影响范围及其深度予以说明。

2.5　水资源综合评价

水资源综合评价是在水资源数量、质量和开发利用现状评价以及对环境影响评价的基础上，遵循生态系统良性循环、水资源永续利用、经济社会可持续发展的原则，对水资源的时空分布特征、利用状况及与经济社会发展的协调程度所作出的综合评价。

2.5.1　水资源综合评价的内容

水资源综合评价的内容应该包括水资源供需发展趋势分析、评价区水资源条件综合分析和分区水资源与经济社会的协调程度分析三方面。

2.5.1.1 水资源供需发展趋势分析

1. 选取水平年：应确保不同水平年的选取与国民经济和社会发展五年计划及远景规划目标相一致。

2. 供需发展趋势分析：以现状供用水水平和不同水平年经济、社会、环境发展目标以及可能的开发利用方案为依据，分区分析不同水平年水资源供需发展趋势及其可能产生的问题，特别是河道内用水和河道外用水的平衡协调问题。

2.5.1.2 评价区水资源条件综合分析

1. 整体性评价：从不同方面、不同角度选取社会、经济、资源、环境等方面的指标，对评价区水资源状况及开发利用程度进行整体性评价。

2. 指标选取：选取的指标应全面反映水资源系统的特征、开发、利用、管理状况及其与社会、经济、环境系统的协调发展状况和协调程度。

2.5.1.3 分区水资源与经济社会的协调程度分析

1. 评价指标体系：通过建立评价指标体系，定量表达分区水资源与经济社会的协调程度。

2. 分类排序：根据评价结果，对评价区内各计算分区进行分类排序，如严重不协调区、不协调区、基本协调区、协调区等。

2.5.2 水资源综合评价的过程

2.5.2.1 评价指标体系的构建

1. 评价指标的选取原则

水资源综合评价指标体系不仅要体现该区域水资源本身的特征、开发、利用、管理状况，即水资源系统的发展水平，与水相关的社会系统、经济系统、环境系统的发展水平，还要反映水资源系统与社会系统、经济系统、环境系统的协调发展状况和协调程度，以及复合系统的可持续发展能力。基于这种思想，在选择指标构建指标体系时，必须遵守以下原则。

（1）系统性与层次性相结合。区域以水资源为主导因素的“资源-社会-经济-环境”这一复合系统的内部非常复杂，各个子系统之间相互影响，相互制约。因此，要求建立的指标体系层次分明，不仅要反映各子系统各自的特征，更要体现水资源系统与其他系统之间的相互关系。

（2）全面性与概括性相结合。所选择的指标既要尽量全面地反映区域水资源可持续利用这一复合系统的各个方面，又要精炼，避免信息重复，从而影响评价结果的精度。

(3) 可行性与可操作性相结合。建立的指标体系往往在理论上反映较好，但实践性不强。因此在选指标时，不能脱离指标相关资料信息条件的实际，应尽量选择那些关键性的、具有综合性的指标，使得建立的指标体系简洁明确，易于计算和分析。

(4) 动态性与静态性相结合。作为一个系统，水资源系统可持续发展是不断变化的，是动态与静态的统一。因此，可持续发展测度指标体系也应该是动态与静态的统一，既要有静态指标，也要有动态指标。

2. 评价指标的构成

评价指标应能反映分区水资源对经济社会可持续发展的影响程度、水资源问题的类型以及解决水资源问题的难易程度，常用的评价指标有：描述人口、耕地、产值等经济社会状况的指标；描述用水现状及需水情况的指标；描述水资源质量、数量的指标；描述现状供水及规划供水工程情况的指标；描述评价区环境状况的相关指标等。

进行评价时，要对所选指标进行筛选和关联分析，确定重要程度。在确定了评价指标后，采用适当的技术与方法，建立数学模型对评价分区水资源与经济社会协调发展情况进行综合评判。评判内容包括：按水资源与经济社会发展严重不协调区、不协调区、基本协调区、协调区对各评价分区进行分类；按水资源与经济社会发展不协调的原因，将不协调分区划分为资源型缺水、工程型缺水、水质型缺水等类型；按水资源与经济社会发展不协调的程度和解决的难易程度，对各评价分区进行分析和排序。

评价过程中，各评价指标的重要程度以及评判标准，应充分征求决策者和专家意见。有条件时应使用交互式技术，让决策者与专家参与排序工作全过程。

2.5.2.2　水资源质量评价标准

目前，我国已经制定并颁布实施的水资源质量评价标准主要有《地表水环境质量标准》(GB 3838—2002)、《地下水质量标准》(GB/T 14848—2017)、《生活饮用水卫生标准》(GB 5749—2022)、《农田灌溉水质标准》(GB 5084—2021)、《渔业水质标准》(GB 11607—1989)、《景观娱乐用水水质标准》(GB 12941—1991)、《污水综合排放标准》(GB 8978—1996)、《土壤环境质量标准》(GB 15618—1995)(因2000年全国水资源质量评价中底质评价需要而列入)、《地表水资源质量标准》(SL 63—1994)、《湖泊(水库)营养状态评价标准》[全国水资源综合规划技术工作组2003年针对全国湖(库)营养状态评价而制定]。

2.5.2.3　水资源质量评价方法

常用的评价方法包括属性识别方法、主成分分析法、改进的灰色关联法、物元分析法、模糊综合评判法、信息熵法等。这些方法的选择应根据评价目的、数据类型和评价区的具体情况来确定。

在整个评价过程中，应充分征求决策者和专家的意见，确保评价结果的准确性和可靠性。

第3章

水资源开发利用

水资源是人类生存和发展最基本的需求和保障。水资源量的多寡和水质的优劣，直接制约着人类生活水平的提高和经济社会的高质量发展。现在全球水资源短缺的问题越来越严峻，给人们的生活和生产带来巨大的挑战，因此加强对水资源的开发利用的管理至关重要。水资源在国民经济建设和提高人民生活水平中发挥着巨大作用，要合理开发、利用和保护水资源，保证国民经济发展的用水需求，实现水资源可持续利用。

严守水资源开发利用上限，精打细算用好水资源，从严从细管好水资源，加强水生态空间管控。严格控制水资源开发利用是防止江河水资源过度开发、保障河流健康的治本之策，是实现以水而定、量水而行，助力经济社会发展的长远之计，更是实施江河战略、建设幸福河湖的应有之义。

3.1 水资源开发利用与国民经济发展

水利不仅是农业的命脉，也是国民经济的基础设施和基础产业，是国家粮食安全、城镇供水安全、旅游发展、生态与环境安全以及社会稳定、经济可持续发展的重要支撑和保障的重要物质基础，其重要性不亚于能源、交通和原材料等，有些地区水资源比能源、交通等更为重要。国民经济发展不仅包括国民生产总值和人均国民收入的增长，而且包含产业结构演进和空间结构组织的变化，水资源供给是经济总量增长和产业结构演进的重要约束条件。

从农业发展来看，水资源是一切农作物生长的基础，如果供水量不足就可能导致农作物减产甚至死亡，如果水量过多也可能导致洪涝灾害、土地盐碱化等，影响农业生产。

水资源是工业生产必不可少的生产要素，几乎所有工业生产过程都需要水的参与。随着工业的发展，对水资源的需求也在逐渐增加，工业发展的速度、规模和布局受水资源的制约作用也越来越明显。

从第三产业与城市发展来看，需要水资源保证居民日常生活用水，还要为商业活动等第三产业发展及生态环境提供水源。一般来说，城市规模越大，水资源利用量越多，对水资源开发利用的压力越大。在不少地区，水资源条件对城市发展规模、功能和布局起到决定性的作用。水资源是国民经济发展的强大促进因素，也是工业和城市发展的重要保障条件。

国民经济发展对水资源开发利用的影响表现在两个方面，一方面是国民经济发展对水资源系统产生压力，另一方面是国民经济发展为水资源开发利用提供可靠保障。由于国民经济发展对水资源的需求量不断增加，会对水资源供应产生很大压力，甚至超出水资源承载能力。人口增长对水资源产生的压力主要表现在水资源利用量增加和污水排放量增加，工业发展对水资源产生的压力主要表现在工业排污总量随着工业总产值的提高可能不断增加。农业发展对水资源产生的压力主要表现在农田灌溉引水量增大，引起面源污染造成水质恶化。国民经济的发展同时可以促进水资源的合理开发利用。随着社会发展、科技进步，人类开发利用和保护水资源的能力也逐渐提高，可以提供足够资金进行水污染防治，同时，水资源的管理水平也将随着认识的加深而不断提高。

3.2 需水预测

3.2.1　基本要求

需水预测相关的用水户主要分为生活、生产和生态环境三大类，并按城镇和农村两类分别进行统计。

(1) 居民生活需水指城镇居民生活用水和农村居民生活用水。

(2) 生产需水指有经济产出的各类生产活动所需的水量，包括第一产业、第二产业和第三产业，要求按城乡地域分别统计。河道内其他生产活动如水电、航运等，因其用水一般不消耗水资源的数量，要求单独列项统计，经协调后与河道内生态需水一并作为河道内需水考虑。生产需水要求按生产部门分类进行预测，并按城镇与农村范围分别统计，城市单列。

(3) 生态环境需水分为维护生态环境功能和生态环境建设两类，按河道内与河道外用水划分。

(4) 城镇统计口径为国家行政建制设立的直辖市、市和镇；城市为国家行政建制设立的直辖市、市；城市的统计范围，现状年为建成区，规划水平年为城市规划区(简称“城市市区”或“城区”)。

对国民经济社会发展指标和用水指标部分，除按水资源开发利用情况调查评价部分确定的口径(其分类口径简称“原口径”)进行统计外，还要求按“新口径”开展补充调查，并进行分类统计。各地应根据当地实际情况，选取有代表性和具有一定规模的灌区、城市（城镇）、企业（或行业）、重要河流和区域开展调查，分析确定“新口径”下的用水户的用水定额、用水结构等现状用水数据，推算计算分区“新口径”下的统计数据。

表 3.2-1 用水户分类口径及其层次结构表

<table>
<tr><th>一级</th><th>二级</th><th>三级</th><th>四级</th><th>备 注</th></tr>
<tr><td rowspan="2">生活</td><td rowspan="2">生活</td><td>城镇生活</td><td>城镇居民生活</td><td>城镇居民生活用水（不包括公共用水）</td></tr>
<tr><td>农村生活</td><td>农村居民生活</td><td>农村居民生活用水（不包括牲畜用水）</td></tr>
<tr><td rowspan="12">生产</td><td rowspan="6">第一产业</td><td rowspan="2">种植业</td><td>水田</td><td>水稻等</td></tr>
<tr><td>水浇地</td><td>小麦、玉米、棉花、蔬菜、油料等</td></tr>
<tr><td rowspan="4">林牧渔业</td><td>灌溉林果地</td><td>果树、苗圃、经济林等</td></tr>
<tr><td>灌溉草场</td><td>人工草场、灌溉的天然草场、饲料基地等</td></tr>
<tr><td>牲畜</td><td>大、小牲畜</td></tr>
<tr><td>鱼塘</td><td>鱼塘补水</td></tr>
<tr><td rowspan="4">第二产业</td><td rowspan="3">工业</td><td>高用水工业</td><td>纺织、造纸、石化、冶金</td></tr>
<tr><td>一般工业</td><td>采掘、食品、木材、建材、机械、电子、其他[包括电力工业中非火（核）电部分]</td></tr>
<tr><td>火（核）电工业</td><td>循环式、直流式</td></tr>
<tr><td>建筑业</td><td>建筑业</td><td>建筑业</td></tr>
<tr><td rowspan="2">第三产业</td><td>商饮业</td><td>商饮业</td><td>商业、饮食业</td></tr>
<tr><td>服务业</td><td>服务业</td><td>货运邮电业、其他服务业、城市消防、公共服务及城市特殊用水</td></tr>
<tr><td rowspan="7">生态环境</td><td rowspan="5">河道内</td><td rowspan="4">生态环境功能</td><td>河道基本功能</td><td>基流、冲沙、防凌、稀释净化等</td></tr>
<tr><td>河口生态环境</td><td>冲淤保港、防潮压碱、河口生物等</td></tr>
<tr><td>通河湖泊与湿地</td><td>通河湖泊与湿地等</td></tr>
<tr><td>其他河道内</td><td>根据具体情况设定</td></tr>
<tr><td>生态环境功能</td><td>湖泊湿地</td><td>湖泊、沼泽、滩涂等</td></tr>
<tr><td rowspan="2">河道外</td><td rowspan="2">生态环境建设</td><td>美化城市景观</td><td>绿化用水、城镇河湖补水、环境卫生用水等</td></tr>
<tr><td>生态环境建设</td><td>地下水回补、防沙固沙、防护林草、水土保持等</td></tr>
</table>

注：① 农作物分类、耗水行业和生态环境分类等因地而异，根据各地区情况而确定；② 分项生态环境用水量之间有重复，提出总量时取外包线；③ 河道内其他非消耗水量的用户包括水力发电、内河航运等，未列入本表；④ 生产用水应分成城镇和农村两类口径分别进行统计或预测，并将城市市区单列。

要求提交与节约用水部分相对应的"基本方案"和"强化节水方案"两套需水预测成果。在现状节水水平和相应的节水措施基础上确定的需水方案为"基本方案";在进一步加大节水投入力度,强化需求管理条件下,进一步提高节水水平的需水方案为"强化节水方案"。"强化节水方案"需水预测成果应和"节约用水"部分推荐方案相协调。

需水预测应采用"多种方法、综合分析、合理确定"的原则确定其成果。定额预测为基本方法,同时应采用趋势法、机理法、人均用水量法、弹性系数法等其他方法进行复核,经综合分析后提出需水预测成果。

要求经济社会发展指标和各用水户需水量预测成果按"计算分区"统计,并按"计算分区"上的城镇和农村两类口径汇总。

3.2.2 经济社会发展指标分析

3.2.2.1 人口指标

人口指标包括总人口、城镇人口和农村人口。城镇化预测应结合国家和各级政府制定的城镇化发展战略与规划,充分考虑水资源条件对城镇发展的支撑能力,合理安排城镇发展布局并确定城镇人口规模。

在城乡人口预测的基础上,进行用水人口预测。城镇用水人口包括常住人口(可采用户籍人口)和居住时间超过 6 个月的暂住人口。暂住人口所占比重不大的,可直接采用城镇人口作为城镇用水人口。对于流出人口比较多的农村,也应考虑其流出人口的影响。

现状年人口应采用全国最新人口普查成果。应按人口普查中的城镇人口数据,分解到各水资源计算分区,同时估算各水资源分区的农村人口数。各规划水平年人口预测,如已有人口发展规划的,可作为人口预测的基本依据,但需要根据人口普查数据进行必要的修正,并分解到各计算分区。

3.2.2.2 国民经济发展指标

要求按用水"新口径"统计国民经济发展指标。规划水平年国民经济发展指标要以实现国家总体发展目标为指导,结合基本国情和区域发展情况,符合国家产业政策,体现当地经济发展特点,并符合水资源条件。采用政府规划的总量指标数据时,应同时预测各主要经济行业的发展指标,并协调好分行业指标和总量指标间的关系(三次产业比例)。各经济行业发展指标以增加值指标为主,产值指标为辅。

因河道内生产需水(如水电、航运、水产养殖等)需单列,经济指标预测中应注意将国民经济部门中在河道内取水的生产部门发展指标单列,在计算河道外生产需水时将这部分扣除。

考虑火(核)电用水特点,其需水预测在全部电力工业发展指标(增加值、产值、装机容量、发电量等)规划成果基础上,将火(核)电按直流式和循环式两种类型的装机容量和发电量列项统计。建筑业需水量预测可采用单位竣工面积定额法,对新增竣工面积列项统计填表。

3.2.3.3 农业发展及土地利用指标

农业发展及土地利用指标包括耕地面积、农作物总播种面积、粮食作物播种面积、经济作物播种面积、主要农产品总产量、农田有效灌溉面积、林果地灌溉面积、草场灌溉面积、鱼塘补水面积、大小牲畜总头数等,以及各类灌区、各类农作物灌溉面积等。

现状耕地面积采用国家统计口径并按自然资源部门发布的分省资料进行统计。预测耕地面积时,应遵循国家有关土地管理法规与政策以及退耕还林还草还湖等有关政策,考虑基础设施建设和工业化、城镇化发展及退耕等因素。在耕地面积预测成果基础上,按照各地不同的复种指数,预测农作物播种面积;按照粮食作物和经济作物播种面积比例,测算粮食、棉花、油料等主要农作物的总产量。农作物总产量预测,要充分考虑科技进步、灌区生产潜力和旱地农业发展对提高农作物生产量的作用。

各地原有农田灌溉发展规划可作为灌溉面积预测的基本依据,但要根据新情况进行必要的复核或调整。农田灌溉面积发展指标应充分考虑当地的水、土、光、热资源条件,以及种植结构调整等,合理确定发展规模。根据灌溉水源的不同,农田灌溉面积可划分成井灌区、渠灌区和井渠结合灌区三种类型。

根据畜牧业发展规划以及对畜牧业产品需求量,考虑农区畜牧业发展情况后,进行灌溉草场面积和畜牧业大、小牲畜头数指标预测。根据林果业发展规划以及市场需求情况,进行灌溉林果地面积发展指标预测。

3.2.3 生活需水量的预测

生活需水主要是指城镇居民生活和农村居民生活需水。由于增长速度快且用水高度集中,关系到民生问题,因此必须高度重视,尤其是水资源供需矛盾突出的我国北方地区,更需及时通过调查,摸清生活需水的现状和发展动向,统筹规划,以满足人民美好生活对用水的需求。

3.2.3.1 生活需水的分类

(1) 按用水户分布,分为城镇生活需水和农村生活需水。

(2) 按供水系统不同,分为集中供水的生活需水和自备水源供给的生活需水。

(3) 按供水水源不同,分为地表水供给(不需调节流量的地表水与需要调节流量的地表水)、地下水供给(泉水、浅层地下水与深层地下水)、中水供给(经过处理的污水用于生活需水的那部分水)。

3.2.3.2 城镇生活需水预测

城镇生活需水,在一定范围内,其增长速度是比较有规律的,因而可以用趋势外延法推求需水量。

预测总需水量,考虑的因素是用水人口和用水定额。人口数以计划部门或国民经济五年发展规划的预测数为准,而用水定额以现状调查数据或统计数据为基础,分析用水定额的历年变化情况,或进行用水定额与国民经济平均收入的相关分析,考虑不同水平年城镇的经济发展和人民生活改善及提高程度,拟定城镇不同水平年的用水定额,按式(3.2-1)计算。

$$W_i = p_0(1+\varepsilon)^n K_i \tag{3.2-1}$$

式中:W_i 为某水平年城镇生活用水量,m^3;p_0 为现状人口,人;ε 为城镇人口计划增长率,%;n 为起始年份与某一水平年份的时间间隔,a;K_i 为某水平年份拟定的人均综合用水定额,$m^3/(p \cdot a)$。有远郊城镇的要分市区和远郊城镇两部分分别计算,然后汇总为总生活需水量。

在求出年总需水量后,年内分配可采用自来水供水系统月供水分配系数,在做一些修正后,用于不同水平年的生活用水的月水量分配。

$$W_{i,m} = a_m p_0(1+\varepsilon)^n K_i \tag{3.2-2}$$

式中:$W_{i,m}$ 为某一水平年内某一月份城镇生活需水量,m^3;a_m 为某一月份需水量占全年总需水量百分数;其他符号同上。

3.2.3.3 农村居民生活需水预测

通过典型调查,农村居民生活需水量按人均生活需水标准进行估算。公式为:

$$W_{居} = \sum n_i m_i \tag{3.2-3}$$

式中:$W_{居}$ 为农村居民生活需水量;m_i 为人均生活需水标准;n_i 为需水人数。

农村居民生活需水标准与各地水源条件、用水设备、生活习惯有关。南方与北方需水标准相差很大,应进行实地调查拟定人均需水标准。

3.2.4　农业需水量的预测

农业需水包括农田灌溉和林牧渔畜需水。其中，农田灌溉需水所占的比重较大，是农业需水的主体。与工业、生活需水相比，具有面广量大、一次性消耗的特点，而且受气候影响较大。

3.2.4.1　农田灌溉需水

农田灌溉需水包括水浇地和水田的灌溉需水，灌溉需水预测采用灌溉定额法，灌溉定额预测要考虑灌溉保证率水平。

1. 灌溉制度

灌溉制度(irrigation schedule)是根据作物需水特性和当地气候、土壤、农业及灌水技术等因素制定的灌水方案。此外，灌溉制度也可以按照灌溉方式的不同分为续灌、轮灌和随机灌溉等制度。主要内容包括灌水定额[m^3/(亩·次)]、灌水时间(日/月)、灌水次数(次)、灌溉定额(m^3/亩)等，灌溉定额为各次灌水定额之和。灌水方式分地面灌溉、地下灌溉和地上灌溉等，具体的灌溉方式如图 3.2-1 所示。对不同灌溉方式，同一作物其灌溉制度是不同的。

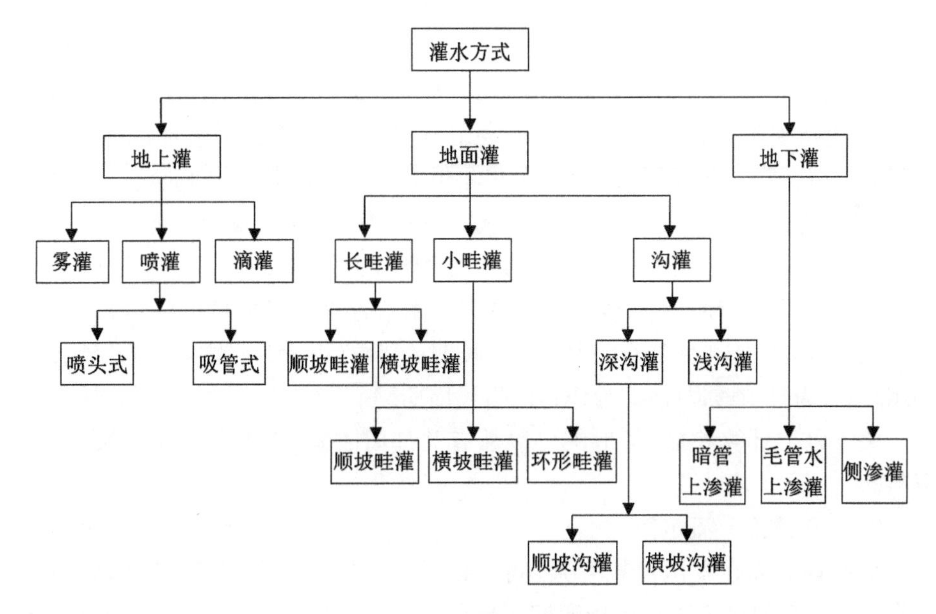

图 3.2-1　灌水方式

影响灌溉制度的因素很多，主要有气候、土壤、水文地质、作物品种、耕作方式、灌排水平以及工程配套程度等。一般灌溉制度的拟订要通过灌区调查，总结群众节水丰产的经验，综合分析制定。但是，实际年份的灌水情况受当地气候条件影响较大，其中受作物生长期的降雨及其分布影响最大。

2. 净灌溉定额和渠系水利用系数

净灌溉定额是作物播种前及全生育期单位面积的总灌水量或灌水深度，是作物各次灌水量之和。不同的灌溉方式，不同的作物及其组成，有不同的灌溉定额。而实际某一年的灌溉定额又由当年的各种条件来决定。

以地面灌溉为例，分水稻和旱作物进行讨论，采用水量平衡原理进行计算的方法如下。

1）水稻净灌溉定额

按水量平衡原理计算如下：

$$M=\frac{1}{m}M_{秧}+M_{泡}+E+M_{渗}-P' \tag{3.2-4}$$

$$E=\sum E_i \tag{3.2-5}$$

$$E_i=\alpha E_{水} \tag{3.2-6}$$

$$P'=nP \tag{3.2-7}$$

$$M_{渗}=s\times t \tag{3.2-8}$$

式中：M 为作物的净灌溉定额；$M_{秧}$ 为秧田灌溉定额（湿润育秧可忽略不计）；m 为亩秧田分插田亩数，一般 $m=15\sim17$；$M_{泡}$ 为泡田需水量，可根据试验资料确定，盐碱地稻改区需考虑淋盐洗碱的泡田需水量；E 为作物全生育期的需水量；$M_{渗}$ 为作物全生育期的田间渗透量，一般用生长期乘日渗透强度求得；P' 为作物生长期的有效雨量；E_i 为作物某生育阶段的需水量；$E_{水}$ 为相应作物某生育阶段的水面蒸发量（水面蒸发换算系数引用附近水文气象部门资料）；α 为水稻在某生育期的需水系数；P 为作物生长期的降雨量；n 为作物生长期降雨量的利用率；s 为日渗透强度；t 为作物的生长周期。

关于以上计算参数，各地都可以从有关部门收集，或借用相邻区域的试验资料。

2）旱作物净灌溉定额

旱作物灌溉在我国比较复杂，同一种旱作物的净灌溉定额因时因地而异。旱作物灌溉目的在于控制作物湿润土层的含水量，使之既不大于允许的最大含水量，又不小于允许的最小含水量，以适宜作物生长。因此，一个地区当年的灌溉净定额，与耕作层深度、允许的土壤含水量变化、土壤干容重及孔隙率、地下水利用量、作物生长期的有效雨量等因素有关。

农作物灌溉定额还可分为充分灌溉定额和非充分灌溉定额。充分灌溉是指在作物生育期完全按照作物高产所需水量实施灌溉的方式。非充分灌溉是指在作物生育期部分地按作物生长需要水量实施的灌溉方式。各地通过多年的灌溉实践，已基本摸索出了当地农作物非充分灌溉技术及其非充分灌溉定额的经验值。对于水资源比较丰富的地区，一般采用充分灌溉定额；对于水资源比较紧缺的地区，应采用非充分灌溉定额。经济灌溉定额是单位水量的增产量最大时的灌溉需水量。原水电部新乡灌溉研究所对华北地区的灌溉定额做了深入研究，提出平水年在华北地区经济需水定额冬小麦为 160～200 m^3/亩，夏玉米为 40～75 m^3/亩，棉花为 80～140 m^3/亩。经济灌溉定额属于非充分灌溉范畴。

渠系水利用系数，反映了灌区各级渠道的运行状况和管理水平，是一个综合性的指标，通常指净灌溉用水量 $W_{净}$ 与灌溉用水量 $W_{毛}$ 之比值。

$$\eta = W_{净} / W_{毛} \tag{3.2-9}$$

设 $\eta_{干}$、$\eta_{支}$、$\eta_{斗}$、$\eta_{农}$ 分别表示干渠、支渠、斗渠、农渠各级渠道（同时输水）的加权平均有效利用系数，则：

$$\eta = \eta_{干} \eta_{支} \eta_{斗} \eta_{农} \tag{3.2-10}$$

同时输水的同级渠道，其加权平均有效利用系数可按照下式计算。

$$\eta = \sum q_{净} / \sum q_{毛} \tag{3.2-11}$$

式中：$\sum q_{净}$ 为同时工作的同级渠道渠尾净流量之和；$\sum q_{毛}$ 为同时工作的同级渠道渠首毛流量之和。

η 的大小与各级渠道长度、沿线土质和水文地质条件、工程配套和衬砌情况、灌溉管理水平等因素有关。η 可在渠道运用过程中实测。我国目前已建灌区，η 值一般只有 0.45～0.60。

3. 灌溉需水量估算

农业灌溉分灌区进行，不同的灌区，其灌溉条件不尽相同。因此，农业用水调查应按灌区进行，各灌区用水累计即全区域农业用水量。

现状灌溉需水量一般可采用直接估算法。直接选用各种作物的灌溉定额进行估算。其公式为：

$$W_i = \frac{1}{10^4} \omega_i \sum_{i=1}^{n} m_i \tag{3.2-12}$$

$$W = \sum W_i \tag{3.2-13}$$

$$W' = W/\eta \tag{3.2-14}$$

式中：m_i 为某作物某次灌溉定额；ω_i 为某作物灌溉面积；n 为某作物灌溉次数；W_i 为某作物净灌溉水量；W 为全灌区所有作物净灌溉水量；η 为灌区渠系水利用系数；W' 为全灌区总毛灌溉用水量。

对于灌区附加淋盐、淤灌水量应另行估算。

未来不同水平年的灌溉需水量估算，主要考虑以下几个因素：(1)灌溉面积的发展速度；(2)不同保证率情况下的不同灌溉方式；(3)不同作物及组成的灌溉定额；(4)渠系水利用系数提高程度等。

3.2.4.2 林牧渔畜需水

林牧渔畜业需水量包括林果地灌溉、草场灌溉、鱼塘补水和牲畜用水等4项。林果地和草场的灌溉需水量预测采用灌溉定额法，其计算步骤类似于农田灌溉需水量。根据当地试验资料或现状典型调查，分别确定林果地和草场灌溉净定额；根据灌溉水源和供水系统，分别确定田间水利用系数和各级渠系水利用系数；结合林果地与草场发展面积预测指标，进行林果地和草场灌溉净需水量和毛需水量预测。

渔业需水是指维持一定养殖水面面积和相应水深所需要补充的水量，为养殖水面蒸发和渗漏所消耗水量的补充值。公式为：

$$W_{渔} = \omega(\alpha E - P + S) \tag{3.2-15}$$

式中：ω 为养殖水面面积；E 为水面蒸发量，由水文气象部门蒸发器测得；α 为蒸发器折算系数；P 为年降雨量；S 为年渗漏量(由调查、实测或经验数据估算)。

渔业需水也可以根据调查补水定额和养殖面积进行估算。公式为：

$$W_{渔} = \omega \cdot m \tag{3.2-16}$$

式中：ω 为养殖面积；m 为鱼塘补水定额。

牲畜用水：

$$W_{牲} = \sum n_i \cdot m_i \tag{3.2-17}$$

式中：$W_{牲}$ 为牲畜用水；n_i 为各种牲畜或家禽头数或只数；m_i 为各种牧畜或家禽用水定额(调查或实测值)。

3.2.5 工业需水量的预测

工业需水(water demand for industry)一般是指工、矿企业在生产过程中，用于制造、加工、冷却、空调、净化、洗涤等方面的需水量。

工业需水是城市需水的一个重要组成部分。在整个城市需水中工业需水不仅所占比重较大，而且用水集中。工业生产大量用水，同时排放相当数量的工业废水，又是水体污染的主要污染源。世界性的缺水危机首先在城市出现，而城市供需矛盾紧张主要是工业需水问题所造成。因此，工业需水问题已引起各国的普遍重视。

水是工业的血液。现实中没有不需要水的工业部门，也没有与水无关的工业。一个城市工业需水的多少，不仅与工业发展的速度有关，而且还与工业的结构、工业生产的水平、节约用水程度、用水管理水平、供水条件和水资源量等因素有关。

工业用水预测是一项比较复杂的工作，涉及因素较多。一个城市或地区的工业用水的发展与国民经济发展计划和长远规划密切相关。工业用水预测的通常方法是，研究工业用水的发展史，分析工业用水的现状，考察未来工业发展的趋向和用水水平的变化，从中得出预测规律。具体方法一般有以下几种。

3.2.5.1　趋势法

用历年工业用水增长率来推算将来工业需水量。预测不同水平年的需水量计算式为：

$$S_i = S_0(1+d)^n \tag{3.2-18}$$

式中：S_i 为预测的某一水平年工业需水量；S_0 为预测起始年份工业用水量；d 为工业用水年平均增长率；n 为从起始年份至预测某一水平年份所间隔时间。

一个城市工业用水的增长率与其工业结构、用水水平、水源条件等有关。用趋势法预测的关键是对未来用水量增长率的准确确定，需要找出与增长率密切相关的因素，充分分析过去的实际结构，合理确定未来不同水平年的平均用水增长率。

3.2.5.2　相关法

工业用水的统计参数(单耗、增长率等)与工业增加值有一定的相关关系，如把增加值作为横轴，进行回归分析，则适合这种相关分析的回归方程有以下形式：

$$\log y = a\log x + b \tag{3.2-19}$$

$$y = \frac{a}{1+b\mathrm{e}^{-a\log x}} \tag{3.2-20}$$

$$y = ax + b \tag{3.2-21}$$

式中：y 为单位用水量或增长率；x 为增加值，a、b 为常数。

工业用水弹性系数为工业用水增长率与工业增加值增长率之比。2000 年全国工业用水增长率平均为 5.4%，工业用水弹性系数约为 0.70。对于工业用水弹性系数，一般预测情况是：一般地区为 0.60～0.80；工业基础较好或节水潜力较大地区为 0.45～0.65，工业基础薄弱或能源基地为 0.80～1.00。对于工业用水增长率：一般地区都低于 7%；重要能源基地一般也不超过 10%。

3.2.6 建筑业和第三产业需水预测

(1) 建筑业需水预测以单位建筑面积用水量法为主，以建筑业万元增加值用水量法进行复核。

(2) 第三产业需水可采用万元增加值用水量法进行预测。根据这些产业发展规划成果，结合用水现状分析，预测各规划水平年的净需水定额和水利用系数，进行净需水量和毛需水量的预测，并分基本方案和强化节水方案制定用水定额。

(3) 建筑业和第三产业用水量年内分配比较均匀，仅对年内用水量变幅较大的地区，通过典型调查进行用水量分析，计算月需水分配系数，确定用水量的年内需水过程。

预测方法公式如下：

$$NW5_i = E_{12}A5_i \quad NW6_i = E_{13}V3_i + E_{14}V4_i \tag{3.2-22}$$

$$RW5_i = \frac{NW5_i}{\eta_6} \quad RW6_i = \frac{NW6_i}{\eta_6} \tag{3.2-23}$$

式中：$NW5_i$、$NW6_i$ 分别为规划水平年的建筑业、第三产业净需水量；$RW5_i$、$RW6_i$ 为规划水平年的建筑业、第三产业毛需水量；$A5_i$ 为建筑面积；$V3_i$、$V4_i$，分别为商饮业、服务业的总产值；E_{12} 为建筑业用水定额，即单位建筑面积用水量；E_{13}、E_{14} 分别为商饮业、服务业的用水定额，即万元增加值用水量；η_6 为建筑业及第三产业水利用系数，由供水规划和节约用水规划等确定。

3.2.7 生态需水量的预测

3.2.7.1 生态需水的基本概念与内涵

生态与环境需水（water demand for ecology and environment）是指为了维

持给定目标下生态与环境系统一定功能所需要保留的自然水体和需要人工补充的水量。要结合当地水资源开发利用状况、经济社会发展水平、水资源演变情势等，确定切实可行的生态环境保护、修复和建设目标，分别进行河道外和河道内的生态环境需水量预测。河道内生态环境需水指维持河流生态系统一定形态和一定功能所需要保留的水(流)量，按维持河道一定功能的需水量和河口生态与环境需水量分别计算。河道内生态环境需水量要以河流水系主要控制断面为计算节点，对上、下游不同计算节点计算值经综合分析后确定成果，河道内生态环境需水量与河道内非消耗性生产需水量之间有重复的，计算时应予以注明。

河道外生态环境需水指保护、修复或建设给定区域的生态与环境需要人为补充的水量，按城镇生态环境需水、湖泊沼泽湿地生态环境补水、林草植被建设需水和地下水回灌补水分别计算。

3.2.7.2　河道内需水预测

河道内其他用水包括航运、水电、渔业、旅游等，这些用水一般不消耗水量，但对水位、流量等有一定要求。因此，为做好河道内控制节点的水量平衡，亦需对此类用水量进行估算。

此类河道内用水根据其各自要求，按照各自的特点，参照有关计算方法分别估算，并计算控制节点的月外包需水量。

河道内其他需水量与河道内生态环境需水对比，取得最大月外包过程，在水资源合理配置研究中参与节点水量与水质平衡。

3.2.7.3　生态环境需水预测

为规范生态环境需水预测，水利部门制定了有关标准规范，如《水利水电工程生态流量计算与泄放设计规范》(SL/T 820—2023)、《水库生态流量泄放规程》(SL/T 819—2023)、《河湖生态环境需水计算规范》(SL/T 712—2021)等。水利部水利水电规划设计总院 2002 年制定的《全国水资源综合规划技术大纲》，对生态环境需水预测作出具体技术要求。在预测时，要考虑河道内和河道外两类生态环境需水口径分别进行预测。河道内生态环境需水分为维持河道基本功能和河口生态环境的用水，河道外生态环境用水分为湖泊湿地生态环境与建设用水、城市景观用水等。城镇绿化用水、防护林草用水等以植被需水为主体的生态环境需水量，可以用灌溉定额的方式预测；湿地、城镇河湖补水等，以规划水面的水面蒸发量与降水量之差为其生态环境需水量。

不同的生态环境需水项计算方法不同。河道内生态环境用水由多年平均最小生态基流量、压咸流量、多年平均汛期输沙流量等确定；城镇绿化用水、防护林草用水等以植被需水为主体的生态环境需水量，采用灌溉定额的预测方法；湿地、湖泊、城镇河湖补水等，以规划水面面积的水面蒸发水量为其生态环境需水量；其他生态环境需水，结合各分区、各河流的实际情况采用相应的计算方法。

$$NW7_i = E_{15} A6_i \quad (3.2\text{-}24)$$

$$RW7_i = NW7_i / \eta_7 \quad (3.2\text{-}25)$$

式中：$NW7_i$ 为规划水平年生态环境需水量(绿化需水量或河湖补水量或环境卫生需水量或水土保持需水量或防护林草需水量等)；$RW7_i$ 为规划水平年生态环境美化毛需水量(绿化或河湖补水或环境卫生)；$A6_i$ 为生态环境规划目标(绿化面积或河湖补水面积或环境卫生面积或水土保持面积或防护林草面积等)；E_{15} 为生态环境需水定额(绿化需水定额或河湖补水定额或环境卫生需水定额或水土保持需水定额或防护林草需水定额等)，即单位面积用水量；η_7 为生态环境美化水利用系数，由供水规划和节约用水规划等确定。

3.2.8 需水预测汇总与成果合理性分析

根据生活、生产、生态的需水量预测成果，分单元、分区进行河道外需水量预测成果汇总，并区分城镇、农村需水，建制市城市需水预测成果单列。

1. 河道外需水量的城乡分布

河道外需水量，一般均要参与水资源的供需平衡分析。应按城镇和农村两大供水系统(口径)进行需水量的汇总。

2. 河道内需水量汇总

根据河道内生态环境需水和河道内其他生产需水的对比分析，取得月外包过程线，在水资源配置研究中参与节点水量平衡。

3. 城市需水量汇总

根据建制市城市需水预测成果，进行城市需水量汇总。

4. 合理性分析

为了保障预测成果具有现实合理性，要求对经济社会发展指标、用水定额以及需水量进行合理性分析。合理性分析主要为各类指标发展趋势(增长速度、结构和人均量变化等)和国内外其他地区的指标比较，以及经济社会发展指标与水资源条件之间、需水量与供水能力之间等关系协调性分析等。为此，可通过建立评价指标体系对需水预测结果进行合理性分析。

3.3 供水预测

3.3.1　水利工程可供水量计算

3.3.1.1　引水工程

引水工程是指从河道或其他地表水体能够自流取水的水利工程。

某一引水枢纽，在逐日来水过程线给定时，考虑河道下泄流量的要求，当河道日平均可引流量小于和等于引水渠道的最大过水能力时，全引；当河道日平均可引流量大于引水渠道的最大过水能力时，只引渠道的最大过水流量。将渠道逐日引用的水量相加，即为渠道全年最大可引水水量，也即引水工程的供水能力。显然，工程的供水能力指的是工程充分发挥作用时可提供的水量。

按上述方式计算得到的渠道最大可引水量，并不是许可供给的水量，因为年最大可引水量可能有一部分是没有用的，例如农业灌溉，在非灌溉期的那部分引水量是毫无用处的。因此，许可的引水量必须从年最大可引水量中减去用户不用的水量，剩余部分才是引水工程可以供给的水量，简称可供水量。可供水量与工程的供水能力是不同的，供水能力未考虑需水限制。可供水量大小，取决于来水过程、下游河道流量要求、渠道过水能力以及用户的需水要求等。

综上所述，水利工程的可供水量是指在给定的来水条件下，考虑供水对象的需水要求与过程，通过水利工程可以提供的水量。

可供水量的计算时段长度的选取应比较适中，不能过大，也不能过小。取值过大，通常会掩盖供需之间的矛盾，因为一个地区的缺水，往往是在几个关键时期，甚至是很短的一段时间，所以只有把计算时段取值大小合适，才能把供需之间的矛盾暴露出来。但取值太小，则分析计算工作量大，有时还受资料限制。所以，计算时段的划分应以能客观反映供需矛盾为准则。一般来说，北方供需矛盾突出的地区按月进行分析可能满足要求，南方供需矛盾突出的地区在作物灌溉期甚至要按旬或按周进行分析才可能满足要求；对一些供需矛盾不突出地区，则可能按主要作物灌溉期和非灌溉期进行分析，甚至可能按年进行分析等。

3.3.1.2　蓄水工程

蓄水工程能在时间上对水资源进行重新分配，在来水多时把水蓄起来，在来水少时根据用水要求适时适量地供水。这种把来水按用水需求在时间上和数量上重新分配的过程称为水库调节。

1. 大中型水库

大中型水库按年调节计算，设年初、年末库容均为水库的死库容。Y_t 表示 t 时段来水流量，D_t 表示 t 时段需水量，Q_t 表示 t 时段可供水量，单位均为 m^3/s。V_t 表示 t 时段初水库蓄水量，单位为 $m^3/s \cdot \Delta t$。时段长 $\Delta t = 90$ 天，一年划分为 4 个时段。有关计算情况见表 3.3-1，不同计算模式如图 3.3-1 所示。

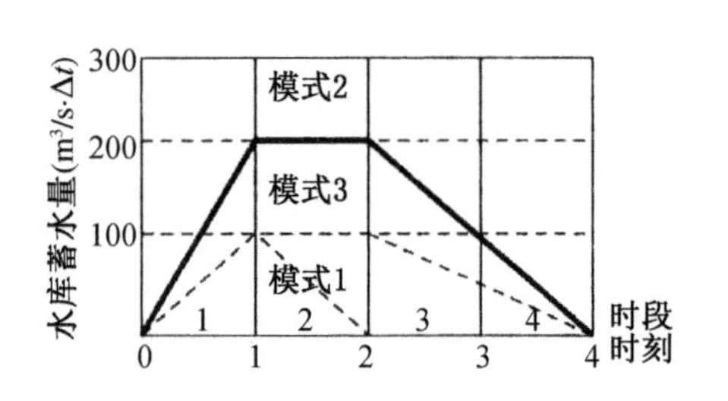

图 3.3-1　不同计算模式示意图

表 3.3-1　水库调节计算表

<table>
<tr><th colspan="3">调节计算模式</th><th colspan="2">(1)</th><th colspan="2">(2)</th><th colspan="2">(3)</th></tr>
<tr><th>时段</th><th>Y_t</th><th>D_t</th><th>Q_t</th><th>V_t</th><th>Q_t</th><th>V_t</th><th>Q_t</th><th>V_t</th></tr>
<tr><td rowspan="2">1</td><td rowspan="2">300</td><td rowspan="2">200</td><td rowspan="2">200</td><td>0</td><td rowspan="2">100</td><td>0</td><td rowspan="2">200</td><td>0</td></tr>
<tr><td rowspan="2">100</td><td rowspan="2">200</td><td rowspan="2">100</td></tr>
<tr><td rowspan="2">2</td><td rowspan="2">100</td><td rowspan="2">200</td><td rowspan="2">200</td><td rowspan="2">100</td><td rowspan="2">100</td></tr>
<tr><td rowspan="2">0</td><td rowspan="2">100</td><td rowspan="2">100</td></tr>
<tr><td rowspan="2">3</td><td rowspan="2">0</td><td rowspan="2">200</td><td rowspan="2">0</td><td rowspan="2">100</td><td rowspan="2">100</td></tr>
<tr><td rowspan="2">0</td><td rowspan="2">100</td><td rowspan="2">0</td></tr>
<tr><td rowspan="2">4</td><td rowspan="2">0</td><td rowspan="2">200</td><td rowspan="2">0</td><td rowspan="2">100</td><td rowspan="2">0</td></tr>
<tr><td>0</td><td>0</td><td>0</td></tr>
</table>

(1) "有水就用"模式。如果有水，只要需要就供给，即"以需定供"方式。

按水量平衡方程进行计算

$$V_{t+1} = V_t + (Y_t - Q_t)\Delta t \tag{3.3-1}$$

$Q_1 = 200\ m^3/s$，$Q_2 = 200\ m^3/s$，$Q_3 = 0$，$Q_4 = 0$。这种结果显然是不合理的，因为缺水集中在后两个计算时段，不便于生活与生产的安排。

(2) "过程相似"模式。供水总量虽不能满足需水总量的要求，但其过程应尽可能与需水一致，这样便于安排生活与生产。

如果水库期初、期末不蓄水不放水，维持库容不变，总来水恰好用完。总来水量为 $400\ m^3/s \cdot \Delta t$，总需水量为 $800\ m^3/s \cdot \Delta t$，来水量为总需水量的 1/2。按过程相似模式，每时段应供水流量 $100\ m^3/s$。水库蓄水量变化过程如图 3.3-1

所示。

$$Q_1 = Q_2 = Q_3 = Q_4 = 100\ \mathrm{m^3/s} \quad (3.3\text{-}2)$$

$$V_0 = 0 \quad V_1 = 200\ \mathrm{m^3/s} \quad V_2 = 200\ \mathrm{m^3/s} \quad V_3 = 100\ \mathrm{m^3/s} \quad V_4 = 0$$

(3) 如果水库库容有限，则 $V_{有效} = 100\ \mathrm{m^3/s} \cdot \Delta t$。

第一时段末，水库最多能蓄 $100\ \mathrm{m^3/s} \cdot \Delta t$ 水量。这时 $Q_1 = 100\ \mathrm{m^3/s} \cdot \Delta t$，就要弃水 $100\ \mathrm{m^3/s} \cdot \Delta t$。这显然是不合适的，实际上 $Q_1 = 200\ \mathrm{m^3/s} \cdot \Delta t$，它也能蓄至库满。

第二时段，后三个时段需水 $600\ \mathrm{m^3/s} \cdot \Delta t$，现有水量 $200\ \mathrm{m^3/s} \cdot \Delta t$，一是来水 $100\ \mathrm{m^3/s} \cdot \Delta t$，一是水库蓄水 $100\ \mathrm{m^3/s} \cdot \Delta t$。按过程相似模式，每时段应供流量 $200/3\ \mathrm{m^3/s}$，但这样做，第二时段末要蓄水 $(200-200/3)\mathrm{m^3/s}$，超过水库有效库容又要弃水，显然也是不合适的。水库最多能蓄 $100\ \mathrm{m^3/s} \cdot \Delta t$，从而 $Q_2 = 100\ \mathrm{m^3/s}$。

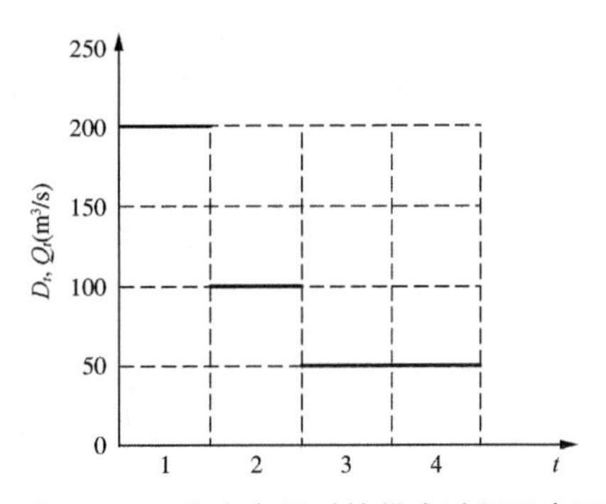

图 3.3-2　库容有限时的供水过程示意图

第三、四时段，共有水 $100\ \mathrm{m^3/s} \cdot \Delta t$，从而两时段各供水 $50\ \mathrm{m^3/s}$。$Q_3 = Q_4 = 50\ \mathrm{m^3/s}$。水库供水过程如图 3.3-2 所示。

2. 小型蓄水工程

这类工程的特点是数量多而且缺乏实测资料，所以往往采用复蓄指数法来估算可供水量。

复蓄指数是指水库、塘坝年可供水量与有效库容的比值。由于水库、塘坝库容较小，来水可使有效库容多次充蓄，复蓄指数可大于 1.0。复蓄指数与水库的集雨面积、来水多少、有效库容大小、担负的灌溉面积等多种因素有关，一般通过典型工程分类实地调查分析来确定。

按小型蓄水工程的不同类别，把实际调查到的复蓄指数和相应年份的年来水频率绘在频率格纸上，通过适线法求得复蓄指数和年来水频率之间的相关线。在应用时，可根据来水的频率查出相应的复蓄指数。

当水库、塘坝的复蓄指数确定以后，利用公式(3.3-3)可算出可供水量。

$$W_{供} = n \cdot V \quad (3.3\text{-}3)$$

式中：$W_{供}$ 为水库、塘坝的可供水量；n 为复蓄指数；V 为水库塘坝的有效库容。

3. 提水工程

提水工程包括地表水提水工程和地下水提水工程。地表水提水工程可供水量是指通过动力机械设备从江河、湖泊中提取的水量。地下水可供水量是指通过提水设备从地下提取为用户所用的水量。

(1) 从河道提水

从河道提水，其最大可提水量取决于河道来水情况、下游河道的流量要求以及提水设备的能力，如图 3.3-3 所示。

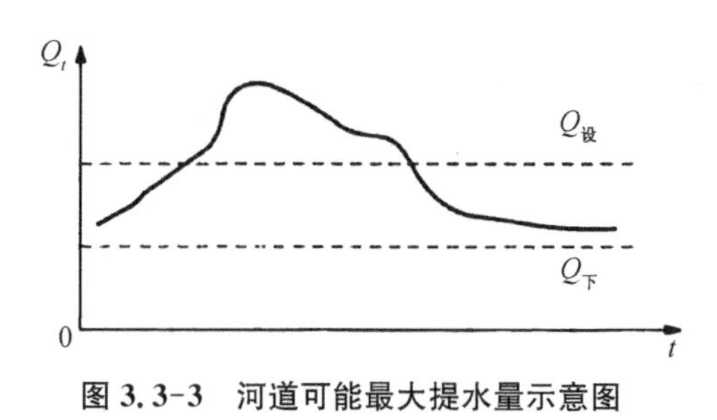

图 3.3-3 河道可能最大提水量示意图

图 3.3-3 中，Q_t 为某取水点的年逐日流量过程线；$Q_{设}$ 为提水设备能力；$Q_{下}$ 为下游河道的流量要求。

那么，全年最大可提水量的计算公式为：

$$W_{可提}=\int_t q(t)\mathrm{d}t \tag{3.3-4}$$

其中，

$$q(t)=\min[Q_t-Q_{下}, Q_{设}] \tag{3.3-5}$$

利用上述公式求得的可能最大提水量并不是提水工程可供水量，因为不是全年任一时刻都需要提计算水量，要根据需水情况进行提水；另外提水设备不可能全年开机，它需要维护、检修。因此，提水工程的可供水量小于可能最大提水量。

(2) 从地下水提水

不同年由于降水情况差异，地下水补给状况也是不同的，因而地下水年提取水量是不同的。丰水年补给条件好，可以多提取，枯水年补给条件差，提取量要少。地下水可供水量的计算，一般应以不造成不良后果为前提，具体计算方法有水均衡法，原理与地表水库可供水量计算相同，或利用地下水动力模型进行调节计算。在计算时，要受地下水开采井的设备能力限制。

地下水多年平均可供水量的控制上限一般为多年平均综合补给量。

从以上对水利工程可供水量的分析计算可知，在利用水利工程对天然水资源进行时间和空间上的调节计算时，有两种基本的方式：一种是有水即用，如果发生缺水，将比较集中在某一用户或某些时段上，可称为“集中余缺”方式；另一种是如果发生缺水，把缺水尽可能比较均衡地分散在各个用户各个时段上，可称为“分散余缺”方式。两种方式并不影响年可供水总量，但两者的供水过程不同，后者更便于生产过程的安排。

3.3.2　区域可供水量计算

3.3.2.1　系统概化

水资源系统是以水为主体构成的一种特定系统，这个系统是指处在一定范围或环境下，为实现水资源开发利用目标，由相互联系、相互制约、相互作用的若干水资源工程单元和管理技术单元所组成的有机体。从逻辑关系上，水资源系统一般由水源、调蓄工程、输配水系统、用水户、排水系统等部分组成。从水源、调蓄工程系统通过输水系统将水分配到用水系统使用，然后由排水系统排放，其过程可用图 3.3-4 描述。

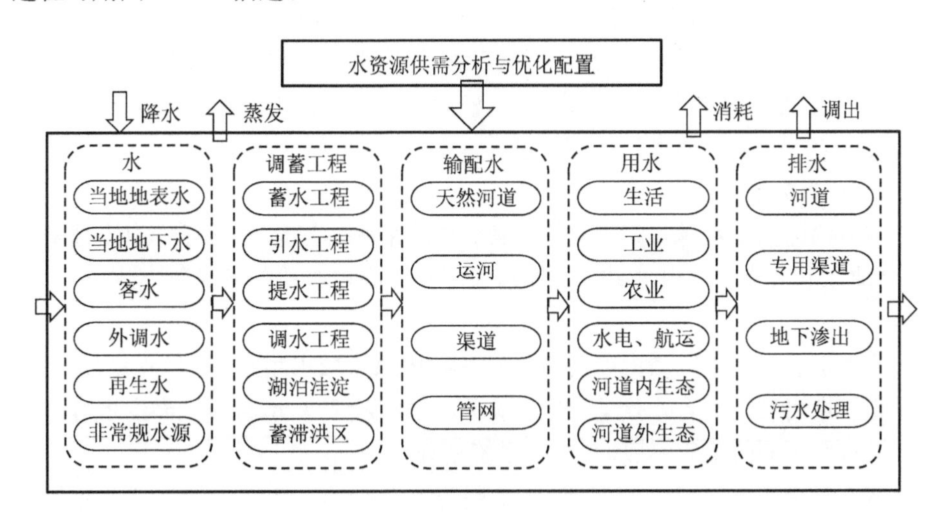

图 3.3-4　水资源系统组成要素图

1. 用户概化

在一个较大区域，往往包含多个水利工程，包含许多用水户。区域可供水量的计算，就是在各种用水户需水要求下对区域内部所有水利工程的可供水量进行计算。

一个区域内部，具体用水户的数量是非常大的，为了便于计算，可把地域相近的用水户进行归类合并，即把研究区域进行分区，每一分区作为一个供水对象。分区的大小应根据需要因地制宜地确定，不宜过大，也不宜过小。如果分区过大，把几个流域、水系或供水系统拼在一起进行调算，往往会掩盖地区之间的供需矛盾，造成“缺水”是真相，“余水”是假象；如果分区过小，则工作量将成倍增加。如果研究区域很大，可以逐级划区，即把要研究的整个区域划为若干个一级区，每个一级区又可划为若干二级区，以此类推，最后一级区称为计算单元。分区的主要方法如下。

1）按行政区划分区，有利于基础资料的收集和统计。

2）按自然地理单元分区，如按流域、水系结构划分，有利于算清水账。

3）按社会经济单元划分，如按特定经济圈、开发区划分，有利于突出分析的重点。

4）按流域水资源分区与区域行政分区相结合的方法进行划分。考虑区域不同自然特点和自然分区（流域、水系、水文地质单元等）及行政区划的界限，并尽可能地保持自然分区的完整性，对区域进行水资源分区。分区的要求是，有利于展示区域水资源需求在空间上的分布，有利于资料的收集、整理、统计、分析，有利于计算成果的校核、验证等。

一个分区内部的用水户也有各种类型，其用水性质也不尽相同。根据用水性质的不同，划分成几类。如城市生活、农村生活、工业和建筑业及第三产业、农业、河道内生态环境、河道外生态环境等。

2. 水资源划分

区域内的供水水源，可划分成当地水和外来水。当地水又可分为当地地表水、当地地下水及非常规水源等。外来水可分为流入本地的河流等客水，以及跨区域调水。

当地地表水是指区域内的河流、湖泊等，按照流域水系进行划分。当地地下水是指区域内的地下含水层等，按含水层所属的地质单元划分。再生水等非常规水源按照不同的收集、处理与供给系统划分。

客水是指流入区域内的河流、含水层跨界补给等。调水是指从研究区域外通过工程措施调入本区域的水量，按照不同的调水系统划分。

3. 工程安排

由于天然条件下水资源的时空分布不能满足需水要求，需要建设水利工程对水资源在时间和空间上进行调配。为此，按照需水情况和自然条件等进行每一个水源的开发利用布局和工程安排。供水工程主要类型有蓄水工程、引水工程、地表提水工程、地下提水工程、输水工程、水处理工程等。在需水调控方面，相应有节水工程等布局。

4. 系统网络图

水源与分区分类型用户之间通过各种供水工程相联系。按照供水工程、概化用户在流域水系上和自然地理上的拓扑关系，把水源与用户连接起来，形成系统网络图。

系统网络图是对真实系统的抽象概化，主要由水资源开发、利用、转化的概化元素构成。概化元素包括计算单元、水利工程、分汇水节点以及各种输水通道等。计算单元是划分的最小一级计算分区，是各类资料收集整理的基本单元，也是水资源利用的主体对象，属于“面”元素，在网络图上用长方形框表示。水利工程是网络图上标明的水库及引提水工程等。分汇水节点包括天然节点和人为设置的节点两类，前者是重要河流的交汇点或分水点，后者主要是对水量水质有特殊要求或需要掌握的控制断面，在网络图上属于“点”元素。输水通道是对不同类别输水途径的概化，包括河流水系，水利工程到计算单元的供水传递关系，计算单元退水的传递关系，水利工程之间或计算单元之间的联系等，在网络图上属于“线”元素。

以概化后的点、线、面元素为基础，构筑天然和人工用水循环系统(流域“自然-社会”二元水循环)，动态模拟逐时段多水源向多用户的供水量、耗水量、损失量、排水量及蓄变量过程，实现真实水资源系统的仿真模拟。

3.3.2.2 基于模拟的可供水量计算

区域中的各项供水工程组成一个体系，共同为用户供水，彼此既相互联系，又相互影响。按概化的系统网络图，有串联、并联、混联多种情形，比较复杂。在计算区域总可供水量时，应根据系统具体情况分析，但总要求是统筹兼顾各分区各种类型的用水需求，合理安排各种水源各类工程的供水策略，以利于系统供需平衡。基于模拟的可供水量计算方法，是以概化的系统网络图为基础，以事先拟定的各种调配规则为准则，按一定次序，对各水源、各计算单元进行各水利工程调节计算的方法。区域水资源一般性的调配规则主要有以下几方面。

1. 计算程序

可供水量计算程序为自上而下，先支流后干流，逐个单元计算。每一单元的计算遵循水量平衡的原则。

计算时，可把水源划分为本计算单元内部分配和多个单元间联合分配两种情形。前者包括对当地地表水及地下水等水源的分配，这类水源原则上只对所在计算单元内部各类用户进行供水，不跨单元利用。后者包括大型水库、外流域调水、再生水等水源或水量的分配与传递，这类水源可为多个计算单元所使用，其水量的传递和利用关系由系统网络图传输线路确定。根据事先制定的调配规则，将水量合理分配到相关单元，如一条河流上有上下两个计算单元，可以应用“分散余缺”方式进行计算等。后者也是系统模拟的重点和难点。

2. 供水次序

通常的调节计算原则：按供水工程分，先用自流水，后用蓄水和提水；按供水水源分，先用地表水，后用地下水；按水源布局分，先用本流域的水(包括过境水)，后用外流域调水；按供水水质分，优质水分配于生活等用户，其他水分配于水质要求较低的农业或部分工业用户。此外,应充分考虑各类水源之间的相互影响关系。

3. 用水次序

在水资源紧缺时,各类用户的用水次序为,应优先满足生活用水,再依次是河道内基本生态用水、工业和第三产业用水、农业用水、河道外生态用水等。在一条河流上的计算单元,对某一计算单元来说,上下单元对这一单元的计算有影响。上一单元的退水为:

$$W_{上退}=W_{上弃}+W_{回} \tag{3.3-6}$$

式中:$W_{上退}$为上单元的退水量;$W_{上弃}$为上单元的弃水量;$W_{回}$为上单元可供水量回归到本单元的水量。

$$W_{回}=\beta W_{上可供} \tag{3.3-7}$$

式中:β为上单元可供水的回归水系数;$W_{上可供}$为上一单元的可供水量。

生活、工业、农业灌溉等各种类型的供水的回归系数是不一样的,一般通过典型区的具体调查分析确定。

本单元来水:

$$W_{来}=W_{上退}+W_{区水}+W_{调入} \tag{3.3-8}$$

式中:$W_{来}$为本单元的整个来水;$W_{上退}$为上一单元的退水;$W_{区水}$为本单元的区间来水;$W_{调入}$为外单元调入本单元的水量。

本单元弃水:

$$W_{弃水}=W_{来}-W_{可供} \tag{3.3-9}$$

式中:$W_{可供}$为本单元可供水量;$W_{弃水}$为本单元的弃水。

3.4 水资源供需平衡分析及水资源配置

3.4.1 供需水分析的概念

天然状态下的水资源在时间和空间上的分布是不均匀的,与人类社会经济发展用水和生态环境用水的要求往往不相一致。为此需要建设水利工程,对天然状态下的水资源进行时空调节,以满足社会经济发展和生态环境用水需要。在特定的水资源条件和需水要求下,充分发挥水利工程的作用,通过水利工程的调节计算,可得到水利工程供水与需水之间的关系,这就是水资源供需分析。

水资源供需分析(Supply and Demand Analysis of Water Resources)主要是针对未来社会经济发展的需要进行的。根据未来社会经济发展的需水量和区域水资源状况、开发利用条件拟定水利工程建设方案等,通过供、需两方面的设计与安排,实现未来一段时期内的水资源供给与需求之间的平衡。

3.4.2 区域水资源供需分析方法

3.4.2.1 水平年

区域水资源供需分析是为了掌握未来一段时期区域的需水的满足程度,通常并不针对未来每一年进行分析,而是选择几个代表年。通过对代表年的分析,基本掌握区域水资源供给与需求的态势。选出的代表年要能够反映区域发展不同阶段社会经济达到的水平、相应的需水水平和水资源开发水平,通常称为水平年。一般来说,需要研究三个阶段的供需情况,即现状情况、近期情况、远期情况,也即三个水平年情况。现状水平年又称基准年,是指现状供需情况以已过去的某一年为代表来分析,近期水平年为基准年以后的5~10年,远期水平年一般为基准年以后的15~20年。供水的目的是促进区域社会经济的可持续发展,因此供需分析水平年应尽可能与国民经济和社会发展规划的水平年保持一致。

现状情况是未来发展的基础,因此要做多方面的调查和研究分析,力求反映实际情况。近期供需情况将可能直接为有关单位编制年度计划、五年计划提供依据,因此要求一定的精度,例如要求对需水作合理性论证,增加的供水量要有工程规划作为依据,还要做必要的投入产出分析等。远期供需情况将对未来发展态势作出展望,要求的精度可低一些。

3.4.2.2 系列法

在水平年确定后,要预测区域内各分区各部门不同水平年的需水量,综合考虑区域内水资源条件、需水要求、经济实力、技术水平等因素,作出近期和远期水平年水利工程建设方案的初步安排。根据预测的需水量和相应的水利工程安排情况,按照可供水量计算方法,做水资源长系列的逐年分析计算,以掌握未来不同来水条件下区域水资源供需状态。

一般来说,区域内各概化用户要求的供水保证率是不同的。生活、工业用户的保证率高,农业用户的保证率可低一些等,在计算中要予以考虑。通过对长系列调节计算结果的统计分析,可得到不同来水频率下的各分区、各部门的余缺水量。

3.4.2.3 典型年法

按历史长系列逐年进行分析计算，往往分析计算工作量大，而且在系列资料缺乏时，这种分析计算难以进行。所以，在一般区域进行水资源供需分析时，也可采用典型年法。

与单项工程选择典型年不同是，区域供需分析中所要选择的典型年是面上的典型年，其范围包括整个区域或区域中的一大部分。由于不同地区不同年份不同季节的降水、径流及用水状况差异很大，即使同一年，区域内各分区的降水频率也不一定相同，这样就给典型年的选择带来了一定的困难。所以，在选择一个流域或一个区域的典型年时应考虑河流上、中、下游的协调与衔接，并从面上分析旱情的特点及其分布规律，找出有代表性的年份。

用典型年来分析区域水资源的供需情况，必须要求所选的典型年具有比较好的代表性。为此，典型年选择过程必须把握好年总水量和年水量分配两个环节。

1. 典型年年总水量的选择

典型年年总水量选择的一般过程是：首先根据区域具体情况选择主要控制站(水文上称参证站)；其次以控制站的来水系列进行频率计算，选择符合某一频率的典型年份，求出典型年的总水量；最后，通过主要控制站控制面积与区域控制面积比例计算，换算出整个区域的年总水量。

一般情况下，选择典型年所依据的系列有以下几种：全年天然径流系列，全年降水量系列，主要农作物灌溉期的天然径流系列，主要农作物灌溉期的降水量系列等。

2. 典型年年水量分配

采用实际典型年份时空分配为模式，这种方法直观，易被接受，但地区内降水、径流的时空分配受所选择实际典型年支配，有一定的偶然性。为了克服这种偶然性，通常要选用相近频率的几个实际年份的时空分配来进行分析计算，从中选出对区域供需平衡偏于不利的那种情形。

组合频率法，这种方法从区域内各分区地理条件和实际供需情况出发，使主要控制分区来水与整个区域来水同频率，其余分区来水与整个区域来水相应。利用区域可供水量计算方法，算出不同水平年在不同频率下的区域可供水量，如$P=50\%$、$P=75\%$或$P=95\%$时的可供水量。

3.4.3 区域水资源供需平衡分析

3.4.3.1 一次供需分析

水资源一次供需分析，就是在流域现状供水能力与外延式增长的用水需求间所进行的供需分析。在水资源需求方面，考虑不同水平年人口的自然增长、经济结构不因水的因素而变化、城镇化程度和人民生活水平外延式提高，预测不同水平年各分区各部门需水量。在水资源供给方面，在不考虑新增供水投资来增加供水量的前提下，考虑生态环境要求进行区域可供水量调节计算。

水资源一次供需分析本身不是目的，而是通过一次供需分析来了解和明晰现状供水能力与外延式用水需求条件下的水资源供需缺口。更为重要的是，水资源一次供需分析的缺口为水资源的开源、节流和污水处理回用安排提供了基础。如当地水资源进一步挖潜，包括通过地表水和地下水的进一步开发、污水处理回用等提高区域供水能力，以及通过提高水价、工程性节水措施、量化管理等合理抑制用水需求增长，使缺口的上下包线同时向内收缩，以解决或缓解区域水资源供需矛盾。

水资源一次供需分析主要回答三个问题：一是确定在无新的供水工程投资条件下，未来不同阶段的供水能力和可供水量；二是确定在无直接节水工程投资条件下，未来不同阶段的水资源需求自然增长量；三是确定现状开发状态下，未来不同阶段的水资源供需缺口，为制定节水、治污和挖潜等措施提供依据。

3.4.3.2　二次供需分析

水资源二次供需分析，主要是在一次供需分析的基础上，在水资源需求方面通过节流等各项措施控制用水需求的增长态势，预测不同水平年需水量；在水资源供给方面通过当地水资源开源等措施充分挖掘供水潜力，给出不同水平年供水工程布局；通过调节计算，分析不同水平年供需形势。

通过供给与需求两方面的调控，如果二次供需分析不存在缺口，则实现了区域水资源的供需平衡。如果还存在缺口，在抑制需求和增加供给共同作用下，一次供需分析的缺口将有较大幅度的下降，即得到二次供需分析的缺口。在二次供需分析时，要进行供给与需求两个方面调控的多种方案分析计算，从中选择最好的方案。因此，二次分析的供需缺口，实质上是在充分发挥当地水资源承载力条件下仍不能满足用水需求的缺口。对于这一缺口，在有外调水条件的地区，可以考虑实施外调水予以解决。

3.4.3.3　三次供需分析

水资源三次供需分析，是在二次供需分析的基础上，进一步考虑跨流域调水解决当地缺水问题，将当地水与外调水作为一个统一整体进行调配。将二次平衡的供需缺口作为需水项，以不同调水规模的方案作为新增供水项参加水资源供需平衡。通过不同方案的对比和分析，为确定调水工程的规模提供依据。

一次供需分析是初步摸一摸供需情况的底，并不要求供需平衡和提出实现平衡的方案、计划。若一次供需分析有缺口，则在此基础上进行二次供需分析，即考虑进一步新建工程、强化节水、治污与污水处理再利用、挖潜等工程措施，以及合理提高水价、调整产业结构、抑制需求的不合理增长和改善生态环境等措施进行水资源供需分析。二次供需分析则要求努力平衡和提出实现平衡的方案计划。若二次供需分析仍有较大缺口，应进一步加大调整产业布局和结构的力度，强化节水；当具有实施跨流域调水条件时，应增加外流域调水并进行三次水资源供需分析。

3.4.3.4 供需平衡宏观控制

进行区域水资源供需分析的最终目的，是要提出本区域在不同发展时期水的长期供给的措施、方案和计划，其中的核心问题是要宏观控制水资源供需平衡，实现人水和谐。

(1) 选取的计算水平年要与国民经济发展总目标协调一致。

(2) 用某一来水频率的典型年来控制水资源的供需平衡。水资源的供需平衡是一种相对的平衡，具有一定的保证率概念。在某一保证率它平衡了，而在另一保证率时，又可能出现不平衡。一个区域究竟选择哪一种保证率控制水资源的供需平衡，是个复杂的问题，严格来说应通过经济效益等方面的论证来确定。一般情况下，在水资源匮乏的地区，为了充分利用平水年份的水资源，选择的保证率可以相对低些；相反，在水资源充沛、供水工程投资较低的地区，选择的保证率可适当地提高。

(3) 进行河道外用水和河道内用水的协调平衡。按用水性质分类，水资源供需平衡可分为河道外用水的供需平衡和河道内用水的供需平衡。河道外用水分为工业、农业、生活等用水，河道内用水为水力发电、航运、冲砂以及维持河道基本功能的生态用水等，两者既相互联系，又相互制约。在一个流域内，选择一些有代表性的控制站，以河道内的用水要求做若干方案，然后进行整个流域的河道外用水的供需平衡分析，最后选择一种推荐方案。

(4) 为严重缺水区做出补水布局安排。区域内水资源供需缺口较大的地区即缺水地区，必须要通盘规划做出合理补水布局安排，才可能保证地区之间的水资源供需平衡。

3.5 特殊干旱期应急对策

3.5.1 历史干旱灾害分析

根据历史资料分析研究区域内出现来水保证率大于99%特大干旱年或连续枯

水年的次数、成因和旱灾特征。缺少特殊干旱期历史资料的地区，应根据水文资料及相似地区出现特殊干旱期的历史资料，对特大干旱年和连续干旱年进行模拟。

3.5.2　特殊干旱基本要素分析

特殊干旱基本要素分析包括供水水量、用水水量、缺水情势等，应针对本流域或本地区实际情况，对各类要素进行全面分析。

3.5.3　制定应急对策

应针对特殊干旱期可能出现的缺水情势，制定旱情紧急情况下的水量调度预案和应急对策，包括必要的应急工程措施和非工程措施。在制定预案时，应优先保证城市和农村居民生活，兼顾关系国计民生的重要工矿企业和基础服务设施，对人类生存环境起决定性影响的生态环境用水等，各地应根据当地实际情况确定应急用水的优先次序和制定相应对策。

预防性措施包括拟定进入干旱期的判别指标、干旱的监测和预报、建立抗旱指挥系统，以及战略性资源储备等。

制定不同特殊干旱期和不同干旱等级的应急对策，对特殊干旱期的水资源进行合理配置，确保居民生活和重要部门、重要地区用水，尽量减少总体损失。对社会、经济、生态和环境会产生较大影响的措施，应进行必要的定量或定性评估。批准的水量调度预案必须严格执行。

3.6　实例——I灌区水资源供需分析与配置

3.6.1　灌区概况

I灌区及J水库工程位于云南省玉溪市中部，涉及易门县、峨山县及新平县三县红河流域内的15个乡镇，主要功能为农业灌溉供水、乡镇和农村人畜生活供水、工业供水等。灌区西部与安宁市接壤，南部紧临哀牢山，西部边界为绿汁江，北部与禄丰县接壤，范围主要包括易门县、峨山县、新平县境内绿汁江左岸及主要支流沿岸地区，现状耕园地面积64.36万亩。

3.6.2　灌区需水预测

1. 城镇生活需水预测

结合I灌区现状城镇生活用水定额与节水潜力，预测2035年城镇生活用水定额。根据云南省地方标准《用水定额》(DB53/T 168—2019)，参照云南省近几年完成的《滇中引水工程初步设计报告》《云南省玉溪市易门县苗茂水库工程初步设计报告》等成果预测，并结合Ⅰ灌区城镇生活用水现状进行修正。现状年灌区城镇公共供水管网漏损率为13%，自来水厂自用率为5%。预测2035年，城镇公共供水管网漏损率将降低至8%，自来水厂自用率为5%。

2. 农村生活需水预测

根据调查，Ⅰ灌区各片区现状农村居民生活用水定额差别不大，为49～70 L/(人·d)，规划水平年农村居民生活用水定额为75 L/(人·d)。现状供水管网漏损及未预见水量为20%左右，规划水平年考虑供水管网改造及节水设施普及，供水管网漏损及未预见水量取值为15%。

灌区现状大牲畜用水定额为40 L/(头·d)，生猪用水定额为20 L/(头·d)，羊用水定额为5 L/(头·d)，家禽用水定额为1.1 L/(头·d)。参照云南省地方标准《用水定额》(DB53/T 168—2019)，拟定规划水平年大牲畜用水定额为45 L/(头·d)，生猪用水定额为25 L/(头·d)，羊用水定额为7 L/(头·d)，家禽用水定额为1.3 L/(头·d)。管网漏损及未预见水量与农村居民生活相同。

3. 工业需水预测

根据灌区近五年工业发展情况，易门县六街及龙泉工业增加值增长率取8%，浦贝乡工业增加值增长率取6%，易门山区工业增加值增长率取5%。预测2035年规划区范围内工业增加值为145.08亿元，预测2035年万元工业增加值用水量为36 m^3。现状年供水管网渗漏损失、环境用水及集中供水水处理用水综合取13%，规划年取8%，自来水厂用水量取5%。现状年Ⅰ灌区工业需水量合计2 117万 m^3，预测2035年灌区范围工业需水量合计5 852万 m^3。

4. 农业需水预测

1) 灌溉制度

灌溉制度是根据作物需水特性和当地气候、土壤、农业技术等因素制定的灌水方案，主要内容包括灌水次数、灌水时间、灌水定额和灌溉定额。由于Ⅰ灌区缺乏灌溉试验资料及相关成果，因此灌溉制度设计主要采用理论计算与实际灌溉经验相结合的办法。水稻是耗水量最大的作物，灌溉定额地区差异较大，其灌溉制度设计以理论计算为主，采用彭曼公式计算农作物蒸腾蒸发量、扣除同期有效降雨并考虑田间灌溉渗漏损失的方法计算水稻灌溉净需水量，最终计算出1960—2021年共62年长系列灌溉定额及灌水过程，并与实际灌溉方式和用水情况相结合，与已完成的有关规划、设计取用定额比较，通过综合分析确定合理的灌溉制度。旱作物灌溉用水则以典型调查为主，并与降水、蒸发等主要影响因素进行相关分析，确定其灌溉制度。

2) 农作物种植结构

根据易门县统计年鉴、峨山县统计年鉴、新平县统计年鉴，现状灌区内主要的粮食作物有中稻、玉米、薯类、豆类等，经济作物有烤烟、甘蔗、蔬菜、经济林果、茶叶、花卉等。结合《玉溪市国民经济和社会发展第十四个五年规划和二〇三五年远景目标纲要》《峨山彝族自治县国民经济和社会发展第十四个五年规划和二〇三五年远景目标纲要》《易门县 2022 年烤烟生产工作意见》《易门县 2022 年烤烟生产千亩示范样板工作方案》等相关文件，I 灌区将借助其适宜多种粮食作物和热带、亚热带经济作物生长的特殊自然资源优势，在稳定粮食产量的基础上，发展特色经济作物。根据玉溪市农业统计数据，农作物实行大春与小春一年两茬复种，农作物品种主要是中稻、玉米、杂薯等，经济作物主要是油料、蔬菜、甘蔗、烤烟、林果等。根据上述灌区作物结构调整的总体思路，预测各灌片的复种指数和各种作物的种植比例。

3）农田灌溉水有效利用系数

根据现状调查，灌区现状农田灌溉水有效利用系数 0.50～0.56，规划水平年常规灌溉水有效利用系数提高到 0.70 以上，高效节水灌溉水利用系数取 0.85。

4）农业灌溉需水量

计算农业灌溉需水量时，根据通过经济社会发展预测的耕地面积发展指标，以及拟定的农田综合灌溉净定额，计算出农田灌溉净需水量，再除以农田灌溉水有效利用系数即可得到农业灌溉毛需水量。常规灌溉面积结合现状灌溉供水工程及规划水源工程确定；高效节水灌溉面积根据易门、峨山及新平等县有关规划拟定。

5）需水量汇总

经计算，I 灌区需水量汇总见表 3.6-1。

表 3.6-1　I 灌区需水预测成果汇总表　　单位：万 m^3

分区	水平年	月份	需水量				
			城镇生活	农村生活	工业	农业灌溉	合计
易门坝区灌片	现状年	$P=75\%$	432	360	2 087	5 054	7 933
		多年平均	432	360	2 087	4 563	7 442
	2035 年	$P=75\%$	568	366	5 845	5 804	12 583
		多年平均	568	366	5 845	5 279	12 058
易门山区灌片	现状年	$P=75\%$	50	274	30	4 743	5 096
		多年平均	50	274	30	4 282	4 635
	2035 年	$P=75\%$	93	297	57	4 498	4 945
		多年平均	93	297	57	4 091	4 538
峨山大龙潭甸中灌片	现状年	$P=75\%$	23	99	0	3 153	3 275
		多年平均	23	99	0	2 851	2 973

续表

分区	水平年	月份	需水量				
			城镇生活	农村生活	工业	农业灌溉	合计
峨山大龙潭甸中灌片	2035 年	P=75%	42	133	0	4 577	4 753
		多年平均	42	133	0	4 126	4 301
峨山富良棚塔甸灌片	现状年	P=75%	3	48	0	934	985
		多年平均	3	48	0	837	888
	2035 年	P=75%	8	66	0	2 054	2 128
		多年平均	8	66	0	1 839	1 913
新平新化平甸灌片	现状年	P=75%	2	117	0	2 374	2 493
		多年平均	2	117	0	2 144	2 263
	2035 年	P=75%	8	134	0	2 065	2 206
		多年平均	8	134	0	1 859	2 000
新平老厂灌片	现状年	P=75%	3	104	0	2 106	2 213
		多年平均	3	104	0	1 939	2 046
	2035 年	P=75%	9	117	0	1 404	1 530
		多年平均	9	117	0	1 269	1 395
合计	现状年	P=75%	513	1 001	2 117	18 364	21 994
		多年平均	513	1 001	2 117	16 616	20 247
	2035 年	P=75%	728	1 113	5 902	20 402	28 145
		多年平均	728	1 113	5 902	18 463	26 205

3.6.3 灌区供水预测

灌区内现有岔河水库、大谷厂水库、苗茂水库3座中型水库，米茂水库、铜厂龙潭坝水库、沙衣水库、南屯水库、合作水库、小河水库、东山水库等17座小(1)型水库，小(2)型水库101座，坝塘工程305座，引水工程75项，提水工程29项，人饮工程30项，地下水工程15处。

现状供水能力复核采用原水库设计报告资料，包括库容曲线、径流、蒸发、水位特性、供水任务等资料，按长系列(1964—2021年)对工程进行兴利调节计算分析、复核。蓄水工程供水能力复核，对小(1)型以上水库逐一进行长系列调算，小(2)型以下水库，根据水库特性及供水任务将分区合并后进行调算，水库调节计算时首先预留下游河道生态基流。引水工程和提水工程，根据取水口断面以上径流量情况，结合设计供水能力进行控制，取水断面均要求下放断面河道生态基流。

3.6.4　灌区水资源供需平衡分析及水资源配置

3.6.4.1　水资源配置方案

根据各计算分区河流水系、供水设施、用水对象的空间分布，建立 I 灌区内河流、水利工程供水及城乡用水节点概化的水资源配置模型网络图。网络图中主要的节点类型有：①河流连接节点；②河道生态基流节点；③城市生活用水节点；④农村生活用水节点；⑤一般工业用水节点；⑥农业灌溉用水节点；⑦中型水库节点；⑧小(1)型水库节点；⑨打捆小型水库节点；⑩引提水及连通工程节点；⑪再生水利用、农业退水节点。其中河流连接节点又分为汇流节点、分水节点、径流生水利用、农业退水节点。按以上方法建立 I 灌区水系及供用水节点网络图见图 3.6-1。

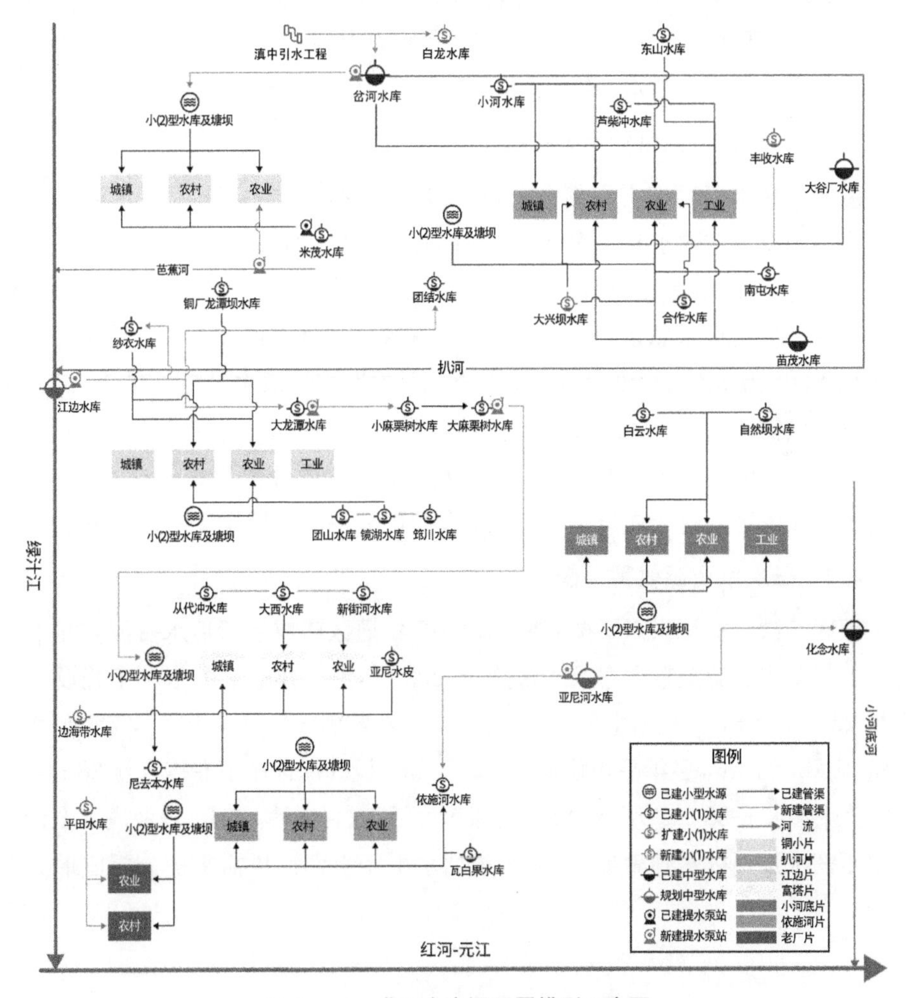

图 3.6-1　灌区水资源配置模型示意图

3.6.4.2 一次水资源供需平衡分析

根据各分区现状年城镇生活、农村生活、工业及现有渠道控制耕地农业灌溉需水量，以及现有水利工程可供水量复核成果，进行各个计算分区水资源供需分析。

现状年，灌区设计保证率下需水量 21 994 万 m^3，其中城镇生活需水量 513 万 m^3，农村生活需水量 1 001 万 m^3，工业需水量 2 117 万 m^3，农业灌溉需水量 18 364 万 m^3。现有水利工程 $P=75\%$供水量 16 471 万 m^3，缺水量 5 523 万 m^3，其中城镇生活缺水量 15 万 m^3，农村生活缺水量 26 万 m^3，工业缺水量 1 万 m^3，农业灌溉缺水量 5 481 万 m^3，主要为农业灌溉缺水。农业灌溉供水主要以蓄水工程、引水工程为主，由于现状渠系配套不完善，已建渠道垮塌、破损严重，输水效率低，实际可供水量少，供水保证率低，区域内水利工程无法满足需求，灌区现状缺水类型是工程性缺水。I 灌区现状年水资源供需平衡分析成果见表 3.6-2。

3.6.4.3 二次水资源供需平衡分析

灌区二次水资源供需平衡分析，即 2035 年灌区建成前水资源供需平衡分析。根据现有及在建水利工程可供水量的复核结果，加入在建的丰收水库、滇中引水工程等，同时考虑在建的中型灌区续建配套与节水改造后，现有及在建水利工程 $P=75\%$可供水总量 21 770 m^3，其中城镇生活供水量 674 万 m^3，农村生活供水量 1 009 万 m^3，工业供水量 5 902 万 m^3，农业灌溉供水量 14 186 万 m^3。根据水资源供需平衡成果，灌区$P=75\%$缺水量 6 374 万 m^3，其中城镇生活缺水 54 万 m^3，农村生活缺水 104 万 m^3，工业缺水 0 万 m^3，农业灌溉缺水 6 216 万 m^3。规划水平年灌区现有及在建水利工程水资源供需平衡分析成果见表 3.6-3。

3.6.4.4 三次水资源供需平衡分析

灌区三次水资源供需平衡分析，即 2035 年灌区建成运行后水资源供需平衡分析。根据水资源配置方案及水源规划，2035 年灌区建成后的水利工程设计供水量 28 145 万 m^3。规划水平年，灌区多年平均需水量 26 205 万 m^3，多年平均供水量 25 285 万 m^3，多年平均缺水量 920 万 m^3；设计保证率下总需水量 28 145 万 m^3，设计供水量 28 145 万 m^3，灌区内城市生活、农村生活、工业、农业灌溉设计保证率下需水量可以得到满足。I 灌区规划水平年水资源供需平衡分析成果见表 3.6-4。

表 3.6-2　I 灌区一次水资源供需平衡分析成果表

计算分区	保证率	需水量(万 m^3)					供水量(万 m^3)					缺水量(万 m^3)				
		城镇生活	农村生活	工业	农业灌溉	合计	城镇生活	农村生活	工业	农业灌溉	合计	城镇生活	农村生活	工业	农业灌溉	合计
易门坝区灌片	$P=75\%$	432	360	2 087	5 054	7 933	432	350	2 087	5 054	7 923	0	10	0	0	10
	多年平均	432	360	2 087	4 563	7 442	432	350	2 087	4 487	7 356	0	10	0	76	86
易门山区灌片	$P=75\%$	50	274	30	4 743	5 096	35	262	30	2 263	2 589	15	12	0	2 479	2 507
	多年平均	50	274	30	4 282	4 635	43	274	30	2 175	2 522	7	0	0	2 107	2 113
峨山大龙潭甸中灌片	$P=75\%$	23	99	0	3 153	3 275	23	99	0	2 987	3 109	0	0	0	166	166
	多年平均	23	99	0	2 851	2 973	23	99	0	2 748	2 870	0	0	0	103	103
峨山富良棚塔甸灌片	$P=75\%$	3	48	0	934	985	3	48	0	762	813	0	0	0	171	171
	多年平均	3	48	0	837	888	3	48	0	716	767	0	0	0	121	121
新平新化平甸灌片	$P=75\%$	2	117	0	2 374	2 493	2	114	0	1 081	1 197	0	3	0	1 293	1 296
	多年平均	2	117	0	2 144	2 263	2	117	0	1 035	1 154	0	0	0	1 109	1 109
新平老厂灌片	$P=75\%$	3	104	0	2 106	2 213	3	102	0	735	840	0	2	0	1 371	1 373
	多年平均	3	104	0	1 939	2 046	0	104	0	813	917	3	0	0	1 126	1 129
合计	$P=75\%$	513	1 001	2 117	18 364	21 994	498	975	2 117	12 882	16 471	15	26	1	5 481	5 523
	多年平均	513	1 001	2 117	16 616	20 247	503	992	2 117	11 974	15 586	10	9	0	4 642	4 661

表 3.6-3 I 灌区二次水资源供需平衡分析成果表

计算分区	保证率	需水量(万 m^3)					供水量(万 m^3)					缺水量(万 m^3)				
		城镇生活	农村生活	工业	农业灌溉	合计	城镇生活	农村生活	工业	农业灌溉	合计	城镇生活	农村生活	工业	农业灌溉	合计
易门坝区灌片	$P=75\%$	568	366	5 845	5 804	12 583	568	297	5 845	5 227	11 937	0	69	0	577	646
	多年平均	568	366	5 845	5 279	12 058	568	305	5 845	4 921	11 639	0	61	0	358	419
易门山区灌片	$P=75\%$	93	297	57	4 498	4 945	68	297	57	3 215	3 637	26	0	0	1 282	1 308
	多年平均	93	297	57	4 091	4 538	75	297	57	3 013	3 442	18	0	0	1 078	1 096
峨山大龙潭甸中灌片	$P=75\%$	42	133	0	4 577	4 753	25	129	0	3 186	3 340	17	4	0	1 391	1 413
	多年平均	42	133	0	4 126	4 301	36	133	0	2 897	3 066	6	0	0	1 229	1 235
峨山富良棚塔甸灌片	$P=75\%$	8	66	0	2 054	2 128	8	58	0	762	828	0	8	0	1 292	1 299
	多年平均	8	66	0	1 839	1 913	8	66	0	604	678	0	0	0	1 235	1 235
新平新化平甸灌片	$P=75\%$	8	134	0	2 065	2 206	2	126	0	1 081	1 209	6	8	0	984	997
	多年平均	8	134	0	1 859	2 000	8	134	0	853	995	0	0	0	1 006	1 005
新平老厂灌片	$P=75\%$	9	117	0	1 404	1 530	3	102	0	715	820	6	15	0	689	710
	多年平均	9	117	0	1 269	1 395	5	110	0	686	801	4	7	0	583	594
合计	$P=75\%$	728	1 113	5 902	20 402	28 145	674	1 009	5 902	14 186	21 770	54	104	0	6 216	6 374
	多年平均	728	1 113	5 902	18 463	26 205	700	1 045	5 902	12 974	20 621	28	68	0	5 489	5 584

表 3.6-4　I 灌区三次水资源供需平衡分析成果表

计算分区	保证率	需水量(万 m^3)					供水量(万 m^3)					缺水量(万 m^3)				
		城镇生活	农村生活	工业	农业灌溉	合计	城镇生活	农村生活	工业	农业灌溉	合计	城镇生活	农村生活	工业	农业灌溉	合计
易门坝区灌片	$P=75\%$	568	366	5 845	5 804	12 583	568	366	5 845	5 804	12 583	0	0	0	0	0
	多年平均	568	366	5 845	5 279	12 058	568	366	5 845	5 188	11 967	0	0	0	91	91
易门山区灌片	$P=75\%$	93	297	57	4 498	4 945	93	297	57	4 498	4 945	0	0	0	0	0
	多年平均	93	297	57	4 091	4 538	93	297	57	3 837	4 284	0	0	0	254	254
峨山大龙潭甸中灌片	$P=75\%$	42	133	0	4 577	4 753	42	133	0	4 577	4 753	0	0	0	0	0
	多年平均	42	133	0	4 126	4 301	42	133	0	3 853	4 028	0	0	0	273	273
峨山富良棚塔甸灌片	$P=75\%$	8	66	0	2 054	2 128	8	66	0	2 054	2 128	0	0	0	0	0
	多年平均	8	66	0	1 839	1 913	8	66	0	1 706	1 780	0	0	0	133	133
新平新化平甸灌片	$P=75\%$	8	134	0	2 065	2 206	8	134	0	2 065	2 206	0	0	0	0	0
	多年平均	8	134	0	1 859	2 000	8	134	0	1 776	1 918	0	0	0	83	83
新平老厂灌片	$P=75\%$	9	117	0	1 404	1 530	9	117	0	1 404	1 530	0	0	0	0	0
	多年平均	9	117	0	1 269	1 395	9	117	0	1 183	1 309	0	0	0	86	86
合计	$P=75\%$	728	1 113	5 902	20 402	28 145	728	1 113	5 902	20 402	28 145	0	0	0	0	0
	多年平均	728	1 113	5 902	18 463	26 205	728	1 113	5 902	17 543	25 285	0	0	0	920	920

第4章

水资源规划

4.1 水资源规划概述

4.1.1 水资源规划概述

水资源规划起源于人类有目的、有计划地防洪抗旱以及流域治理等水资源开发利用活动，它是人类与水斗争的产物，是在漫长的水利生产实践中形成，且随着经济社会与科学技术的不断发展，其内容也不断得到充实和提高。在 1951 年出版的《中国工程师手册》中认为，以水之控制及利用为主要对象之活动，统称水资源事业，它包括水害防治、增加水源和用水，对这些内容的总体安排即为水资源规划。美国 A. S. Goodman 教授认为水资源规划就是在开发利用水资源的活动中，对水资源的开发目标及其功能在相互协调的前提下做出的总安排。我国的陈家琦认为：水资源规划是指在统一的方针、任务和目标的约束下，对有关水资源的评价、分配、供需平衡分析与对策，以及方案实施后可能对经济社会和环境的影响等方面制订的总体安排。左其亭认为：水资源规划是以水资源利用分配为对象，在一定区域内为开发水资源、防治水患、保护生态环境、提高水资源综合利用效益而制订的总体措施计划与安排。可见，水资源规划的概念和内涵随着认识侧重点和实际情况的不同而有所不同。我国有水利规划与水资源规划之分，水资源规划是水利规划的重要组成部分。水利规划是指为防治水旱灾害、合理开发利用水土资源而制订的总体安排，具体内容包括确定研究范围，制订规划方针、任务和目标，研究防治水害的对策，综合评价流域水资源的分配与供需平衡对策，拟定全局部署与重要枢纽工程的布局，综合评价规划方案实施后对经济、社会和环境的可能影响，提出为实施这些目标需采用的重要措施及程序等。

综合以上论述，可以总结出水资源规划的一般概念，即水资源规划就是指在统一的方针、任务和目标指导下，以水资源承载力为基础，以自然规律为准则，通过调整水资源的天然时空分布，协调防洪抗旱、开源节流、供需平衡以及发电、通航、水土保持、景观与环境保护等方面的关系，以提高区域水资源的综合利用效益和效率，实现水资源、经济社会、生态环境协调可持续发展，达到水生态文明目标而制订的总体计划与安排，并就规划方案实施后可能对经济社会和环境产生的潜在影响进行评价。

水资源开发规划，即依据客观水资源条件和可供开发的水资源量，既量入为出，又极大限度地满足人民生活和生产建设对水资源的需求，而且极少产生难以治理的水害，生态环境质量也不至于下降到最大允许容量，以寻求最小的经济代价或最大的经济效益而制定的合理开发利用和保护水资源，防治水害（或公害）的总体布置安排和宏观决策方案。

考虑到水资源利害两重性，在制定水资源规划时，既要看到水资源不可缺少和重大使用价值，也要看到它会给人类带来灾害，水少时干旱缺水，水多时会泛滥成灾，浸没建筑物，还直接危害人类健康，有时这种灾害甚至是毁灭性的。水资源的这种两重性，在不少地区表现得更为突出。在河流（或地区）的开发治理中，除害是兴利的保证，两方面是有机统一的。各种兴利任务之间，通过合理安排，也有可能协调一致。但是，我们强调水的综合利用，并不是说各项治水任务都能完全、很好地结合。由于各方面要求不同，常常存在相互矛盾和相互制约。过去由于对客观规律认识不足，曾造成某些供水工程建设上的决策失误，教训是深刻的。要解决这些矛盾，重要的是要有全面系统的观点，充分考虑各方面要求，注意在措施安排和运行上进行协调。在确实无法完全协调时，则要按照国家的需要，分析各项任务要求的主次顺序，保证主要任务，兼顾其他任务，有时甚至也要牺牲某些局部利益，以取得最大的社会、经济和环境等综合效益。

4.1.2　水资源规划的任务、内容和目的

水资源规划的基本任务是根据国家或地区的经济发展计划、生态系统保护要求以及各行各业发展的水资源需求，结合区域内或区域间水资源条件和特点，确定规划目标，拟定开发治理方案，提出工程规模和开发次序方案，并对生态系统保护、社会发展规模、经济结构调整提出意见。这些规划成果，将作为区域内各项水利工程设计的基础和编制国家或地方水利建设长远计划的依据。

水资源规划的主要内容包括：水资源量与质的计算与评估，水资源功能的划分和协调，水资源供求平衡的分析与水量科学分配，水资源保护与灾害防治规划以及相应的水利工程规划方案设计及论证等。

水资源规划的目的：合理评价、分配和调度水资源，支持经济社会可持续发

展，改善生态环境质量，以做到有序开发利用水资源，实现水资源的开发、经济社会发展及自然生态系统保护相互协调的目标。

4.1.3 水资源规划的重要意义

水资源规划是水利部门的重要工作内容，也是水资源开发利用的指导性文件，对人类社会合理开发利用水资源、保障水资源可持续利用和经济社会可持续发展具有十分重要的指导意义。

(1) 水资源规划是水资源可持续利用、促进经济社会可持续发展的重要保障。水资源是人类社会发展不可缺少的宝贵资源，经济社会良性运转离不开水资源这个关键要素。然而，由于人口增长、工农业发展，目前很多地区的经济社会发展正面临着水问题的严重制约，如防洪安全、干旱缺水、水环境恶化、耕地荒漠化和沙漠化、生态系统退化、人居环境质量下降等。要解决这些问题，必须在科学发展观、人水和谐思想的指导下，对水资源进行系统、科学、合理的规划，才能为经济社会的发展提供供水、防洪、用水等方面的安全保障。反过来，系统、科学、合理的水资源规划能有效指导水资源开发利用，避免或减少水资源问题的出现，是确保水资源可持续利用、促进经济社会可持续发展、实现人水和谐目标的重要基础支撑。

(2) 水资源规划是充分发挥水资源最大综合效益的重要手段。如何利用有限的水资源发挥最大的社会、经济、环境效益，是水资源开发利用追求的目标。然而，由于用水与供水之间的矛盾、经济社会发展用水与生态用水之间的矛盾、不同地区用水之间的矛盾，以及不同行业用水之间的矛盾，常常会带来水资源的不合理开发利用问题。有时尽管出发点是好的，但却没有收到应有的效果。为了充分发挥水资源的最大综合效益，必须做好水资源规划工作。即：根据经济社会发展需求，通过水资源规划手段，分析当前所面临的主要问题，同时提出可行的水资源优化配置方案，使得水资源分配既能维持或改善生态系统状况，又能发挥最大的社会、经济效益。

(3) 水资源规划是新时期水利工作的重要环节。目前，我国水利工作正处于四个转变的过渡时期：从工程水利向资源水利转变；从传统水利向现代水利转变；从以牺牲环境为代价发展经济的观念向提倡人与自然和谐共存的思想转变；从对水资源的无节制开发利用向以可持续发展与人水和谐为指导思想的合理开发转变。这些转变既反映了新时期对水利工作更高的要求，也反映了人类对自然界更理性的认识。水资源规划正是实现这四个转变的重要载体，是体现现代水利思想的重要途径。只有充分运用水资源规划这个重要的技术手段，才能真正实现现代水利的工作目标。

4.2 水资源规划的原则和指导思想

4.2.1 水资源规划的原则

水资源规划是全面落实国家或地区实施可持续发展战略的要求，适应经济社会发展和水资源的时空动态变化，着力缓解水资源短缺、水环境恶化、水生态损害等水问题的一项重要工作。它是根据国家或地区的社会、经济、资源和环境总体发展规划，以区域水文特征及水资源状况为基础来进行的。水资源规划的制定是国家或地区国民经济发展中的一件大事，它关系到国计民生、经济社会发展与环境保护等诸多方面，因此应高度重视并尽可能合理利用有限的水资源，按照最严格水资源管理制度要求满足各方面的需水，以较少的投入获取较高的社会、经济和环境效益，促进人口、资源、环境和经济的协调，以水资源的可持续利用支持经济社会的可持续发展。

水资源规划一般应遵守以下原则。

(1) 遵循法律规范

水资源规划是区域水资源开发利用的指导性文件，因此在制定时应首先贯彻落实国家有关法律法规和标准规范，诸如《中华人民共和国水法》、《中华人民共和国水土保持法》、《中华人民共和国环境保护法》、《中华人民共和国水污染防治法》、《节约用水条例》、《地下水管理条例》及《江河流域规划编制规范》等。

(2) 以人为本，保障安全

经济社会发展带来的水问题多样且复杂，在进行水资源规划时，应以人为本，重点解决人民群众最关心、最直接、最现实的问题，保障供水安全、饮水安全及水生态安全。

(3) 全面规划，统筹兼顾

水资源规划是对天然水资源时空分布的再分配，因此应将不同类型水资源载体及其转化环节看作一个复合系统，在时空尺度上进行统一调配，根据经济社会发展需要、环境保护规划及水资源开发利用现状，对水资源的开发、利用、调配、节约、保护与管理等做出总体安排。要坚持开源节流与污染防治并重，兴利与除害相结合，并妥善处理好上下游、左右岸、干支流、城市与农村、流域与区域、开发与保护、建设与管理、近期与远期等方面的关系。

(4) 系统分析与综合开发利用

水资源规划涉及因素复杂、内容广泛、行业与部门众多，供需较难一致。因此在进行水资源规划时，应首先进行系统分析，在此基础上提出综合措施，做到一水多用、一物多能，综合开发利用，最大限度地满足各方面的需求，使水资源利用效益和效率协调最优。

（5）人水和谐发展

坚持人水和谐发展理念，尊重自然规律及经济社会发展规律。水资源是支撑经济社会可持续发展的重要基础，经济社会是保护水资源的重要主体，两者相辅相成，应保持和谐关系。水资源规划要与经济社会发展的目标规模水平和速度相适应，经济社会发展要与水资源承载能力、水资源管理要求相适应，城市发展、生产力布局、产业结构调整以及环境保护与建设要充分考虑区域水文特征与水资源条件。

（6）可持续利用

统筹协调生活、生产和生态用水，合理配置地表水与地下水、当地水与跨流域调水、工程供水与其他水源供水。开源与节流、保护与开发并重，不断强化水资源的节约与保护。

（7）因时、因地制宜

水资源系统是一个动态系统，经济社会也是不断地向前发展，因此应根据不同时期的区域水资源状况与经济社会发展条件，确定适合本地区的水资源开发利用与保护的模式和对策，提出各类用水的优先次序，明确水资源开发、利用、调配、节约、保护与管理等方面的重点内容和环节，以满足不同地区、不同时间对水资源规划的需要。

（8）依法治水

规划充分体现"两手发力"，要适应社会主义市场经济体制的要求，发挥政府宏观调控和市场机制的作用，认真研究水资源管理的体制机制与法制问题。制定有关水资源管理的法规、政策与制度，规范和协调水事活动。

（9）科学治水

要运用先进的技术、方法、手段和规划思想，科学配置水资源，缓解当前和未来一段时期内可能发生的主要水资源问题，应用先进的信息技术、方法与手段，科学管理水资源，制定出具有高科技水平的水资源规划。

（10）实施的可行性

实施的可行性包括时间上的可行性、技术上的可行性和经济上的可行性，在选择水资源规划方案时，既要考虑方案的经济效益，也要考虑方案实施的可行性，只有考虑这一原则，制定出的规划方案才可实施。

4.2.2 水资源规划的指导思想

4.2.2.1 可持续发展思想

随着经济社会发展带来的用水紧张、生态退化问题日益突出，可持续发展作为“解决环境与发展问题的唯一出路”已成为世界各国之共识。水资源是维系人类社会与周边环境健康发展的一种基础性资源，水资源的可持续利用必然成为保障人类社会可持续发展的前提条件之一。因此，水资源规划工作必须坚持可持续发展的指导思想，这是社会发展和时代进步的必然要求，也是指导当前水资源规划工作的重要指导思想和基本出发点。在可持续发展思想指导下的水资源规划的目标，是通过人为调控手段和措施，向经济社会发展和生态系统保护提供源源不断的水资源，以实现水资源在当代人之间、当代人与后代人之间及人类社会与生态系统之间公平合理的分配。

可持续发展指导思想对水资源规划的具体要求可概括如下。

(1) 水资源规划需要综合考虑社会效益、经济效益和生态环境效益，确保经济社会发展与水资源利用、生态系统保护相协调。

(2) 需要考虑水资源的承载能力或可再生性，使水资源开发利用在可持续利用的允许范围内进行，确保当代人与后代人之间的协调。

(3) 水资源规划的实施要与经济社会发展水平相适应，以确保水资源规划方案在现有条件下是可行的。

(4) 需要从区域或流域整体的角度来看待问题，考虑流域上下游以及不同区域用水间的相互协调，确保区域经济社会持续协调发展。

(5) 需要与经济社会发展密切结合，注重全社会公众的广泛参与，注重从社会发展根源上来寻找解决水问题的途径，也配合采取一些经济手段，确保“人”与“自然”关系的协调。

水资源规划的编制应根据国民经济和社会发展总体部署，并按照自然和经济的规律来确定水资源可持续利用的目标和方向、任务和重点、模式和步骤、对策和措施，统筹水资源的开发、利用、治理、配置、节约和保护，规范水事行为，促进水资源可持续利用和生态系统保护。

4.2.2.2　人水和谐思想

人水和谐思想强调人类与水资源之间的和谐共生，要求人类在利用水资源的同时，也要保护水资源，维护生态平衡，实现人与自然的和谐共生。大量的历史事实证明，人类必须与自然界和谐共处。人类是自然界的一部分，不是自然界的主人，必须抑制自己的行为，主动与自然界和谐共处。水是自然界最基础的物质之一，是人类和自然界所有生物不可或缺的一种自然资源。然而，水资源量是有限的，人类的过度开发和破坏都会影响水系统的良性循环，最终又影响人类自己。因此，人类必须与水系统和谐共处，这就是产生人水和谐思想的渊源。

人水和谐是指“人文系统与水系统相互协调的良性循环状态，即在不断改善水系统自我维持和更新能力的前提下，使水资源能够为人类生存和经济社会的可持续发展提供久远的支撑和保障”。人水和谐思想坚持以人为本、全面、协调、可持续的科学发展观，解决由于人口增加和经济社会高速发展出现的洪涝灾害、干旱缺水、水土流失和水污染等水问题，使人和水的关系达到一个协调的状态，使有限的水资源为经济社会的可持续发展提供久远的支撑，为构建和谐社会提供基本保障。

人水和谐思想包含三方面的内容：水系统自身的健康得到不断改善；人文系统走可持续发展的道路；水资源为人类发展提供保障，人类主动采取一些改善水系统健康，协调人和水关系的措施。简单来说，就是在观念上，要牢固树立人文系统与水系统和谐相处的思想；在思路上，要从单纯的就水论水、就水治水向追求人文系统的发展与水系统的健康相结合转变；在行为上，要正确处理水资源保护与开发利用之间的关系。这些正是面向人水和谐的水资源规划需要坚持的指导思想。

人水和谐指导思想对水资源规划的具体要求可概括如下。

(1) 水资源规划的目标需要考虑水资源开发利用与经济社会协调发展，走人水和谐之路。这是水资源规划必须坚持的指导思想和规划目标。

(2) 需要考虑水资源的可再生能力，保障水系统的良性循环，并具有永续发展的水量和水质。这是水资源规划必须保障的水资源基础条件。

(3) 需要考虑水资源的承载能力，协调好人与人之间的关系，合理控制经济社会发展规模，保障其在水资源可承受的范围之内。这是水资源规划必须关注的重点内容。

(4) 需要考虑有利于人水关系协调的措施，正确处理水资源保护与开发之间的关系，这是水资源规划必须制定的一系列重点措施。

(5) 与可持续发展指导思想一样，同样需要从区域或流域整体的角度来看待问题，考虑流域上下游以及不同区域用水间的相互协调，确保区域经济社会持续协调发展。同样需要注重全社会公众的广泛参与，注重从社会发展根源上来寻找解决水问题的途径。

4.2.2.3 水生态文明思想

中国共产党十八大报告提出“大力推进生态文明建设”。为贯彻落实党的十八大精神，水利部于 2013 年 1 月印发了《关于加快推进水生态文明建设工作的意见》(水资源〔2013〕1 号)，提出把生态文明理念融入水资源开发、利用、治理、配置、节约、保护的各方面和水利规划、建设、管理的各环节，加快推进水生态文明建设。

水生态文明是指人类遵循人水和谐理念，以水资源可持续利用支撑经济社会和谐发展，保障生态系统良性循环为主体的人水和谐文化伦理形态，是生态文明的重要部分和基础内容。水生态文明建设是缓解人水矛盾、解决我国复杂水问题的重要战略举措，是保障经济社会和谐发展的必然选择。

根据对水生态文明相关理论的认识，把水生态文明指导思想分成五个层面。

(1) 理论指导层面：以科学发展观为指导，提倡人与自然和谐相处，共同发展。通过人与水的和谐实现人与人、人与社会、人与自然的和谐。

(2) 理论依据层面：认真贯彻党的二十大关于推动生态文明建设的重要精神，结合水利部加快推进水生态文明建设的指导意见，在尊重自然和经济社会发展规律的基础上，本着顺应自然和保护自然的基本原则，坚持节约优先、保护为本和自然恢复为主的方针。

(3) 目标建设层面：以落实最严格水资源管理制度为抓手，以实现经济社会可持续发展和水生态系统良性循环为建设目标，把水生态文明理念融入水资源开发、利用、节约、保护、治理的各方面和水利规划、设计、建设、管理的各环节。

(4) 落实途径层面：通过水资源优化配置、节水型社会建设、水资源节约和保护、水生态系统修复、制度建设和保障体系建设等措施，把我国建设成水环境优美和水生态系统良好的社会主义美丽中国。

(5) 精神文化层面：通过水文化传播、水知识普及等途径，倡导先进的水生态伦理价值观，引领合理用水、尊水、敬水的社会主义文化新风尚，营造爱护生态环境的良好风气，具有节水、爱水的生活习惯、生产方式。

水生态文明指导思想对水资源规划的具体要求可概括如下。

(1) 水资源规划需要服从水生态文明建设大局，规划目标要满足水生态文明建设的目标要求，通过水资源规划提高水资源对水生态文明建设的支撑能力。

(2) 需要尊重自然规律和经济社会发展规律，充分发挥生态系统的自我修复能力，以水定需、量水而行、因水制宜，推动经济社会发展与水资源开发利用相协调。

(3) 需要关注水利工程建设与生态系统保护和谐发展。不宜过于重视水利工程建设，过于强调水利工程建设带来的经济效益，还应高度关注工程建设对生态系统的影响，重视水生态系统保护与修复。

(4) 需要充分考虑和利用非工程措施，包括水资源管理制度、法制、监管、科技宣传、教育等，要使工程措施与非工程措施和谐发展。

(5) 需要系统分析、综合规划，包括节约用水、水资源保护、最严格水资源管理制度、水生态系统修复、水文化传播与传承等。

4.2.3 水资源规划在国民经济发展中的地位和作用

水资源规划，体现了国家基本建设的指导思想，是确定水资源工程建设的战略部署，是安排城乡建设设计的依据，是开发利用水资源必不可少的前期工作。所以，水资源规划是开发利用水资源和防治水害活动的依据和实施纲领。结合我国多年从事水资源规划的实践，对水资源开发规划的作用和地位，可概括为五个方面。

4.2.3.1 水资源规划是国土整治规划的主要组成部分

各类水资源规划特别是大江大河流域综合规划，是国土整治规划的主要组成部分。因为在水资源开发规划中，水旱灾害的防治、水资源的开发利用以及有关生态环境等问题，都是与国土整治开发密切相关的。在我国，国土整治规划包括国土区域规划和国土专题规划。国土区域规划的主要任务是：根据资源、人口、环境条件及国民经济发展的要求，确定本地区主要资源开发的规模和经济发展方向；统一安排水资源、能源和交通等重大基础设施建设；确定生产、人口和城镇的合理布局；综合治理环境，包括生产、生活“三废”的治理和泥石流、水灾、风灾、沙化等自然灾害的防治。国土专题规划即国土整治开发中需要就某些方面进行专门研究的若干规划。大江大河流域规划就是其中十分重要的专题规划之一。它既以国土区域规划提出的任务要求为主要依据，又在一定程度上对国土区域规划的具体安排（如拟定地区经济发展方向、城镇合理布局和一些重大基础设施安排等）起约束作用。

4.2.3.2 水资源规划是制定水利建设计划的主要依据

在国家和地区的水利建设规划中，各项任务的主次、相应的措施方向以及一些骨干工程的具体实施安排，一般都首先以流域（地区）水资源规划为制定的基础，而后根据国家（或地方）要求反复调整。为使各项水资源规划更好服务不同建设时期，需要在规划中确定近期和远景的水平年，通常以编制规划后的 10～15 年为近期水平，以编制规划后的 20～30 年或更远一些时间为远景水平，使水平年的划分尽可能与国家发展规划的分期一致，以此为制定、实施水利建设规划之依据。

4.2.3.3 水资源规划是合理利用水资源、兴利除害的纲领

水资源规划是通过治水、供水、用水等长期实践活动中正反两方面的经验教训总结提高而逐步认识并完善的。随着城乡建设的发展，人口增加、新兴城市的兴起、人类活动加剧，在解决供水问题同时，还要提出防治水害的总体规

划安排。依此总体安排，结合技术经济条件去逐步实现，使兴利除害的水资源规划及开发利用活动落到实处。水资源规划是水资源条件及时空变化规律同人类发展需求和技术经济条件科学组合的结果，一旦确定并被批准，这些水资源规划的目标与方针、梯级开发部署及工程措施，就是兴利除害等开发水资源活动的纲领，并在实施中依据新的水情信息不断充实完善，指导水资源的科学开发和合理利用。

4.2.3.4　水资源规划是流域（区域）内进行各种水事活动的根据

对各种水事活动，如水量分配、水事纠纷处理，河道、水域和水利工程运行的管理等，常涉及有关地区、部门的权益，只有通过规划，从全局出发统筹研究，协调各方面的关系，才能取得比较一致的认识与行动。《中华人民共和国水法》规定：开发利用水资源和防治水害应当全面规划，统筹兼顾，综合利用、讲求效益，发挥水资源的多种功能。

4.2.3.5　水资源规划是主要供水工程可行性研究和初步设计的前提

在编制水资源规划过程中，一般要对近期可能实施的主要工程开展可行性研究有关工作，包括工程在流域（区域）治理中的地位和作用、工程条件、大体规模、主要参数、基本运行方式和环境影响评价等内容，使下一阶段工作重点安排深入研究遗留的某些专门性课题，进一步协调有关地区、部门的关系，分析论证建设项目在近期建设的迫切性与必要性，以更好地为工程决策提供依据和支撑。

4.3 水资源规划分类

4.3.1　水资源规划分类

水资源规划按照规划范围和尺度、规划目的和功能、规划内容和专业等，可以有多种分类或类型。

1. 按规划范围和尺度分类

全球性水资源规划：涉及跨国界河流和湖泊，需要国际合作进行管理。

国家或区域性水资源规划：针对特定国家或区域的水资源进行规划。

流域水资源规划：以流域为单位，考虑整个流域内的水资源管理和利用。

地方性水资源规划：针对特定城市或乡村地区的水资源需求和供应进行规划。

2. 按规划目的和功能分类

供水规划：关注于满足居民生活、工业和农业用水需求。

防洪规划：旨在减少洪水带来的损失，提高防洪能力。

水资源保护规划：关注水资源的质量和生态保护，防止水污染和水生态破坏。

水资源综合利用规划：考虑水资源的多种用途，如灌溉、发电、航运等。

3. 按规划内容和专业分类

水资源量规划：评估水资源的数量和可利用性。

水资源质量管理规划：涉及水质标准、污染控制和水质改善措施。

水资源配置规划：合理分配水资源，优化水资源的时空分布。

水资源经济规划：考虑水资源开发利用的经济效益和成本。

4. 按规划时间和阶段分类

长期规划：跨度多年，通常为20～50年，考虑远期的水资源需求和供应。

中期规划：跨度5～20年，关注中期的水资源发展趋势和规划调整。

短期规划：跨度1～5年，侧重于近期的水资源管理和操作。

5. 按规划对象分类

地表水规划：针对河流、湖泊等地表水资源的规划。

地下水规划：专注于地下水资源的勘探、开发和保护。

非常规水资源规划：包括雨水收集、再生水利用、雨洪资源利用等非传统水资源的规划。

水资源规划的分类有助于明确规划的重点和目标，提高规划的科学性和实施的有效性。在实际操作中，需要根据具体情况，结合多种分类方式来进行综合规划。此外，水资源规划还需要不断地根据新的数据和信息进行调整和优化，以适应经济社会发展和环境保护的新要求。

4.3.2 不同范围和目的的水资源规划分类

4.3.2.1 流域水资源规划

流域水资源规划是以整个江河流域为研究对象的水资源规划，包括大型江河流域水资源的规划和中小型河流流域水资源的规划，简称流域规划。其规划区域一般按照地表水系空间地理位置来进行划分，并以流域分水岭为边界。针对不同的流域，其规划的侧重点有所不同。

流域水资源规划即《中华人民共和国水法》明确的按流域进行的综合规划之一，它是综合研究一个流域内各项开发治理任务的水资源规划，包括大江大河流域规划和中小型河流流域规划。一个流域是由域内所有水系、各种自然资源组成的总体，也是流域内生物与其生存环境构成的生态系统，它的各个局部和上、中、下游有着密切的联系和内在规律。把一个流域作为一个规划单元统一研究，有利于统筹兼顾，全面治理水旱灾害，综合利用水土资源。因此，流域规划是一类水规划，是其他水规划的基础。

4.3.2.2　地区水资源规划

地区水资源规划即按区域（如一定自然地理单元、冲洪积平原、行政区域）制定的水资源综合规划，它是综合研究区域多目标开发与治理任务的水资源规划。把区域作为一个单元，统筹治理水害，综合利用水资源，有利于从长远利益出发，结合地区的财力，抓住水资源供需中的主要矛盾，调动各方面力量，立足于本地区，全盘考虑，因地制宜地解决水旱灾害和水资源危机问题。地区水资源规划也是地区国土整治的基础。

4.3.2.3　跨流域调水规划

跨流域调水规划即从某一流域的富水区向其他流域的缺水区送水，使两个或两个以上流域的部分水资源经过调剂得以合理开发利用的规划。主要目的是为缺水地区城镇及工业供水和农田灌溉补充水源，多数还兼有其他综合利用效益。跨流域调水对有关流域、地区的水资源开发、社会经济发展和自然环境都会产生影响，因此，这类规划通常要与有关的流域规划和地区水利规划密切结合，相互协调。我国从 20 世纪 50 年代就开始研究长江引水补给淮河、海河、黄河以至西北内陆河流域的规模宏大的南水北调工程规划，并初步选择了东、中、西三条主要调水线路，70 年代后有关单位又进行了大量工作，于 2002 年完成《南水北调工程规划报告》。现在南水北调东线一期工程、南水北调中线一期工程已正式运行，西线工程的规划研究也在继续进行。东北地区也在研究引松花江水到辽河的北水南调工程规划。此外，已编制跨流域调水规划并付诸实施的还有，北京的东水西调（调密云水库水入永定河流域的京西供水）、辽宁的引碧流河水到大连、河北引滦河水到天津、山东引黄河水到青岛、广东引东江水到深圳，以及甘肃引大通河水到秦王川等调水工程。

4.3.2.4　专项水开发规划

专项水开发规划是指流域或地区内着重就某一治理开发水资源任务所进行的单项规划。以往编制的专业水利规划主要有防洪规划、除涝规划、灌溉规划、水力发电规划、内河航运规划和水土保持规划等。近几年，根据需要各地还编制了水资源开发规划、城市节约用水规划、农业节约用水规划、城镇供水规划、水资源保护规划和水利渔业规划等。由于一个流域或地区的水利建设大都涉及一项以上的任务要求，各任务之间既有互相联系，也有互相矛盾，因此，这类规划一般都需要和流域规划或地区水利规划同时进行，使单项规划成为拟订总体方案的依据，而总体方案又对单项规划进行调整，使之相互协调。但在特定情况下，例如有些流域或地区治理开发任务相对较单纯，其他任务仅处于从属地位，或者从长远看可能包括更多要求，而在一定时期内只有某项任务最为迫切时，也可先单独编制某一单项规划。这样做，不仅有利于缩短规划周期，还有利于特定问题的及时解决。但要处理好当前与长远的关系，在工程安排上要留有与其他任务相协调的余地，以适应流域或地区可能的发展变化。

4.3.2.5 水利工程规划

水利工程规划是新中国成立以来编制最多的一类规划。近年来，一般在编制工程可行性研究报告或工程初步设计阶段进行。主要是以工程建设项目为对象在流域（地区）水利规划或专业规划的基础上，分析论证项目建设的迫切性与现实性，进一步明确工程任务，落实各项工程措施和具体技术问题，决定工程规模和相应参数，拟定工程运行管理原则，为工程的最终决策提供依据。

4.3.2.6 宏观决策性规划

宏观决策性规划是一种研究性规划，主要是以宏观控制为主要任务，并多以全国或某些特定区域为研究对象。我国于20世纪80年代初配合全国农业区划编制的全国流域、省（自治区、直辖市）和县（市、自治县）水利区划，1986年编制的包括研究水资源现状和预测1990年、2000年水资源供需情势以及提出解决缺水对策的《中国水资源利用》都对宏观决策起到重要作用。近几年来，已编或正在编制的这类规划还有全国水利发展纲要、全国灌溉排水发展规划、全国水长期供求计划和华北地区水资源的战略措施研究等。

4.3.2.7 水资源综合规划

水资源综合规划是指以流域或地区水资源综合开发利用和保护为对象的水资源规划。水资源综合规划是在查清水资源及其开发利用现状，分析和评价水资源的承载能力基础上，根据经济社会的可持续发展和生态系统保护相关的水资源的要求，提出水资源的合理开发、高效利用、有效节约、优化配置、积极保护和综合治理的总体布局及实施方案，促进流域或区域人口、资源、环境和经济的协调发展，以水资源的可持续利用支持经济社会的高质量发展。

4.3.3 综合规划和专业规划

综合规划是按流域自然单元编制的流域综合规划和按地理、经济、行政单元编制的区域综合规划的总称。《中华人民共和国水法》（以下简称《水法》）规定：

“开发、利用、节约、保护水资源和防治水害，应当按照流域、区域统一制定规划。规划分为流域规划和区域规划。流域规划包括流域综合规划和流域专业规划；区域规划包括区域综合规划和区域专业规划。”“国家确定的重要江河、湖泊的流域综合规划，由国务院水行政主管部门会同国务院有关部门和有关省、自治区、直辖市人民政府编制，报国务院批准。跨省、自治区、直辖市的其他江河、湖泊的流域综合规划和区域综合规划，由有关流域管理机构会同江河、湖泊所在地的省、自治区、直辖市人民政府水行政主管部门和有关部门编制，分别经有关省、自治区、直辖市人民政府审查提出意见后，报国务院水行政主管部门审核；国务院水行政主管部门征求国务院有关部门意见后，报国务院或者其授权的部门批准。前款规定以外的其他江河、湖泊的流域综合规划和区域综合规划，由县级以上地方人民政府水行政主管部门会同同级有关部门和有关地方人民政府编制，报本级人民政府或者其授权的部门批准，并报上一级水行政主管部门备案。”“综合规划应当与国土规划相协调，兼顾各地区、各行业的需要。”

专业规划是指在流域（或区域）开发治理中涉及的防洪、治涝、灌溉、航运、城市和工业供水、水力发电、竹木流放、渔业、水质保护、水资源养蓄、水文测验、地下水普查勘探和动态监测规划等。按《水法》规定，其由县级以上人民政府有关部门编制，征求同级其他有关部门意见后，报本级人民政府批准。

4.3.4　各种规划之间的关系

各种水资源规划编制的基础是相同的，相互间是不可分割的，但是各自的侧重点或主要目标不同，且各具特点。各种规划之间的关系可归纳如下。

（1）江河流域或区域的水资源综合规划是国土规划的组成部分，地区的水资源规划与当地的国土规划相协调。

（2）全国、省、地（市）、县级水资源规划存在着逐层的包络关系，量化指标及规划图的衔接应协调一致。

（3）各类专业规划应由综合规划统筹协调或在综合规划规定的原则下编制。

（4）城市节约用水规划应在水资源规划和水资源供需平衡，节水潜力分析与技术经济条件分析基础上进行，要密切结合水资源利用现状、开发导致各种水环境问题的危害程度，制定出适度可行的规划，提出相应的政策和措施。

4.4　水资源综合规划

水资源规划的历史可以追溯到公元前 3500 年，古埃及以防洪为目标开展了水资源规划活动。现代意义上的水资源规划活动始于20世纪30年代,当时美国由于人口增长和经济发展,对水资源需求增长较快,便组织开展了水资源需求预测、地表水与地下水源联合调度、水处理及工程实施的经济效益评价等活动。随着水资源涉及的面越来越广,问题的复杂性也越来越大,从20世纪60—70年代起,水资源规划进入了系统分析时代,以水资源系统分析为基础的现代水资源规划理论与方法开始形成,并不断融入经济学的理论和方法。随着可持续发展观念的深入人心,环境保护与生态平衡也逐步纳入水资源规划的工作范围。

4.4.1 水资源规划的目标和原则

水资源规划是水利规划的重要组成部分,主要是在流域或区域水利综合规划中进行水资源多种服务功能的协调,根据国民经济和社会发展总体部署,按照自然和经济规律,确定水资源可持续利用的目标和方向、任务和重点、模式和步骤、对策和措施,统筹水资源的开发、利用、治理配置、节约和保护,规范水事行为,促进水资源的可持续利用和生态环境的保护。2002年的《全国水资源综合规划技术大纲》提出,水资源综合规划的目标是:"为我国水资源可持续利用和管理提供规划基础,要在进一步查清我国水资源及其开发利用现状、分析和评价水资源承载能力的基础上,根据经济社会可持续发展和生态环境保护对水资源的要求,提出水资源合理开发、优化配置、高效利用、有效保护和综合治理的总体布局及实施方案,促进我国人口、资源、环境和经济的协调发展,以水资源可持续利用支持经济社会可持续发展。"

水资源规划的目标包括整治和兴利两类。整治的目标包括对河道、湖泊、水库渠道、滩涂、湿地等天然和人工水体的淤积、萎缩和退化等问题的治理,进行生态保护和重建,制定污水排放控制标准和生态保护标准;兴利的目标包括通过修建各种水利工程,调节水资源的时空分布,推进水资源充分利用,满足日益增长的社会经济发展用水需求。上述目标在具体实施中,往往可以归结为获得经济效益,调整地区收入,进行充分就业,推动和支持经济增长,保护自然环境和恢复生态等。

由于水资源服务功能的多目标性,水资源规划目标也往往具有多目标性,并随着水资源规划必须考虑的范围越来越大,涉及的系统越来越复杂,水资源规划的目标性就越来越突出。因此,如何综合利用水资源,协调各种目标之间的矛盾,满足不同利益部门,包括自然生态环境对水的需求,是现代水资源规划最基本的内容。水资源规划应遵循以下原则。

(1) 全面规划。制定规划应根据经济社会发展需要和水资源开发利用现状,对水资源的开发、利用、治理、配置、节约、保护、管理等做出总体安排。要坚持开源节流治污并重，除害兴利结合，妥善处理上下游、左右岸、干支流、城市与农村、流域与区域、开发与保护、建设与管理、近期与远期等关系。

（2）协调发展。水资源开发利用要与经济社会发展的目标、规模、水平和速度相适应。经济社会发展要与水资源承载能力相适应，城市发展、生产力布局、产业结构调整以及生态环境建设要充分考虑水资源条件。

（3）可持续利用。统筹协调生活、生产和生态环境用水，合理配置地表水与地下水、当地水与外流域调水、水利工程供水与多种其他水源供水。强化水资源的节约与保护，在保护中开发，在开发中保护。

（4）因地制宜。根据各地水资源状况和经济社会发展条件，确定适合本地实际的水资源开发利用与保护模式及对策，提出各类用水的优先次序，明确水资源开发、利用、治理、配置、节约和保护的重点，严格落实"以水定城、以水定地、以水定人、以水定产"。

（5）依法治水。规划要适应我国社会主义市场经济体制的要求，发挥政府宏观调控和市场机制的作用，认真研究水资源管理的体制、机制、法制问题。制定有关水资源管理的法规、政策与制度，规范和调节水事活动。

（6）科学治水。应用先进的科学技术，提高规划的科技含量和创新能力。要运用现代化的技术手段、技术方法和规划思想，科学配置水资源，缓解面临的主要水资源问题，应用先进的信息技术和手段，科学管理水资源。

（7）与其他规划相协调。水资源规划往往包括综合规划和各项专业规划，为保障规划工作有序进行，要协调好这两种规划的关系，突出综合规划的全面性、系统性和综合性，专业规划应当服从综合规划并与综合规划成果相衔接，并要协调好全国规划与流域规划、流域规划与区域规划之间的关系，还要做好与其他部门规划的有机衔接，要以水法和整个社会经济发展规划等国家计划和相关规划为基本依据，与国民经济和社会发展总体部署、生产力布局以及国土整治、生态环境建设、防洪减灾、城市总体规划等相关规划有机衔接。

4.4.2　水资源规划的步骤

水资源规划既是一个系统分析过程，也是一个宏观决策过程。按照翁文斌等在《现代水资源规划——理论、方法和技术》一书中的论述，这些内容在逻辑上可分为七个阶段。

4.4.2.1　问题剖析阶段

这个阶段包括对流域的野外勘察和水文、地质等基本资料的收集，以及针对提出的问题确定目标和计算方法的初步设想，其具体内容如下。

1. 社会调查

规划工作一开始，就必须征询各级政府和公众团体的意见，以了解和确定规划工作必须涉及的问题和范围，了解社会要求，探索解决问题的途径，并向政府有关单位、专业机构和民间团体调查和搜集有关的规划资料。然后把调查和搜集的原始资料进行整编加工，形成技术概念与参数，用来指导规划方案的拟定。资料整编的目的有两个：一是便于按社会、经济和环境等问题进行分类，为制定、评价规划方案做准备；二是便于揭示各技术参数之间的依存关系，以便分项列出规划要求。

2. 界定规划范围

规划工作的研究范围应根据规划问题与规划目标所必须涉及的地理范围来确定。有时，提出研究的规划问题本身或其影响已超出原来规定的研究范围，这时就有必要将研究范围扩大；有时，研究范围也可能比原来规定的小，这时可适当缩小研究范围，但缩小研究范围不应影响主要规划问题，并且必须保证不得由于研究范围的缩小而略去任何可能的解决方案。规划工作所要研究的地区范围以及确定的规划问题与规划目标，应按地理位置划分，标示在示意图上。

3. 明确资源利用方向

规划编制必须对社会提出的各项要求逐一进行分析研究，以弄清这些要求能不能通过水土资源合理利用予以满足。同时还必须研究没有提出的各种“传统”要求。因此，对资源利用问题，除应通过资料分析研究外，还必须与各级政府及有关部门和各社会团体反复进行协商，使规划问题更明确、更集中。这项工作是确定规划问题和规划目标的关键，也是各级政府部门、各社会团体与专业规划编制人员的意见能否取得一致的关键。

4. 分析资源潜力

在研究范围及资源利用方向确定之后，就可提出能满足近期与远期需要的资源供应能力或资源潜力清单。该项工作就是要有选择地编制规划地区水土资源质量和特性明细表，并弄清这些资源是否能在今后加以利用。资源明细表应包括环境、经济和社会等方面的基础背景或现状的数据和资料，例如水文气象资料，土质和土地利用的分类资料(分区图)，经济、文化和习俗资料，现有和规划设想的用水要求资料等。在分析资源潜力时，对规划管辖范围内的投资与预算能力应加以考虑。

5. 远景趋势预估

在制定远景规划时，为能很好地反映社会、环境和经济条件的变化，在整个规划分析期内，对水资源问题所产生的影响，应选定若干年份进行预估分析。分析中应考虑几种远景规划条件，以检查各水资源规划方案与不同的远景水资源要求是否相适应；要预测规划分析期内可能出现的环境问题和环境要求，必须事先考虑规划地区特有的环境问题。当根据原有的或专为规划研究而编制的基本资料预测远景时，应当考虑所有重要因素之间的相互关系。

6. 选定规划目标

规划目标一般是指资源利用要求，而不是指满足这些要求的具体生产水平。它是国家和地方为了促进国家和地方的经济发展或提高环境质量，而就某一规划地区提出的特定问题及其解决途径。水资源规划的目标内容一般可概括为三类。一是经济发展目标，它是寻求通过投资来增加国家和地方的财政收入，以获取最大净效益。只要对环境质量无重大不利影响时，经济发展目标通常可用使效益超过费用的总额为最大，以获得最大的纯经济利润来确定。二是环境质量目标，它是通过管理、保护、创造、恢复或改善某一自然、文化、资源与生态系统质量的各种措施，来提高国家总的环境质量。衡量环境质量目前还没有统一的指标和方法，主要依靠规划人员与其他有关人员的分析和判断能力确定。三是社会目标，它指与上述目标无直接关系的一些要求，比如法律、政策、社会和文化条件等，当可能对规划起重要作用时，也应列入规划目标，以满足社会稳定的要求。

4.4.2.2　规划或管理模型制定阶段

这一阶段的主要任务是，对水资源的各种功能及供需要求进行初步排队，确定约束条件，确定目标和建立规划或管理模型。

4.4.2.3　方案筛选与优化阶段

该阶段的任务是，在模型建立后，根据输入对各种可行方案进行演算，并提出优化规划和管理策略，具体步骤如下。

1. 确定可能的规划措施

拟定规划比较方案，一般应从编制规划措施入手。这些规划措施应满足前面所确定的各项规划要求。为了减少传统习惯的影响，在规划方案拟定的过程中，要集思广益，减少对某些规划方案的偏见。

2. 规划措施的分类组合

在选取了可满足各项规划任务要求的措施后，应将这些措施加以组合，形成各种不同的规划方案。值得注意的是无规划状况也应按一种规划方案对待，即将现有的水资源利用状况和计划沿用到“最可能的远景时期”，作为方案实施效果比选的基础。

3. 编制规划方案

在编制规划方案时，一般应提出三种类型的方案，即满足经济发展目标的规划方案;满足环境质量目标的规划方案;既考虑国家经济发展目标,又考虑环境质量目标的混合方案。编制规划方案的数量视具体的规划任务而定,但在编制规划方案时必须充分考虑或利用其他机构所编制的规划,以减少规划的工作量。

4.4.2.4 影响评价阶段

影响评价是对规划方案实施以后预期可能产生的各种经济、社会、环境影响进行鉴别、描述和衡量,为规划方案综合评价打下基础。它是相对于“无规划状况”而言。影响评价的内容如下。

1. 鉴别影响源

为了进行影响评价,必须弄清各有关影响源,特别是关于各规划方案及其各项规划措施在投入产出方面的影响源。各个比较方案的规划措施及其投入产出情况都要与“无规划状况”进行比较,以确定实施以后会发生什么变化。

2. 估量影响大小

这项工作就是对已鉴别出的各种变化进行定量或定性的描述。一般先要进行的是估量“无规划状况”与“有规划状况”之间预期会出现的变化,然后估量不同“有规划状况”方案间预期产生的变化。这种方案间差别就是规划方案的影响,将为规划评价工作打下基础。

3. 说明影响范围

产生各种重要影响的地点、时间和历时都应逐一加以确定。区域性影响,应从研究地区到全国范围都加以说明。影响发生的时间应结合规划实施的情况进行说明。

4.4.2.5 规划方案评价阶段

规划方案评价是确认规划和实施规划前的最后一步。这一阶段首先要确定各比较方案实施后相对“无规划状况”而言有利与不利的影响,再从相对有利的规划方案中根据制定的目标找出最佳方案。规划方案评价主要包括下述内容。

1. 目标满足程度评价

根据规划开始时制定的规划目标,对每一非劣方案进行目标改善性判断。由于水资源规划的多目标性,期望某一方案在实现所有目标方面都达到最优是不现实的。因此,首先要对各方案产生的各种单项效益标准化,并对有利的和不利的程度做出估量,然后加以综合判断。各规划方案的净效益由该方案对所有规划目标的满足情况综合确定。综合评价时,应区分“潜在效益”(可能达到的效益)与“实际效益”,这些效益在规划方案的反复筛选和逼近的过程中,可能使某些“潜在效益”变成“实际效益”或变成无效益。

2. 效益指标评价

对各规划方案的所有重要影响都应进行评价，以便确定各方案在促进经济发展，改善环境质量，加速地区发展与提高社会福利方面所起到的作用。比较分析应包括对各规划方案的货币指标、其他定量指标和定性资料的分析对比。分析对比应逐个方案进行，并将分析结果加以汇总，以便清楚反映入选方案与其他方案之间的利弊。

3. 合理性检验

规划作为宏观决策的一种，必须接受决策合理性检验。虽然实践才是检验真理的唯一标准，但对宏观决策而言，必须有一定标准对决策方案的正确性进行预评估，这个标准一般包括方案的可接受性、可靠性、完备性、有效性、经济性、适应性、可调性、可逆程度和应变能力等。

4. 确定规划方案

通过分析比较，一些通过上述评价检验的方案即可作为规划的预备方案以进一步研究。在规划方案的经济效益与环境质量矛盾的评价与取舍中，可以采用最大最小原则，即将那些纯效益最大的方案列为经济发展规划的待选方案，将能够改善生态环境或对环境危害最小的方案列为环境质量规划的待选方案，将这些待选方案提供给决策者们反复对比，经协商后选定。当没有一个方案能够满足提高环境质量目标时，选用一个对环境质量危害最小的方案是相对明智的。

4.4.2.6 工程实施阶段

本阶段的任务是根据方案决策及工程的优化开发程序，进行水资源工程的建设或管理工程的实施。

4.4.2.7 运行、反馈与调整阶段

工程建成后，按照系统分析所提供的优化调度运行方案，进行实时调度运行。这一阶段也就是产生各种功能(效益)的阶段。

4.4.3 水资源规划的内容

水资源规划是一个系统工程，涉及水资源的自然属性、经济社会发展对水资源需求和影响，需统筹水资源的开发、利用、治理、配置、节约和保护，规范水事为，促进水资源可持续利用和生态环境保护。具体而言，水资源规划的任务和内容包括水资源调查评价、水资源开发利用情况调查评价、需水预测、节约用水、水资源保护、供水预测、水资源配置、总体布局与实施方案、规划实施效果评价等项内容，如图 4.4-1 所示。

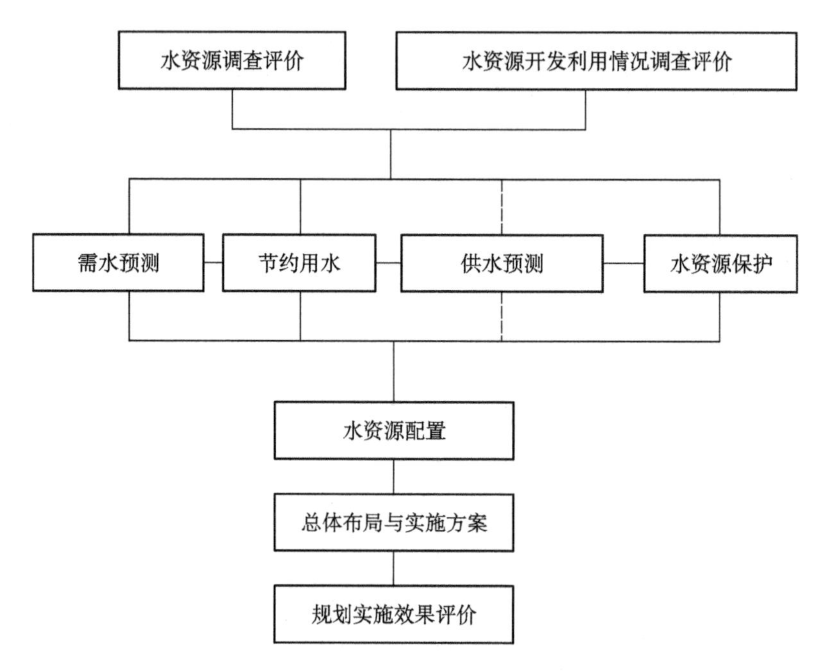

图 4.4-1 水资源规划总体内容示意图

水资源规划的各个环节及各部分工作是一个有机组合的整体，相互之间动态反馈，需综合协调，其相互关系如图 4.4-2 所示。

1. 水资源及其开发利用情况调查评价

通过水资源及其开发利用情况的调查评价，可为其他部分工作提供水资源数量、质量和可利用量的基础成果；提供对现状用水方式、水平、程度、效率等方面的评作成果；提供现状水资源问题的定性与定量识别和评价结果；为需水预测、节约用水、水资源保护、供水预测、水资源配置等部分的工作提供分析成果。

2. 节约用水和水资源保护

要在上述两部分工作的基础上，提出节约用水和水资源保护的有关技术经济和环境影响因素分析结果，为需水预测、供水预测和水资源配置提供可行的比选方案。同时，在吸纳水资源配置部分工作成果反馈的基础上，提出推荐的节水及水资源保护方案。

3. 需水预测和供水预测

供需水预测工作要以上述四部分工作为基础，为水资源配置提供需水、供水、排水、污染物排放等方面的预测成果，以及合理抑制需求、有效增加供水、积极保护生态环境措施的可能组合方案及其相应的技术经济指标，为水资源配置提供优化选择的条件；预测工作与以上各部分工作相协调，结合水资源配置工

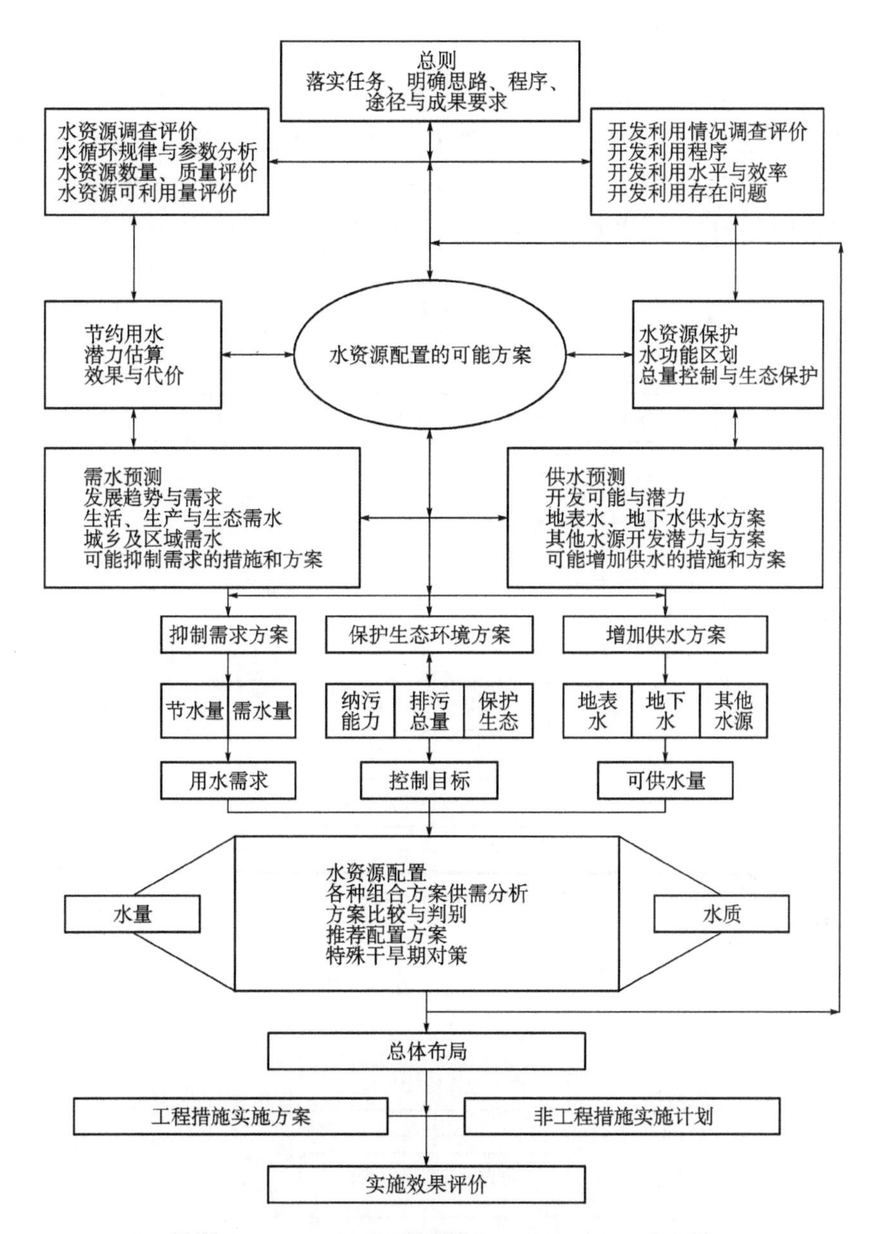

图 4.4-2　水资源规划各部门内容间互相关系示意图

作，经过往复与迭代，形成动态的规划过程，以寻求经济、社会、环境效益相协调的水资源合理配置方案。

4. 水资源配置

应在进行供需分析多方案比较的基础上，通过经济、技术和生态环境分析论证与比选，确定合理配置方案。水资源配置以统筹考虑流域水量和水质的供需分析为基础，将流域水循环和水资源利用的供、用、耗、排水过程紧密联系，按照公平、高效和可持续利用的原则进行。水资源配置在接收上述各部分工作成果输入的同时，也为上述各部分工作提供中间和最终成果的反馈，以便相互迭代，取得优化的水资源配置格局；同时为总体布局、水资源工程和非工程措施的选择及其实施确定方向和提出要求。水资源配置思路如图 4.4-3 所示。

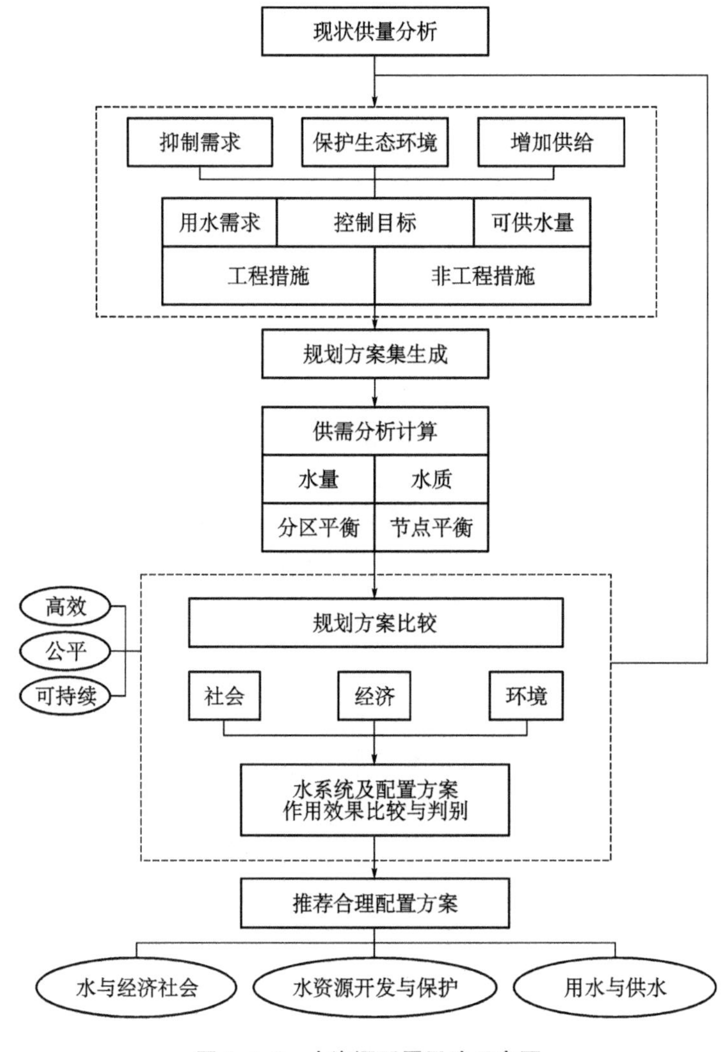

图 4.4-3　水资源配置思路示意图

5. 工程规划

规划水利工程设施，如水库、水电站、引水工程等，以满足水资源调配和利用的需求。评估水利工程的经济、社会和环境效益，确保工程的合理性和可持续性。

6. 水资源管理政策与法规

制定水资源管理政策和法规,明确水资源管理的目标、原则和任务。建立水资源管理制度和机制,包括水资源权属、水权交易、水市场建设等。加强水资源监测和监管,确保水资源的合理利用和保护。

7. 水资源规划评价与调整

对水资源规划的实施效果进行评价,包括水资源利用效率、环境质量、经济社会发展等方面。根据评价结果和实际情况,对水资源规划进行调整和优化,以适应变化的需求和环境条件。

4.5 流域规划

流域规划是我国《水法》确定的一项重要制度,是以流域为单元,根据流域的自然地理条件、气候条件、社会经济状况以及水资源特点,制定的关于水资源开发、利用、保护和管理等方面的综合性规划。流域规划是实现水资源可持续利用的重要手段,对于促进流域内经济社会的协调发展具有重要意义。

流域规划始于19世纪,1879年,美国成立密西西比河委员会,进行流域内的测量调查、防洪和改善航道等工作,1928年提出了以防洪为主的全面治理方案。以后如美国的田纳西河、哥伦比亚河,苏联的伏尔加河,法国的罗纳河等河流,都进行了流域规划并获得成功,取得河流多目标开发的最大综合效益,促进了地区经济的发展。

我国自20世纪50年代开始,对黄河、长江、珠江、海河、淮河等大河和众多中小河流先后进行了流域规划。其中一些获得成功,取得了良好的经济效益,积累了可贵的经验。但也有一些流域规划,因基础资料不够完整、可靠、系统,审查修正不够及时,未起到应有的作用。自20世纪70年代末以来,对一些河流又分别进行了流域规划复查修正或重新编制的工作。

4.5.1 流域规划的目标和原则

江河流域规则的目标为:基本确定河流治理开发的方针和任务,基本选定梯级开发方案和近期工程,初步论证近期工程的建设必要性、技术可能性和经济合理性。各个国家不同时期的规划原则有所差别。水利部于2015年制定的《江河流域规划编制规程》有如下规定。

(1) 应按照经济社会可持续发展的要求,正确处理水利建设与经济社会发展、兴利与除害、治理开发与生态环境保护等之间的关系，与国家主体功能区规划、国家以及地区的国民经济和社会发展规划、国土规划、城乡总体规划、生态环境保护规划等相协调；应正确处理所涉及的国民经济有关部门之间的关系，与有关部门的发展规划相衔接。

(2) 应针对流域和区域的特点、江河治理开发和水资源开发利用现状及存在问题，按照全面规划、综合协调、因地制宜、突出重点等原则，统筹协调整体与局部、干支流、上下游、左右岸和地区间的关系，从社会、经济生态、环境等各个方面，提出治理、开发、保护与管理的方针、任务和目标，确定治理、开发、保护与管理的总体方案及主要工程布局与实施程序。规划应紧密结合流域实际，突出重要问题。

(3) 应坚持实事求是的科学态度，加强调查研究，重视流域基本情况、基础资料和有关规划的搜集、整理、分析，充分利用以往规划和有关科研成果，广泛听取各方意见和要求，提倡公众参与。应按照自然规律和经济规律论证优选规划方案。

(4) 应研究确定近期和远期两个规划水平年，并以近期为重点。规划水平年应根据经济社会不同发展阶段对水利的需求，结合国家流域开发利用、治理、保护与管理的总体要求合理确定，宜与国民经济和社会发展五年规划及长远规划的水平年一致。一些有特殊需要的河流可进行更远期的展望。

(5) 应反映流域水情的新情况，采用新的规划理念，重视技术创新，广泛采用新技术、新方法，进行有关分析计算和方案比较。

4.5.2 流域规划基本任务

根据流域规划编制时期经济社会发展形势和可持续发展的需要，按照新的治水思路和理念，深入研究流域自然资源和经济社会发展规律及存在的问题，统筹协调各涉水部门的利益和矛盾，在充分调查分析的基础上，提出治理开发与保护的方针任务和规划目标，选定流域总体规划布局、开发治理和保护方案，拟定实施程序和保障措施，并阐明规划实施后社会、经济、生态与环境的效益和影响。

4.5.3 流域规划主要内容

根据《江河流域规划编制规程》(SL201—2015)，编制、修订大江大河和重要中等河流的流域规划，一般包含下列内容。

(1) 流域治理开发保护现状与形势分析。对以往规划及实施情况、流域治理开发保护与管理现状进行系统评价，分析流域治理开发保护与管理存在的问题，总结流域治理开发保护与管理的经验教训。

(2) 总体规划。针对流域特点与开发利用、治理、保护与管理现状，在分析总结经验教训和存在问题的基础上，研究确定流域开发利用、治理、保护与管理的指导思想和基本原则，提出流域开发利用、治理、保护与管理的总体目标和控制性指标，以防洪抗旱减灾体系、水资源合理配置和高效利用体系、水资源保护和河湖健康保障体系以及水利科学发展的体制机制和制度体系构建为重点，明确主要任务和总体布局。

(3) 防洪、涝区治理、水资源、节约用水、城乡供水、灌溉、水力发电、航运、地表水资源保护、地下水保护、水生态保护与修复、水土保持、河道与河口整治规划。

(4) 重大工程规划。对拟在近期兴建的、影响全局的关键性水工程进行专门规划。重大水工程主要包括：重大河流水系连通工程、防洪骨干控制工程、重大水资源配置工程、重大水资源综合利用工程、重大生态环境治理工程等。

(5) 流域综合管理规划。结合流域特点，在流域管理与行政区域管理相结合的水管理体制框架下，研究提出适合流域特点的管理体制与机制建议、流域涉水法律法规建议和流域综合管理制度建议；提出满足流域综合管理要求的流域综合管理能力建设方案。

(6) 实施意见与实施效果评价、环境影响评价。

实施意见：应在满足实现规划目标的基础上，统筹考虑防洪减灾、水资源开发利用、生态环境保护的要求，提出规划实施意见，也可分期提出规划实施意见。

实施效果评价：应在认真做好调查研究的基础上，以国家产业政策和经济社会发展规划为指导，采用定量分析与定性分析相结合的方法进行效果评价。应分析评价实施江河流域规划对国家、流域（或地区）带来的社会、经济、生态与环境效益和影响（包括有利影响和不利影响）。主要应包括社会效果评价、经济效益评价、综合分析与评价。

环境影响评价：应分析规划总体布局、主要规划方案、重要枢纽选址及规模等与国家和地区资源环境保护法律法规和政策、国家主体功能区规划、生态功能区划、水功能区划等相关功能区划的符合性，与同层位相关规划的协调性。

4.5.4　流域规划要点

1. 国家制定全国水资源战略规划。全国水资源综合规划是一个重要的战略举措，旨在全面、系统、科学地指导和推动全国水资源的开发、利用、节约、保护和管理，以满足经济社会发展的需求，同时维护水资源的可持续利用和生态环境的健康。规划的制定和实施对指导今后一个时期我国水资源宏观配置、开发利用、节约保护与科学管理工作，着力解决我国突出的水资源问题，积极应对气候变化，推动水资源可持续利用，促进经济长期平稳较快发展和社会和谐发展，具有十分重要的现实意义和战略意义。

2. 流域范围内的区域规划应当服从流域规划，专业规划应当服从综合规划。流域综合规划和区域综合规划以及与土地利用关系密切的专业规划，应当与国民经济和社会发展规划以及土地利用总体规划、城市总体规划和环境保护规划相协调，兼顾各地区、各行业的需要。

3. 国家确定的重要江河、湖泊的流域综合规划，由国务院水行政主管部门会同国务院有关部门和有关省、自治区、直辖市人民政府编制，报国务院批准。跨省、自治区、直辖市的其他江河、湖泊的流域综合规划和区域综合规划，由有关流域管理机构会同江河、湖泊所在地的省、自治区、直辖市人民政府水行政主管部门和有关部门编制，分别经有关省、自治区、直辖市人民政府审查提出意见后，报国务院水行政主管部门审核；国务院水行政主管部门征求国务院有关部门意见后，报国务院或者其授权的部门批准。

前面规定以外的其他江河、湖泊的流域综合规划和区域综合规划，由县级以上地方人民政府水行政主管部门会同同级有关部门和有关地方人民政府编制，报本级人民政府或者其授权的部门批准，并报上一级水行政主管部门备案。

4. 规划一经批准，必须严格执行。经批准的规划需要修改时，必须按照规划编制程序经原批准机关批准。

5. 建设水工程，必须符合流域综合规划。在国家确定的重要江河、湖泊和跨省、自治区、直辖市的江河、湖泊上建设水工程，其工程可行性研究报告报请批准前，有关流域管理机构应当对水工程的建设是否符合流域综合规划进行审查并签署意见；在其他江河、湖泊上建设水工程，其工程可行性研究报告报请批准前，县级以上地方人民政府水行政主管部门应当按照管理权限对水工程的建设是否符合流域综合规划进行审查并签署意见。水工程建设涉及防洪的，依照防洪法的有关规定执行；涉及其他地区和行业的，建设单位应当事先征求有关地区和部门的意见。

4.6 实例——R 河流域规划

4.6.1 流域概况

R 河属红河水系，为 NXH 上段左岸一级支流，发源于蒙自市鸣鹫镇小龙潭，河源海拔 2 291.6 m，主要支流有咪崩龙河、黑马底河、马老歪河。自河源起，从西北向东南向流。上段河流为蒙自市与屏边县县域界河，在蒙自市差冲村后进入屏边县河段，由北向南转西北方向。流经屏边县新华乡菲租克、和平镇咪崩龙、六斗，新华乡马鹿塘、湾塘乡牛碑村委会，在牛碑村委会岔河村汇入NXH。R河主河长32.1 km，平均比降32.8‰，径流面积541 km^2。流域内多年平均降水量为1 160 mm。

4.6.2 编制背景

R河流域及区域地处边疆少数民族地区，现状流域及区域各市（县）、乡镇供水水源仍为河道取水或引用山泉水，供水保证率低，抵御风险能力较差，城镇供水安全易受到威胁。红河州农村饮水问题同样突出，农村供水保障程度有待提高。未来随着区域经济社会发展，城镇化进程加快，城镇生活用水与生产用水不断增加，城镇供水安全保障要求也将要随之提高，R河流域水资源供需矛盾将日益凸显。R河流域需立足流域和区域整体及水资源空间均衡，完善流域和区域水资源配置和供水保障体系，促进水资源配置工程互联互通，形成城乡一体、互联互通的水网格局；综合考虑防洪、灌溉、供水、发电、生态等综合功能，实现各级水网联合调度，全面提升流域及区域水资源调控能力。最终促进R河流域和区域水资源和人口经济布局相均衡，为区域经济社会高质量发展提供强有力的水安全保障。为切实提升R河流域水安全保障水平，进一步优化流域水资源配置格局，推进流域及区域水利高质量发展，开展《R河流域综合规划》（以下简称《规划》）编制工作。

4.6.3 规划目标

力争通过完善工程措施与非工程措施，至2035年，切实提升R河流域水安全保障水平，水资源配置格局进一步优化，全面提升水利服务于区域经济社会发展的综合能力，全力保障人饮安全、供水安全、粮食安全和水生态安全，推动构建与经济社会发展要求相适应、与现代化进程相协调的水安全保障体系。

4.6.4 主要内容

1. 收集整理了基础资料。收集流域已有专业规划和行业规划等相关规划成果和资料，并进行分类整理分析，形成规划基础数据。

2. 分析了流域治理开发保护现状与形势。规划以地区经济社会发展规划为依据，分析了流域经济社会发展态势，以及农业发展趋势，对流域人口、农业生产等作出了预测，并对存在的问题及面临的形势进行分析总结。

3. 完成了防洪减灾、水资源综合利用、水土保持、水资源与水生态环境保护和流域综合管理等五大体系规划。防洪减灾体系包防洪、治涝和河道治理等规划;水资源综合利用体系包括供水、灌溉和发电等规划;水土保持体系包括预防保护和监督管理等规划;水资源与水生态环境保护体系包水资源保护和水生态环境保护及修复等规划;流域综合管理体系包括管理体制与机制、涉水事务管理和管理能力等规划。

4. 完成了节约用水规划。统计了流域及区域用水现状,明确了节水方向,分析了节水潜力,制定了节水方案。

5. 完成了重大水工程规划。明确了纳入本规划的重大水工程为石夹槽水库工程,明确了水库工程任务与规模、工程布置及主要建筑物、机电与金属结构、施工初步方案等主要内容,并进行了投资估算。

6. 开展了流域环境影响评价。结合流域现状环境调查,分析了环境现状及存在问题,并制定了环境保护对策措施。

7. 提出了《规划》实施意见,进行了实施效果评价,并为《规划》顺利实施提出保障措施。

4.6.5 实施效果

《规划》是R河流域开发、利用、节约、保护水资源和防治水害的指导性文件,是流域治理开发与保护和流域综合管理的重要依据,《规划》的实施将有效提升R河流域水安全保障能力、优化区域水资源配置及综合利用、强化水资源及水生生态环境保护、提升流域综合管理水平,推动流域新阶段水利高质量发展,支撑R河流域及区域经济社会高质量发展。

第5章 节约用水

5.1 节水法规、政策与标准

（1）《中华人民共和国水法》（2016年7月2日修订）；

（2）《地下水管理条例》（国务院令（第748号），2021年12月1日起施行）；

（3）《节约用水条例》（国务院令（第776号），2024年5月1日实施）；

（4）《全民节水行动计划》（发改环资〔2016〕2259号）；

（5）《国家节水行动方案》（发改环资规〔2019〕695号）；

（6）《“十四五”节水型社会建设规划》（发改环资〔2021〕1516号）；

（7）《国家发展改革委等部门关于进一步加强水资源节约集约利用的意见》（发改环资〔2023〕1193号）；

（8）《水利部关于开展规划和建设项目节水评价工作的指导意见》（水节约〔2019〕136号）；

（9）《城市节水评价标准》（GB/T51083—2015）；

（10）《节水灌溉工程技术标准》（GB/T50363—2018）。

5.2 现状用水水平分析

现状用水水平分析有助于系统地评估和分析用水现状，为未来的水资源管理提供决策依据，常包含以下几个方面。

1. 补充调查与典型调查：首先选定典型年，选择的典型要有一定的规模与代表性，既要选节水工作做得较好的典型，也要选问题较突出的典型。在水资源开发利用情况调查评价的基础上，补充、收集、调查、分析典型城市、典型灌区、典型用水户等的基本资料。

2. 现状用水指标分析：通过现状各部门、各行业用水调查（包括典型调查），按水资源三级区分地级行政区分析计算各类用水户（包括城镇、工业、建筑业及商饮服务业、农业用水）的现状用水指标。

3. 现状用水水平分析：在现状用水情况调查的基础上，根据各项用水指标及用水效率指标的分析计算，进行不同时期、不同地区间的比较，特别是与有关部门制定的标准定额以及国内外先进水平的比较，找出与先进标准的差距，分析现状用水存在的主要问题及其原因。用水水平的分析可按省级行政分区进行。

5.3 节水标准与指标

在现状用水调查和各行业用水定额、用水效率分析的基础上，根据对当地水资源条件、经济社会发展状况、科学技术水平、水价等因素的分析，参考省内、省外、国外先进用水水平的指标与参数，以及有关部门制定的相关节水与用水标准，通过采取综合节水措施，确定各地区的分类用水定额、用水效率等指标及其适用范围。

1. 生活节水指标：城镇生活节水的重点是减少浪费和损失，主要体现在通过提高水价和节水器具的普及程度、减少损失、增强节水意识等，将用水量和用水定额控制在与经济社会发展水平和生活条件改善相适应的范围内。要求以省级行政区为单元，分析各类城市及城镇要求达到的生活用水定额、城市最低管网损失率等。

2. 工业节水指标：工业行业节水指标包括火（核）电、冶金、石化、纺织、造纸等高耗水行业和其他一般工业的节水指标，各行业要求达到的重复利用率等。工业节水指标要求按省级行政区分类确定。

3. 建筑业及商饮服务业节水指标：要求按省级行政区分类确定。

4. 农业节水指标：包括水稻、小麦、玉米、棉花、蔬菜、油料等主要作物以及林果地、草场等在高水平节水条件下的灌溉定额，可能达到的灌溉水利用系数（分井灌区、渠灌区、井渠混合灌区），以及牲畜、渔业节水定额等。农业节水指标按省级行政区分不同类型分析确定。

5.4 节水潜力

1. 节水潜力是指在一定的社会经济技术条件下，通过综合节水措施所能达到的节水指标为参照标准，用水单位可以节约的最大水资源量。通常是通过分析用水现状、用水效率、节水技术和措施等因素来确定的。影响节水潜力的因素有很多，包括水资源条件、用水结构、用水效率、节水技术和措施等。在评估节水潜力时，需要综合考虑这些因素，并进行全面、系统的分析。

2. 在现状用水水平分析的基础上，分析各部门和各行业（或作物）用水水平及实物量指标，结合各地区分类（或作物）节水指标，计算各地区和各行业（或作物）用水指标与节水指标之差，估算节水潜力。

3. 城镇生活节水潜力：是指通过分析现状各类城市生活用水定额与节水指标实现条件下定额之差、城市管网输水损失之差等，来评估城镇在日常生活用水方面的节水潜力。生活用水定额的变化是生活用水正常的需求增加与采取节水措施减少需求共同作用的结果，单从生活用水定额的变化不能全面反映节水的作用。

4. 工业节水潜力：是指通过工业产业结构调整、技术进步以及工业节水工程措施的实施，可能实现的节水量的总和。这包括通过优化升级产品结构、改进用水工艺、更新节水设备、实施节水工程措施（如工艺改造、设备更新等）等手段，减少工业生产过程中的用水量，分析工业各行业现状用水水平与节水指标实现条件下用水定额的差距，计算节水潜力。

5. 建筑业和商饮服务业节水潜力：分析建筑业、商饮服务业现状与节水指标实现条件下用水定额的差距。

6. 农业节水潜力：分析种植业不同作物、林牧渔业（林果地、草场、牲畜、鱼塘）现状与节水指标实现条件下灌溉定额间的差距。分析井灌区、渠灌区、井渠混合灌区灌溉水利用系数提高的程度及其节水潜力。

5.5 节水方案

根据估算的节水潜力以及各水平年水资源供需分析的缺水状况，拟定逐步加大节水力度的方案，明确分阶段采取的节水措施及其相应的技术经济指标，估算各计算分区不同水平年的节水量，并依据水资源需求预测结果，确定对需水量的减少量，以进一步进行供需分析和拟定水资源配置方案。在水资源紧缺地区，水资源供需分析和合理配置，需要进行多次平衡分析，以水资源配置最终确定的供需基本达到平衡所采用的方案作为节水的推荐方案。

5.6 节水措施

5.6.1 生活节水

全面推行先进的节水型器具。加强公共建筑和住宅节水设施建设，推广普及节水器具，如陶瓷内芯的节水龙头、冲洗阀、便器及高低位水箱配件和淋浴制品等质量技术监督部门认定的节水型器具，促进节水。

积极研究开发和推广中水回用技术。在新建居民小区建设中水道工程，回用部分生活污水用于冲厕、园林绿化等，提高生活用水的重复利用率。不仅节约水资源，改善水环境，还有利于水资源的优化配置与高效利用。

加大城镇供水管网改造力度。采用新型管材，逐步建立分质供水网络。积极推广使用新的查漏检修技术，定期开展管网查漏维修维护。逐步完善 GIS 管网信息管理系统建设。建设智能水表网络系统，分时、分质计量扣费，对用水进行科学准确的计量管理，使居民自觉合理控制用水量。

加强节水型示范社区建设。制定节水型社区标准，建立节约用水社区监督网，设立免费的节水热线，以社区、家庭为单位进行节水的日常宣传教育以提高全民节水意识，建立社区节水系统。

实行用水定额管理和计划用水，通过水价改革，实行居民生活用水阶梯累进制度，利用经济杠杆的作用，杜绝水资源浪费，促进合理用水。

5.6.2 工业节水

工业节水措施是确保工业可持续发展和环境保护的关键措施之一，主要包括技术性节水措施和管理性节水措施两大类。

技术性节水措施包括改进生产工艺、循环利用水资源、优化供水系统等，具体如下。一是积极改造落后的旧设备、旧工艺，广泛采用高效环保节水型新工艺、新技术，包括发展高效冷却节水技术、推广蒸汽冷凝水回收再利用技术等，提高水的重复利用率，降低生产单耗指标。二是加快工业废污水处理回用技术的研究、开发，不断提高工业用水重复利用率，杜绝工业废污水未经处理直接排放、污染环境和浪费水资源。针对不同行业污水水质特点和性质，研究不同的污水处理回用技术，以适应工业发展节约水资源的客观需要。建立分质供水网络，按照生产工艺对水质的不同要求，推广工业园区串联供水技术，增加工艺水回用率。三是加强工业企业中循环冷却水工程技术开发研究，增加生产工艺过程中水的循环利用，减少新增用水量。积极开发新型节能冷却设备及附属设施，满足工业企业的客观需要。鼓励开发生产新型工业水量计量仪表、限量水表和限时控制、水压控制、水位控制、水位传感控制等控制仪表。四是研究开发水质稳定剂和防腐技术，保障工业企业水供应和水循环系统设备和设施的安全运行，延长使用寿命，减少维护及运行成本。五是按生态工业园理念，采用水网络集成技术，实施工业园区内厂际串联用水、污水资源化，逐步实现工业园区内废污水零排放。六是定期开展供水管网查漏维修维护，减少跑、滴、冒、漏。

管理性节水措施主要包括完善制度、加强宣传教育、实行政策激励等。一是根据水资源条件和行业特点，通过区域用水总量控制、取水许可审批、用水节水计划考核等措施，按照以供定需的原则，引导工业布局和产业结构调整，以水定产，以水定发展。二是提高工业用水利用率，加快对现有经济和产业结构的调整步伐，加快对现有大中型企业技术改造力度，"调整改造存量，控制优化增量"，转变落后的用水方式，健全、完善企业节水管理体系、指标考核体系，促进企业向节水型方向转变。三是要抓好用水大户的节水工作，在电力、化工、造纸、冶金、纺织、机械和食品等七大行业中推广国内外节水新工艺，加快企业技术改造，大力提高水的循环利用率，加强企业内部的污水处理回用。四是加大高耗水行业的节水技术改造力度，依法定期发布"限制和淘汰落后的高耗水工艺和设备（产品）目录""鼓励使用的节水工艺和设备（产品）目录"。严格禁止淘汰的高耗水工艺和设备重新进入生产领域。五是将发展节水型工业与产业结构调整、建设先进制造业基地有机结合起来。缺水地区严格限制新上高耗水、高污染项目，鼓励发展用水效率高的产业；水资源丰沛地区高用水行业的企业布局和生产规模要与当地水资源、水环境条件相协调。六是加强用水定额管理，制定生产企业工艺、设备用水标准和限额，建立和完善工业节水标准和指标体系，规范企业用水统计报表，逐步建立和实施工业项目用水、节水评估和审核制度。七是加强企业用水管理，定期开展水平衡测试工作，强化对用水和节水的计量管理，重点用水系统和设备应配置计量水表和控制仪表，逐步完善计算机和自动监控系统。积极在高耗水行业和用水大户中开展创建节水型企业（单位）活动，落实各项节水措施，鼓励和推广企业建立用水和节水计算机管理系统和数据库。八是强化工业用水项目源头监管。加强对高耗水产品限额标准执行情况的检查。健全依法淘汰的制度，采取强制性措施，依法淘汰落后的高耗水产品、设备。严格执行"三同时、四到位"制度，即节水设施必须与主体工程同时设计、同时施工、同时投入运行，用水单位要做到用水计划到位、节水目标到位、节水措施到位、管水制度到位。九是切实落实国家有关节水的财政、税收优惠政策，鼓励和支持企业发展符合国家资源节约与综合利用政策的节水项目和产品。对符合国家《资源综合利用目录》的节水产品实行认定制度，依法享受减免增值税、所得税等优惠政策。

5.6.3 农业节水

农业节水是关键。一要加快工程节水步伐，因地制宜地推广高效节水灌溉技术；二要加强农艺节水措施，积极引进培育旱作物品种，发展设施农业、生态农业、特色农业，应用科学、先进的栽培技术；三要全力推进农业种植结构调整，扩大优质果菜、花卉、食用菌、药材、优质牧草等种植面积；四要发展旱作农业，选育高产耐旱优良品种。

我国现有常用农业节水方法包括渠道防渗、喷灌、微喷灌、渗灌与滴灌、用水管理等。

1. 渠道防渗

在灌区建设中，对渠道采用衬砌、U形渠槽等适当的防渗措施，以减少输水过程中的水量损失，提高渠系水利用系数；合理采用暗渠、隧洞等也可减少渠道输水损失。

2. 田间节水灌溉

田间节水灌溉是解决农作物缺水的重要措施，不仅节水、节能、节地，而且能够增产增收。推广先进的灌水技术，大面积推广水稻旱育秧、免耕、免泡田，灌溉期采取“薄、浅、湿、晒”的浅水勤灌的灌溉模式，旱作物广泛推广小畦灌、长畦分段灌、隔沟灌、膜上灌等灌溉技术，经济价值较高的作物采用喷灌和软管浇灌等节水灌溉方式。

3. 农耕农艺

采取先进的农耕农艺措施，优化耕作制度，减少水分蒸发，增加土壤水分贮存，有效地控制灌区农业用水总量。如采用间种、轮作、套种、立体种植等；合理使用保水剂、复合包衣剂，采用秸秆还田、地膜栽培等增加地表覆盖，起到蓄水保墒的作用，提高水的利用效率。调整种植结构，引进优良耐旱品种以减少用水量。

4. 用水管理

科学管理是控制灌区农业用水总量的根本措施。加强工程管理，减少渠、闸漏水；加强田间管理，杜绝串灌、串排，减少灌水过程中的水量损失；推行计划用水、科学用水、合理进行水量调配。实行按方收费、超用加价等管理措施，也是控制灌区农业用水量的有效措施。建立灌区管理信息系统和灌区管理自动化系统是灌区实现科学的水利现代化管理的根本性措施，是灌区控制灌溉用水总量的必要手段。

第6章 水资源管理与保护

6.1 水资源管理

6.1.1 水资源管理的含义

水资源管理的内涵非常丰富，主要指的是各级水行政主管部门运用法律、政策、行政、经济、技术等手段对水资源开发、利用、治理、配置、节约和保护进行管理，以可持续地满足经济社会发展和改善生态环境对水需求的各种活动的总称。包括运用多种手段组织开发利用水资源和防治水害；协调水资源的开发利用和治理与经济社会发展之间的关系，处理各地区、各部门间的用水矛盾；监督并限制各种不合理开发利用水资源和危害水源的行为；制定水资源的合理分配方案，处理好防洪和兴利的调度原则，提出并执行对供水系统及水源工程的优化调度方案；对来水量变化及水质情况进行监测与相应措施的管理等。

水资源管理是水行政主管部门的重要工作内容，它涉及水资源的有效利用、合理分配、节约保护、优化调度以及水利工程的布局协调、运行实施及统筹安排等一系列工作。其目的是通过水资源管理工作的组织实施，规范各类水资源开发利用行为，有效落实水资源保护政策和措施，达到科学合理开发利用水资源。

水资源管理针对水资源分配、调度的具体组织、协调、实施和监督，是水资源规划方案的具体实施过程。通过水资源合理分配、优化调度、科学管理，以做到科学、合理地开发利用水资源，支撑社会经济发展，改善生态环境，并达到水资源开发、社会经济发展及生态环境保护相互协调的目的。

6.1.2 水资源管理内容

水资源管理是一项复杂的水事行为，其内容涉及范围很广，归纳起来，水资源管理工作主要包括以下几方面内容。

（1）制定水资源分配的具体方案。包括分流域、分地区、分部门、分时段的水量分配，以及配水的形式、有关单位的义务和职责。

（2）制定目标明确的国家、地区实施计划和投资方案。包括工程规模、投资额、投资渠道以及相应的财务制度等。

（3）制定水价和水费征收政策。以水价为经济调控杠杆，促使水资源合理有效利用。

（4）制定水资源保护与水污染防治政策。水资源管理工作应当承担水资源保护与水污染防治的义务。因此，在制定水资源管理方案时，要具体制定水污染防治对策。

（5）制定突发事件的应急对策。在洪水季节，需要及时预报水情、制定防洪对策、实施防洪措施。在旱季，需要及时评估旱情、预报水情、制定并组织实施抗旱具体措施。

（6）确定水资源管理方案实施的具体途径，包括宣传教育方式、公众参与途径以及方案实施中出现问题的对策等。

（7）要实时进行水量分配与调度。这是水资源管理部门需要进行的一项十分重要的工作。一方面，时间就是金钱，时间就是生命。在有些情况下，需要水利部门对水资源的调配做出及时决策。例如，在洪水季节、突发性地震、战争等时期，合理的水资源调配不仅会挽救人民财产的损失，还会挽救人的生命。另一方面，水资源系统变化是随机的，对不确定的水资源系统要做到合理调配，必须要具有实时调度能力。

6.1.3 我国水资源管理现状

6.1.3.1 我国水资源管理体制发展历史

我国历史上设有专门的水行政管理机构，如隋唐设水部、明清设都水司主管水利。中华人民共和国成立后，中央人民政府设立水利部，农田水利、水力发电、内河航运和城市供水分别由农业部、燃料工业部、交通部和建设部负责管理。1952年，农业部农田水利局划归水利部，农村水利和水土保持工作由水利部主持。1958年，水利部与电力工业部合并成立水利电力部，同时，水利部农田水利局重新划归农业部领导。1965年，农业部农田水利局再次划回水利电力部。1979年，水利电力部撤销，重新分设水利部和电力工业部。1982年，水利、电力工业两部再次合并，恢复水利电力部。1984年，水利电力部成为全国水资源的综合管理部门。1988年3月，撤销水利电力部，重新组建水利部，作为国务院的水行政主管部门，负责全国水资源的统一管理工作；国务院对有关部门在水管理方面的职责也做了相应规定。1998 年，地质矿产部承担的地下水行政管理职能和建设部承担的指导城市防洪职能、城市规划区地下水资源管理职能，交由水利部承担；水利部将在宜林地区以植树、种草等生物措施防治水土流失的职能，交给林业总局；从此，基本形成了水利部统一管理水资源的基本体制。

2018 年，国务院机构改革组建自然资源部整合水利部的水资源调查和确权登记管理职责的职责；组建生态环境部整合国土资源部的监督防止地下水污染职责，水利部的编制水功能区划、排污口设置管理、流域水环境保护职责，农业部的监督指导农业面源污染治理职责，国务院南水北调工程建设委员会办公室的南水北调工程项目区环境保护职责，组建农业农村部整合水利部的农田水利建设项目等管理职责；组建应急管理部，整合水利部的水旱灾害防治和国家防汛抗旱总指挥部的职责；同时，优化水利部职责，将国务院三峡工程建设委员会及其办公室、国务院南水北调工程建设委员会及其办公室并入水利部。在地方各级水利行政机构建设中，从民国时期开始，各省逐步建立水利局(处)，多数隶属于省政府的建设厅。中华人民共和国成立后，地方各级水行政机构逐渐健全并得到加强，分为省(自治区、直辖市)、地市(自治州、盟)和县(市、旗、区)三级。一般省级设厅(局)，地级设局(处)，县级设局(科)。1986 年开始，县以下的区乡级政府设水利管理站或专职或兼职的水利员，其隶属关系，有的是县级水行政机构派出的事业单位，有的为区乡政府的事业单位。由此，形成了我国水资源区域管理体制的基本格局。

从行政体制来看，我国中央政府和地方政府是一种隶属关系，也就是说我国的地方政府隶属中央政府。这样的行政体制决定了国家公共事务的决策权集中在中央，而地方政府只有按宪法和法律规定的部分执行权。因此，在行政关系上，地方各级水行政主管部门是各级政府组成部门，在行政上接受当地政府的领导，在业务上接受上级水行政主管部门的指导。

2018 年机构改革以后，我国水资源区域管理的体制安排在中央层面主要包括水利部、自然资源部和应急管理部等，其中水资源管理由水利部承担，水资源权属管理由自然资源部承担，日常管理和应急管理分别由水利部和应急管理部承担。需要明确的是，笼统的水量和水质分别由水利部和生态环境部承担。

6.1.3.2　我国的取水许可制度

《中华人民共和国水法》第 7 条规定，“国家对水资源依法实行取水许可制度和有偿使用制度。但是，农村集体经济组织及其成员使用本集体经济组织的水塘、水库中的水的除外”。此条款确定了取水许可制度作为国家基本的水资源管理制度的法律地位。同时，《中华人民共和国水法》第 48 条规定，“直接从江河、湖泊或者地下取用水资源的单位和个人，应当按照国家取水许可制度和水资源有偿使用制度的规定，向水行政主管部门或者流域管理机构申请领取取水许可证，并缴纳水资源费，取得取水权。但是，家庭生活和零星散养、圈养畜禽饮用等少量取水的除外”。

1988年颁布的《中华人民共和国水法》首次规定了我国实行取水许可制度，并明确实施的办法由国务院规定。1993年国务院发布了《取水许可制度实施方法》(国务院〔1993〕119号令)。根据2002年修订的《中华人民共和国水法》，2006年国务院颁布了《取水许可和水资源费征收管理条例》(国务院令第460号)。2008年，为加强取水许可管理，规范取水的申请、审批和监督管理，根据《中华人民共和国水法》和《取水许可和水资源费征收管理条例》等法律法规，水利部制定了《取水许可管理办法》。同时，各地根据实际情况制定和出台了相应的地方取水许可制度实施细则。因此，取水许可制度已经在我国实施了20多年。

6.1.3.3 我国水资源费征收和管理

1. 征收对象和征收单位

《取水许可和水资源费征收管理条例》第二条第二款规定：“取用水资源的单位和个人，除本条例第四条规定的情形外，都应当申请领取取水许可证，并缴纳水资源费。”按规定，我国水资源费的征收对象是取水单位或者个人，也就是直接从江河、湖泊或者地下取用水资源的单位和个人，除不需要申领取水许可证的情形外，均应缴纳水资源费。其中，农业生产取水的水资源费征收的步骤和范围由省(自治区、直辖市)人民政府规定；但各省都规定对农业生产取水免于征收费用，或对计划内或定额内用水免于征收。水资源费由取水审批机关负责征收。其中，流域管理机构审批的，水资源费由取水口所在地省(自治区、直辖市)人民政府水行政主管部门代为征收。上级水行政主管部门可以委托下级水行政主管部门征收水资源费。

2. 水资源费征收标准制定和原则

《取水许可和水资源费征收管理条例》规定：“水资源费征收标准由省、自治区、直辖市人民政府价格主管部门会同同级财政部门、水行政主管部门制定，报本级人民政府批准，并报国务院价格主管部门、财政部门和水行政主管部门备案。其中，由流域管理机构审批取水的中央直属和跨省、自治区、直辖市水利工程的水资源费征收标准，由国务院价格主管部门会同国务院财政部门、水行政主管部门制定。”

水资源费征收标准制定应遵循下列原则：①促进水资源的合理开发、利用、节约和保护；②与当地水资源条件和经济社会发展水平相适应；③统筹地表水和地下水的合理开发利用,防止地下水过量开采;④充分考虑不同产业和行业的差别。

农业生产取水的水资源费征收标准根据当地水资源条件、农村经济发展状况和促进农业节约用水需要制定。农业生产取水的水资源费征收标准应当低于其他用水的水资源费征收标准,粮食作物的水资源费征收标准应当低于经济作物的水资源费征收标准。从各地规定的水资源费征收标准来看,总体上,矿泉水、地热水的征收标准高于普通地下水,地下水高于地表水,地下水超采区高于非超采区,工业用水高于生活用水,生活用水高于农业用水,水资源紧缺地区高于水资源丰富地区,经济发达地区高于经济不发达地区。同时,很多地区结合计划用水,规定了对超计划取水累进加倍征收水资源费的标准。

3. 征缴数额

水资源费缴纳数额根据取水口所在地水资源费征收标准和实际取水量确定。水力发电用水和火力发电贯流式冷却用水,根据取水口所在地水资源费征收标准和实际发电量确定缴纳数额。

6.2 水污染概念及特征

6.2.1 水污染概念

环境介质是指在环境中能够传递物质和能量的物质。它们不仅是环境系统的重要组成部分,而且通过物质和能量的交换,对环境中发生的各种物理、化学和生物过程有重要的影响。典型的环境介质是大气和水,它们都是流体。水体受人类或自然因素的影响,使水的感官性状、物理化学性质、化学成分、生物组成及底质情况等产生恶化,污染指标超过水环境质量标准,称为水污染或水环境污染。按污染成因,水污染可分为自然污染和人为污染两类,以人为污染为主;按污染源性质,分为有机污染和无机污染。

水环境的自然污染是由自然原因造成的。例如,某一地区地质条件特殊,某种化学元素大量富集于地层中,由于降水、地表径流,使该元素或其盐类溶解于水或夹杂在水流中而被带入水体,造成水环境污染;或者地下水在地下径流的漫长路径中,溶解了比正常水质多的某种元素或其盐类,造成地下水污染。当它以泉的形式涌出地面流入地表水体时,造成了地表水环境的污染。水环境的人为污染是由于人类的活动向水体排放的各类污染物质的数量达到使水和水体底泥的物理、化学性质或生物群落组成发生变化,降低了水体原始使用价值而造成的水环境污染。

污染水体的物质种类繁多，按其性质分为三类：物理性污染物、化学性污染物和生物类污染物。各类污染物污染水体造成的后果可以归纳为水体缺氧和富营养化、水体具有生物毒性及水体功能破坏。

6.2.1.1　物理性污染物

(1) 热污染。热污染是物理性污染中最常见，也是最主要的形式。高温废水(如超过 60℃的工业废水、电厂直流冷却水)排入水体后，使水体温度升高，物理性质发生变化，危害水生动、植物的繁殖与生长，造成水体热污染。高温废水主要来自火(核)电厂冷却水，以及冶炼厂、石油化工厂、焦炉厂、钢厂等。水温是衡量水体污染的一项指标。水温升高会加速水体和底泥中有机物的生物降解，使水体中的溶解氧急剧下降，影响水生物，尤其是鱼类的生长和繁殖。水温对水处理工艺等也有影响，如水温低会降低铝盐的混凝效果、快速砂滤的效果和氯化效果。

(2) 放射性污染。水体中放射性物质主要来源于铀矿开采、选矿、冶炼，核电站及核试验以及化学、冶金、医学、农药等部门应用的放射性同位素等。从长远看，放射性污染是人类所面临的重大潜在威胁之一。放射性物质能从水体或土壤转移到生物、蔬菜或其他食物中，并发生浓缩和富集进入人体。放射性物质释放的射线会使人的健康受损，最常见的放射病就是血癌。

6.2.1.2　化学污染

化学物质是水体中的主要污染物，可以分为无机无毒物、无机有毒物、有机无毒物和有机有毒物等。

1. 无机无毒污染物

① 植物营养盐。水体中的植物营养盐主要指氮、磷等化合物，其进入水体在造成污染的同时引发富营养化。在海洋面上发生富营养化现象称为“赤潮”；在陆地水体中发生富营养化现象称为“水华”；发生富营养化现象的地下水称为“肥水”。一般认为，总磷和无机氮含量分别在 20 mg/m^3 和 300 mg/m^3 以上，就有可能出现水体富营养化过程。富营养化可能引发短期或不可逆转的长期效应。富营养化最直接的影响是在藻类或水生植物过度繁殖的水域，造成昼夜间的溶解氧波动。当水源发生富营养化时，为了保障人们的饮水安全和健康，不得不改用替代水源。即便对发生富营养化的原水进行合适的处理，也存在食用生活在污染水体中的鱼类的潜在风险。由于富营养化会造成藻类和植物的过度繁殖，最终会对生态结构的多样性造成显著破坏。富营养化对水体功能的破坏会直接影响水资源的开发和利用等。

② 酸污染。将 pH 值小于 5.6 的降水定义为酸雨。由于人类活动向大气中排放大量的硫氧化物和氨氧化物等酸性气体，这些酸性气体通过干沉降的方式返回地表，一旦这些物质沉降到地面，便会与地表水或地下水结合生成 H_2SO_4 或 HNO_3，对水体酸度造成严重干扰。

水体酸碱度对河流、湖泊生态系统具有重要影响。合适的酸碱度可以维持水体中营养盐形态平衡。改变水体的酸碱度，将打破营养盐形态，进而影响水体的光合作用，并危害水体的生物系统。酸污染可能破坏水体的自然缓冲作用，消灭和抑制细菌等微生物的生长，降低水体自净能力。水体酸度的提高还会加大重金属的毒性，对水生生物的多样性产生不利影响。

2. 无机有毒污染物

① 重金属污染。重金属一般指密度大于 4.5 g/cm^3 的金属，自然界中约有 60 余种。在环境保护中重金属通常指其中有毒的部分。砷在化学性质上主要表现为非金属，但是在生物毒性方面与重金属类似，故也通常列入“重金属”行列。对环境影响最大的重金属包括汞、铜、铬、铅，砷等。

重金属污染物不能降解，只能发生形态转化或分散和富集。进入环境的重金属通常以水为介质发生迁移、转化和富集。环境中浓度很低的重金属，通过食物链传递和放大，可以在高营养级生物体中富集，使重金属的生态风险大大增加。沉积物是水环境中的重要环境寄宿体，其重金属通过直接扩散和生物食物链传递，可能直接影响水环境安全。因此，重金属一旦进入环境，就很难从环境中清除。

② 氰化物污染。氰化物是剧毒物质，它会抑制氧的代谢，阻断生物功能组织的氧交换，约束各种动物的活动，是真正的非积累性毒物。氰化物及其化合物普遍存在于工业和生物，不仅是生产工艺中的重要原料，而且是许多植物和动物的中间代谢物。这些代谢物的存留时间一般都比较短。水体中的氰化物主要来自化学、电镀、煤气和煤焦等工业排放的废水。

氰化物在水中的持久性变化很大，这主要取决于氰化物的化学形态、浓度及其他化学成分的特性。天然水体对氰化物有较强的自净能力。在酸性水体中，通过充分曝气有气态氰化氢从水体中逸出。氰化物也可能被高锰酸盐和次氯酸盐等强氧化剂分解。

3. 有机无毒污染物(耗氧污染物)

生活污水和工业废水中所含糖类、脂肪、蛋白质、木质素等有机物，可在微生物的作用下，最终分解为简单的无机物，其分解过程需要消耗大量氧，故称耗氧有机物。由此类污染物造成的污染称为耗氧有机物污染。污染水体的耗氧有机物主要来自工业废水、城镇生活污水、畜禽养殖污水等。耗氧有机污染物消耗水中的溶解氧，如果消耗的溶解氧不能及时通过水体复氧过程得到补偿，就会导致溶解氧大幅度降低，威胁耗氧生物的生存。另外，当水中溶解氧消失，厌氧细菌繁殖，形成厌氧，分解出甲烷、硫化氢等有毒气体，影响水体感观。

4. 有机有毒污染物

有毒有机化合物具有潜在的致癌、致畸、致突变的“三致”效应及干扰内分泌的作用，其主要来源包括工业、农业、矿山环境等。

① 酚类污染物。水体中酚的来源主要是含酚废水，如以酚为原料的工业、焦化厂废水、煤气厂废水、合成酚类的化工厂废水等。除了工业含酚废水之外，粪便和含氮有机物在合成过程中也产生少量的酚类化合物。水体酚污染将严重影响水产品的产量和质量。水体中苯酚的浓度达 5～25 mg/L 时，各种鱼类均死亡；即使浓度低于 0.1～0.2 mg/L，鱼类也因有酸味而不入口。酚污染会大大抑制水体微生物的生长，降低水体自净能力。极低浓度的酚污染会使水体具有臭味而无法饮用。

② 农药污染。根据农药靶的生物可以将农药分为除草剂、杀虫剂和杀菌剂等几类。通常使用的农药仅有一小部分作用于靶的生物，大部分通过降水与径流汇入水体。一般来说，施用农药只有 10%～20%附着在农作物上，80%～90%流失在土壤、水体和空气里。在我国雨水较多，农药使用量较大的区域，农药对水体的污染十分严重。

6.2.1.3 生物性污染(病原体污染)

致病性微生物包括：病原菌(主要是会引起疾病的细菌，如大肠杆菌、痢疾杆菌、绿脓杆菌等)、寄生虫(如血吸虫、蛔虫等)、病毒(如流行性感冒、传染性肝炎病毒等)。致病性微生物污染大多来自未经消毒处理的养殖场、肉类加工厂、生物制品厂和医院排放的污水。

6.2.2 水污染特征

我国河流污染以有机污染为主，主要污染物是 NH_3-N、BOD 和挥发酚等；湖泊以富营养化为特征，主要污染指标为 TP、TN，COD 和高锰酸盐指数等；近岸海域主要污染指标为无机氮、活性磷酸盐和重金属。这些因素决定了我国水环境问题具有影响范围广、危害严重、治理难度大等特点。

6.2.2.1 河流污染的特征

1. 污染程度随径流变化

河流径污比(径流量与排入河中污水量的比值)的大小决定了河流的污染程度。通常，如果河流的径污比大，稀释能力就强，河流受污染的可能性和污染积蓄就小，反之亦然。河流的径流随季节变化，污染程度也相应地变化。

2. 污染影响范围广

随着河水的流动，污染物质随之扩散，故上游受污染很快就影响到下游，河流污染影响范围不仅限于污染的发生源，还可殃及下游，甚至可以影响海洋。正因为河流稀释能力比其他水体大，复氧能力也强，有些人就把河流作为废水的天然处理场所，任意向河流中排放废水。但是，河水的稀释能力是有限度的，超过这个限度，河流就会遭受污染，并且影响范围甚广。如 2013 年发生在杭州市的特大环境污染案，正是由于在钱塘江上游非法倾倒邻叔丁基苯酚废水，致使钱塘江下游取水口受到严重影响，市政自来水出现异味。

3. 污染修复困难

河水交换较快，自净能力较强，水体范围相对集中，因此其污染较易控制。但是，河流一旦被污染，要恢复到原有的清洁程度，往往要花费大量的资金和较长的治理时间。如 1986 年位于瑞士巴塞尔市的桑多斯化工厂仓库发生火灾，导致 1 250 t 剧毒物流入莱茵河中，构成了 70 km 的污染带，对莱茵河的生态系统造成了严重破坏。为此，意大利、奥地利、列支敦士登、瑞士、法国、卢森堡、德国、比利时、荷兰等 9 个国家通过《莱茵河行动纲领》协调莱茵河的治理和保护工作，并且花费了近 20 年的时间才将莱茵河的生态恢复到污染之前的水平。

6.2.2.2 湖泊污染的特征

1. 湖泊(水库)污染来源广、途径多、污染物种类复杂

上游和湖区的入湖河道可能携带其流经地区厂矿的各种工业废水和生活污水入湖；湖周农田土壤中的化肥、残留农药及代谢产物和其他污染物质可通过农田尾水和地表径流的形式进入湖泊；尤其是养殖过程中产生的各种有机污染物(抗生素、肥料等)致湖中生物(水草、鱼类、藻类和底栖动物)死亡后，经微生物分解，其残留物也可污染湖泊。几乎湖泊流域环境中的一切污染物质都可以通过各种途径最终进入湖泊，故湖泊较之河流来说，污染来源更广，成分更复杂。

2. 湖泊(水库)稀释和搬运污染物质的能力弱

湖泊由于水域广阔、储水量大、流速缓慢，故污染物质进入后不易迅速地充分混合和稀释，相反却易沉入湖底蓄积，并且也难以通过湖流的搬运作用向河道的下游输送。即使在汛期，湖泊由于滞洪作用，洪水进入湖泊后流速迅速减慢，稀释和搬运能力均远不如河流。此外，流动缓慢的水体复氧作用降低，使湖水对有机物质的净化能力减弱。

3. 湖泊(水库)中的污染物会使更多的物种遭受污染

有些水生生物可吸收富集 Cu、Fe、Ca、Si 等元素，比水体中的浓度可大数百倍、数千倍，甚至数万倍，还有的污染物经转化成为毒性更强的物质，例如无机汞可被生物转化成有机化的甲基汞，并在食物链中传递浓缩，使污染程度加重，严重危害人类的身体健康。

6.3 水资源保护内容

6.3.1 水资源保护的概念

水资源保护，从广义上应该涉及地表水和地下水水量与水质的保护与管理两个方面。也是指通过行政、法律、工程、经济等手段，保障水资源的质量和供应，防止水污染、水源枯竭、水流阻塞和水土流失，以满足经济社会可持续发展对水资源的需求。在水量方面，要全面规划、统筹兼顾、综合利用、讲求效益，发挥水资源的多种功能，同时也要顾及环境保护要求和改善生态环境的需要。在水质方面，必须减少和消除有害物进入水环境，防治污染和其他公害，加强对水污染防治的监督和管理，维持水质良好状态。

6.3.2 水资源保护的任务和内容

1. 水资源保护目标

水资源保护主要包括水量和水质两个方面。一方面是对水量合理取用及其补给源的保护，主要包括对水资源开发利用的统筹规划、水源地的涵养和保护、科学合理地分配水资源、节约用水、提高用水效率等，特别是保证基本生态需水的供给到位；另一方面是对水质的保护，主要包括调查和治理污染源、进行水质监测、调查和评价、制定水质规划目标、对污染排放进行总量控制等，其中按照水环境容量的大小进行污染排放总量控制是水质保护方面的重点。

水资源保护的目标，在水量方面，必须保证生态用水，不能因为经济社会用水量的增加而引起生态退化、环境恶化以及其他负面影响。在水质方面，要根据水体的水环境容量来规划污染物的排放量，不能因为污染物超标排放而导致饮用水源地受到污染或危及其他用水的正常供应。

2. 水资源保护的任务

随着水利事业的不断发展，现代人们对水资源的利用和调动能力越来越高，造成水的时空分布和人类对水的时空需求的矛盾也更趋尖锐。人口骤增、社会经济发展、需水量迅速增长，并且用水量集中在大城市、工业园区和经济开发区，使得水资源需求量在地域上不均衡；人类的大规模生产活动，如开矿修路、砍伐树木、垦荒种林、超采地下水等，致使土壤侵蚀增强，泥沙淤塞河道，影响到自然环境，使得原本就时空分布不均衡的水资源更趋于严重。现今水资源的种种问题和水环境的不断恶化，使得水环境保护成了亟需解决问题，做到开发而不破坏，把对自然水体的污染和对环境的不利影响降低到最低限度。

3. 水资源保护的内容

水资源保护的主要内容包括水量保护和水质保护两个方面。水量保护主要是对水资源统筹规划、涵养水源、调节水量、科学用水、建设节水型社会等；水质保护主要是制定水质规划，采取防止水污染措施。水资源保护的具体工作内容包括制定水环境保护法规和标准；进行水质调查、监测与评价；研究水体中污染物质迁移、污染物质转化和污染物质降解、水体自净作用的规律；建立水质模型，制定水环境规划；实行科学的水管理。水资源保护工程的内容可概括为 3 个方面。

（1）发挥水资源工程作用。经济社会发展使现代水资源工程规模巨大，对自然环境影响强烈。因此，在规划水资源，发挥水资源工程作用时，要在改善水质、改造气候、保护环境、调配水体等方面，综合考虑工程的经济效益及短期效应，同时预测工程的环境影响和长期效应，以确定适宜的服务对象或服务年限，使水资源的循环和存储结构更符合人类的要求。

（2）对污染进行综合治理。主要是指改进生活用水方式和生产工艺，减少污水和废水的生成量，处理生活污水和工业废水，控制其向自然水体的排放标准。

（3）开展水土保持，防止水土流失。水土流失或称土壤侵蚀，是地表土壤在各种自然和人为因素的影响下，受水力、风力等作用发生的移动和破坏现象。在农业生产方面，水土流失不仅会冲走土壤、肥料，降低土壤需水保墒能力，引起地力减退，产量降低，还会使细沟、浅沟逐年加深扩张，把原来的地形切割得支离破碎。在水力方面，水土流失会引起泥沙淤积河流、水库、渠道，加重洪涝、旱灾，影响水利资源开发利用，给水利工程建设与管理带来许多困难。因此，水土流失始终威胁着人类居住的环境，涵养水源，保护河流、湖泊等的蓄水容积，控制河道径流的起伏变化，搞好水土保持工作，对发展农业生产，促进国民经济的全面发展都有着重要作用。

6.4 水资源保护规划

6.4.1 水资源保护概念

水资源保护，是指地表水和地下水水量与水质的保护与管理，即通过行政、法律、经济的手段，合理开发、管理和利用水资源，保护水资源，防治水污染、水源枯竭和水土流失，以满足社会经济可持续发展对淡水资源的需求。在水量方面，应全面规划、统筹兼顾、综合利用、讲求效益、发挥水资源的多种功能，并考虑生态环境保护与改善的需要。在水质方面，必须减少和消除有害物质进入水环境，防止污染和其他公害，加强对水污染防治的监督和管理，维持水质良好状态，实现水资源的合理利用与科学管理。

6.4.2 水资源保护的任务和内容

人口增长和工业生产发展给许多城市水资源和水环境保护带来很大压力。农业生产发展所需要的灌溉水量增加，对农业节水和农业污染控制与治理提出更高要求。实现水资源的有序开发利用、保持水环境的良好状态是水资源保护管理的重要内容和首要任务。水资源保护就是通过一系列水资源保护管理活动，保护水的质量和数量，满足水资源可持续利用的要求。它采取经济、法律、行政和科学的手段，合理地安排水资源开发利用，并对影响水资源的经济属性和生态属性的各种行为进行干预活动，以维持水资源的正常经济使用功能和生态功能。水资源保护贯穿于水资源工作的各个方面，从水资源保护需要出发，应考虑对取水、用水、排水实施全过程管理，包括水质、水量和水环境保护三个方面。

为实现水资源保护，需要合理调整影响水资源的因素，包括自然因素和人为因素。自然因素的影响，主要是通过兴修水利，调节径流，改变水的储存形态、时空分布等措施来进行保护，也即对水资源的合理开发利用。人为因素影响的控制，就是要保证人们在开发利用水资源和其他资源的同时保护水资源。水资源保护的对象主要是水资源的功能。水资源既有经济功能，又有生态功能，要保障水资源的持续利用就是要维持水资源的各种功能。具体内容包括：水资源水量、水质的监测、评价，水环境功能区的划定，水资源保护规划的编制，水资源保护的监督管理，水体的综合整治，污染的治理，控制污水排放，清洁生产和节约用水等。

6.4.3 水资源保护规划

6.4.3.1 规划内容

《中华人民共和国水法》第十四条规定，开发、利用、节约、保护水资源和防治水害，应当按照流域、区域统一制定规划，同时明确规定水资源保护规划是流域规划和区域规划所包括的专业规划之一。我国从 1983 年开始，在传统的江河流域规划中增加了水资源保护的内容。各流域机构会同省市水利、环保部门开展了长江、黄河、淮河、松花江、辽河、海河、珠江等七大江河流域水资源保护规划。

2000 年，水利部在全国布置开展水资源保护规划编制工作，2003 年根据规划成果印发了《全国水资源保护规划初步报告》。目前，水资源保护规划纳入全国水资源综合规划进行编制。

水资源保护规划的内容主要包括：在调查分析河流、湖泊、水库等污染源分布、排放量和方式等情况的基础上，与水文状况和水资源开发利用情况相联系，利用水质模型等手段，探索水质变化规律，评价水质现状和趋势，预测各规划水平年的污染状况；划定水体功能分区的范围和确定水质标准，按功能要求制定环境目标，计算水环境容量和与之相应的污染物消减量，并分配到有关河段、地区、城镇，提出符合流域或区域的经济合理的综合防治措施：结合流域或区域水资源开发利用规划，协调干支流、左右岸、上下游、地区之间的水资源保护；水质水量统筹安排，对污染物的排放实行总量控制，单项治理与综合治理相结合，管理与治理相结合。

6.4.3.2　规划原则

制定水资源保护规划应遵循的基本原则主要有：可持续发展原则，全面规划、统筹兼顾、重点突出的原则，水质与水量统一规划、水资源与生态保护相结合的原则，地表水与地下水统一规划原则，突出与便于水资源保护监督管理原则。

6.4.3.3　规划编制步骤

水资源保护规划编制是一个反复协调决策的过程，通过这个过程，寻求统筹兼顾的最佳规划方案。一个实用性的最佳规划方案应该使整体与局部、局部与局部、主观与客观、现状与远景、经济与水质、需要与可能等各方面协调统一，在具体工作中往往表现为社会各部门各阶层之间的协调统一。概括起来，规划过程可分为 4 个环节，即规划目标确定、建立模型、模拟优化以及评价决策。每个环节都有各自相应的工作重点，且各环节的工作内容又是相互穿插和反复进行的。具体编制水资源保护规划报告时，其工作步骤一般分以下 3 个阶段。

1. 第一阶段

收集与整理现有的数据、资料、报告及总结过去的工作，内容涉及以下方面。

(1) 自然条件。地理位置、地形地貌、气候气温、降雨量、风向、面积与分区等。

(2) 人口状况。城市人口、乡镇人口、常住人口、流动人口，人口密度与空间分布、自然增长率、人口预测等。

(3) 城市建设总体规划。城市的规模、性质，城镇体系(如规划市区、卫星城或县城、中心镇、一般建制镇等)，城市建设用地性质(居民住宅、公共建筑、工业等)。

(4) 社会经济发展现状及预测。包括国内生产总值、工业结构、产值分布、产业结构、不同产业的分布特征、工业发展速度(现状与预测值)、国内生产总值的发展速度等。

(5) 环境污染与水资源保护现状。污染源、污染性质、污染负荷、水体特征(水文的、水力的)、水质监测状况(布点、监测频率、监测因子)及历年统计资料、数据与结果。

(6) 水资源保护目标、标准及水功能区划分状况。水功能区划是指结合区域水资源开发利用现状和社会需求,科学合理地在相应水域划定具有特定功能、满足水资源合理开发利用和保护要求并能够发挥最佳效益的区域(即水功能区),它有水资源保护类别及确定的水质目标,是水资源保护规划的基础。根据对现有的数据和资料的收集、归类与初步分析,应确定尚需补充收集的数据与资料,并制订补充取样分析、监测的计划。在此阶段还应确定规划水域。

2. 第二阶段

(1) 建立数据管理系统地理信息系统,将适宜的有关数据、技术参数及资料输入上述系统,提出尚需补充的数据及资料。

(2) 确定各类污染源及污染负荷,包括工业废水污染源、农村污染源、生活污水污染源、城市粪便量、雨水量及初期暴雨径流量挟带的污染物量。

(3) 模型选择、采用、校正与检验。在水资源保护规划中,需采用模型进行水量、水质预测,并对推荐规划方案进行优化决策,以达到最小费用。目前一般采用多参数综合决策分析模型或最小费用模型,这类模型需要输入各种费用数据及水资源质量参数等。

(4) 酝酿制定可能的推荐规划方案,提出解决水环境污染及改善水质的战略、途径、方法与措施,对制定长期的水资源保护战略提出意见和建议。

3. 第三阶段

规划方案确定及实施计划安排如下。

(1) 应提出各种战略、对策及解决问题措施的清单。

(2) 对提出的规划方案进行技术、经济分析,以达到技术经济合理性。如果通过模型的模拟运行计算和分析,达不到既定水质目标、技术上不可行或经济上不合理,则需要提出在技术、经济上更为可行的规划方案,通过多次计算后制定出推荐的规划方案。

(3) 应制定各工程项目实施的优先顺序和实施计划(不同规划年各工程项目的实施计划)。

(4) 应对水资源保护与管理提出体制、法规、标准、政策等方面的意见和建议。最后还应考虑当地政府财政上的支撑能力,以期获得批准和实施。

6.4.3.4　规划的主要技术措施

水资源保护规划编制过程中，基本上采用系统工程的分析方法，但对其中各专题内容，可根据共、特性分别采用现状调查、类比分析、实测计算、历史比较、未来预测、可行性分析、系统分析、智能技术、决策技术、可靠性分析等方法。水资源保护规划中的主要技术措施包括水功能区划、水质监测、水质评价、水污染防治等。

第7章

生态补偿

生态保护外部性的产生源于有效补偿机制的缺失。生态补偿作为解决这一问题的关键途径，不仅具有显著的社会合理性，也具备经济上的合理性。在中国，多个地区已经开始实施相关的生态补偿政策，以促进生态环境保护与可持续发展。本章将首先阐释生态补偿基本概念，包括补偿的主体、客体、成本以及补偿的方式和领域，其次详细讨论生态补偿的必要性和合理性，特别是针对流域水生态系统的补偿机制，以及目前实践中采用的几种基本生态补偿类型。此外，本章还将探讨生态补偿的相关法律、法规及政策，以及在实施过程中遇到的问题和挑战，旨在为建立完善的生态补偿机制提供理论和实践上的支持。

7.1 生态补偿的基本概念

7.1.1 广义的生态补偿概念

生态系统具有多种服务功能，可以通过适当的方法估算这些服务功能的价值。广义的生态补偿概念可以从多个维度进行理解和阐述，是指特定的社会经济系统对其所消费（消耗）的生态服务功能的成本予以弥补或偿还的行为，既包括对生态系统和自然资源保护所付成本的补偿、奖励或破坏生态系统和自然资源所造成损失的赔偿，也包括对造成环境污染者的收费。这种补偿机制旨在促进资源的可持续利用，保护生态环境，实现人与自然和谐共生。

1. 补偿主体

生态补偿主体是指消费（消耗）生态服务功能的人类社会经济活动的行为主体。如果这一行为主体可以明确界定，那么生态补偿的主体也可以明确界定；如果行为主体无法明确界定，那么生态补偿的主体就是处于特定地理空间内的整个社会经济系统。

2. 补偿客体

生态补偿的客体是指为特定社会经济系统提供生态服务功能或生态现状受到人类活动的影响和损害的生态系统。由于生态系统的空间连续性和人类社会经济系统的地理分割性，生态补偿主体和客体之间通常是不对称的，即生态系统受到影响和损害的范围通常会超出补偿主体所处的地理空间。例如跨界河流的水污染、沙尘暴、森林火灾、外来生物入侵、海洋污染、大气污染、温室气体排放等生态环境问题，都带有显著的国际性和全球性。

3. 补偿成本

生态补偿成本不同于狭义的经济学意义上的"成本"，而是基于生态伦理之上的"生态成本"。狭义的"经济成本"通常只考虑人类投入的直接成本，很少考虑与其相关的间接成本和社会成本，更不考虑自然力所投入的"自然成本"。例如在农业生产中，人们往往只计算犁地、播种、浇水、施肥、植保、收割等环节的"显性成本"，却无视阳光、降雨、植物光合作用等自然力投入的"隐性成本"。人们长期以来信奉"劳动创造财富"的信条，认为只有凝结了人类抽象劳动、具有交换价值的商品才有价值，否则就没有价值。但自然界的客观真理是"资源是财富之母，劳动是财富之父"，即资源或商品的价值中不仅包括人类的"劳动成本"，而且还包括了大量的"自然成本"，可称之为"生态成本"。

在生态成本中，一些可更新的、非稀缺性的资源成本一般不需要补偿，如太阳能、风能等；但对于稀缺性的或不可再生的资源成本，则必须予以补偿，如水资源、森林资源等，否则就会损害生态系统的可持续性。对于所利用或所消耗的生态成本的补偿额度就形成了补偿成本。

7.1.2　流域水生态补偿

流域水生态系统是指特定流域范围内与水资源相关的生态与环境系统。流域水生态补偿是指流域内从事生态保护和建设的行为主体、享受水生态效益的行为主体、影响和损害生态系统现状的行为主体，按其投入、受益、损害的情况，分别获得成本补偿、支付生态成本、承担治理和修复责任的一种生态补偿机制。流域水生态补偿既有一般意义上的生态补偿的共性，又有其本身的特性。

1. 补偿主体

流域水生态补偿主体可分为四个层次。

(1) 政府和公共财政。在无法明确界定水生态效益的受益主体或生态系统的损害主体的情况下，由各级政府按照管理权限，通过公共财政体系对生态系统进行治理和修复，或者对生态系统保护和建设主体的公益性成本给予相应的补偿。

(2) 可以明确界定的水生态效益受益主体的，按受益比例补偿生态成本。

(3) 可以明确界定的损害水生态系统的行为主体的，按损害程度承担治理和修复责任。

(4) 可以明确界定的对其他利益主体造成生态损害的行为主体的，按损害程度承担赔偿责任。

2. 补偿客体

流域水生态补偿客体可分为三个层次。

(1) 流域水生态系统，以国家授权的流域水资源与水环境保护机构为代表者和代言人。

(2) 从事水生态系统保护和建设，并向其他区域和其他利益主体转移水生态效益的行为主体。

(3) 因其他行为主体的社会经济活动而受到水生态环境损害的利益主体。

3. 补偿领域

由于生态系统的复杂性和生态服务功能的多样性，流域水生态补偿的领域界定为与水量、水质和水生态相关的社会经济活动。

4. 补偿成本

水生态补偿成本应在综合考虑“自然成本”和“人类劳动成本”对水生态效益的贡献率，并在充分考虑补偿主体的实际承受能力或主、客体双方协商一致的基础上合理确定。

5. 补偿方式

公益性的或难以明确界定补偿主体的生态成本，以政府为主体，以公共财政为主渠道予以补偿。

可以明确界定补偿主体的生态成本，按市场机制予以补偿。但是，不论是“补偿”还是“赔偿”，都不可避免地带有一定的强制、被动和惩罚的性质，可能引发主客体之间的对立、对抗和利益冲突，不利于和谐流域、和谐社会的建设。为了使生态补偿从被动向主动转变，从对立向对话转变，从强制向自愿转变，从惩罚向激励转变，从冲突向合作转变，建立生态共建、环境共保、资源共享、经济共赢的流域水生态共建共享机制是一种最明智的选择。

7.2 生态补偿的相关法律、法规及政策

实施生态补偿需要有完善的政策法规支持，目前我国虽然还未建立一套相对完善的生态补偿政策体系和生态补偿机制，但已经制定和实施了不少与生态

补偿密切相关的政策法规，其中有一些为部门性的生态补偿政策，例如退耕还林、资源税等政策，而生态公益林补偿政策和森林资源补偿基金就是林业生态补偿政策。这些与生态补偿问题密切相关的国家政策，是研究建立国家生态补偿政策和生态补偿机制的基础，具有重要的参考价值。

7.2.1 生态环境补偿费政策

1990年国务院颁布了《国务院关于进一步加强环境保护工作的决定》(国发〔1990〕65号)，提出要按照“谁开发谁保护，谁破坏谁恢复，谁利用谁补偿，开发与保护并重”的方针，认真保护和利用自然资源，积极开展跨部门的协作，加强资源管理和生态建设，做好自然资源保护工作。随后在印发的中办发〔1992〕7号文件中明确提出：“运用经济手段保护环境，按照资源有偿使用的原则，要逐步开征资源的利用补偿费。”1993年国务院召开了“晋、陕、内蒙古接壤地区能源开发保护现场会”，提出要建立生态环境补偿机制。原国家环保总局随后发布了《关于确定国家环保总局生态环境补偿费试点的通知》，确定了14个省(自治区)的18个市、县(区)为试点单位，开展了有组织地征收生态环境补偿费的试点工作。征收生态环境补偿费的主要目的是利用经济激励手段，促使生态环境的使用者、开发者和消费者保护和恢复生态环境，保证资源的永续利用，有效制止和约束自然资源开发利用中损害生态环境的经济行为。同时，征收生态环境补偿费也可以弥补生态环境保护资金的不足。其征收对象主要是那些对生态环境造成直接影响的组织和个人。征收范围包括矿山开发、土地开发、旅游开发、自然资源开发、药用植物开发和电力开发等。征收主体是环境保护行政主管部门，所增收的补偿费纳入生态环境补偿基金，用于生态环境的保护、治理和恢复。征收方式多元化，可按投资总额、产品销售总额付费、按单位产品收费、使用者付费和抵押金收费等方式征收生态环境补偿费。

7.2.2 退耕还林(草)政策

长期以来，以粮为纲的国家农业发展战略造成了严重的生态破坏问题，特别是在长江、黄河等江河上游地区，由于常年的毁林开荒，使得上游生态环境遭到严重破坏，水源涵养功能下降，水土流失问题严重。为此，国家在粮食储备富足的情况下决定逐步推广“退耕还林”政策。1999年国家首先在四川省、陕西省和甘肃省开展了“退耕还林”的试点工作，积累经验，并在3年后制定了退耕还林的10年规划。2002年12月，国务院颁布了《退耕还林条例》，并于2003年在全国实施退耕还林(草)政策。

退耕还林必须坚持生态优先。退耕还林应当与调整农村产业结构，发展农村经济，防治水土流失，保护和建设基本农田，提高粮食单产，加强农村能源建设，实施生态移民相结合。政策引导和农民自愿退耕相结合，谁退耕、谁造林、谁经营、谁受益；遵循自然规律，因地制宜，宜林则林，宜草则草，综合治理，逐步改善退耕还林者的生活条件。

我国的退耕还林政策规定：对退耕的农户和地方政府分别进行补偿，补偿期限一般为5～8年。在黄河上游地区，对退耕还林农户的补偿标准为退耕还林土地补偿粮食100 kg/亩或140元/亩，并补助种苗费50元和管护费20元；长江上游地区的补偿标准为退耕还林土地补偿粮食150 kg/亩或210元/亩，并补助种苗费50元和管护费20元。对地方政府因退耕还林受到的损失，由国家通过财政转移支付予以补偿。

7.2.3 生态公益林补偿金政策

为切实解决好生态公益林管护、抚育资金缺乏问题，并在一定程度上解决管护人员的经济收益问题，1998年修正通过的《中华人民共和国森林法》规定，国家建立森林生态效益补偿基金，用于提供生态效益的防护林和特种用途林的森林资源、林木的营造、抚育、保护和管理。随后，在2000年1月发布的《中华人民共和国森林法实施条例》中明确规定，防护林、特种用途林的经营者，有获得森林生态效益补偿的权利，从而使森林生产经营者获取补偿的权利合法化。2001年财政部会同原林业局下发《森林生态效益补助资金管理办法（暂行）》（财农〔2001〕190号），开始对生态公益林实施生态效益补偿。2004年《中央森林生态效益补偿基金管理办法》正式发布，明确提出为保护重点公益林资源、促进生态安全，财政部建立中央森林生态效益补偿基金。

中央补偿基金是对重点公益林管护者发生的营造、抚育、保护和管理支出给予一定补助的专项资金，由中央财政预算安排。中央补偿基金原则上待地方森林生态效益补偿基金安排后再予以安排。中央补偿基金平均补偿标准为5元/（年·亩），其中4.5元用于补偿性支出，0.5元用于森林防火等公共管护性支出。补偿性支出用于重点公益林专职管护人员的劳务费或林农的补偿费，以及管护区内的补植苗木费、整地费和林木抚育费。公共管护支出用于按江河源头、自然保护区、湿地、水库等区域区划的重点公益林的森林火灾预防与扑救、林业病虫害预防与救治、森林资源的定期定点监测支出。

7.2.4 天然林保护工程

天然林保护工程从1998年开始试点，主要为天然林管护、造林以及为林场职工提供有关资金补偿。天然林保护工程的目的是要通过解决以天然林砍伐为主要生产方式和谋生手段的林场职工的问题，彻底、有效地实现对天然林资源的保护。具体而言，天然林保护工程主要是保护长江上游、黄河中上游和东北、内蒙古等地的天然林。2000年10月，国务院正式批准了《长江上游黄河中上游地区天然林资源保护工程实施方案》和《东北内蒙古等重点国有林区天然林资源保护工程实施方案》，整个工程的规划期到2010年。方案确定的补偿标准如下。

1. 森林资源管护，按每人管护5 700亩，每年补助1万元。

2. 生态公益林建设，飞播造林每亩补助50元；封山育林每亩每年14元连续补助5年；人工造林长江流域每亩补助200元，黄河流域每亩补助300元。

3. 森工企业职工养老保险社会统筹，按在职职工缴纳基本养老金的标准予以补助，因各省情况不同，补助比例有所差异。

4. 森工企业社会性支出，教育经费每人每年补助1.2万元；公检法司经费每年补助1.5万元；医疗卫生经费，长江黄河流域每人每年补助6 000元、东北内蒙古等重点国有林区每人每年补助2 500元。

5. 森工企业下岗职工基本生活保障费补助，按各省（区、市）规定的标准执行。

6. 森工企业下岗职工一次性安置，原则上按不超过职工上一年度平均工资的3倍，发放一次性补助，并通过法律解除职工与企业的劳动关系，不再享受失业保险。

7. 因木材产量调减造成的地方财政减收，中央通过财政转移支付方式予以适当补助。

7.2.5 退牧还草政策

由于过度放牧和超载，我国天然草场的退化、沙化、荒漠化等生态环境问题十分严重。为修复草原生态环境，我国采取了一系列的政策措施来缓解经济活动对草场的压力，其中“退牧还草”就是一项非常具有代表性的生态补偿政策。2003年，国家发展和改革委员会、粮食局、西部开发办公室、财政部、农业部、国家林业局、工商总局和中国农业发展银行8部门联合下发了《退牧还草和禁牧舍饲陈化粮供应监管暂行办法》(国粮调〔2003〕88号)，其主要内容如下。

“退牧还草”主要目的是保护和恢复西北、青藏高原和内蒙古的草地资源，以及治理京津风沙源。补偿方式是为牧民提供粮食补偿。“退牧还草”饲料粮(指陈化粮)补助标准为内蒙古、甘肃、宁夏西部荒漠草原、内蒙古东部退化草原、新疆北部退化草原按全年禁牧每亩每年补助饲料粮5.5 kg，季节性休牧按休牧3个月计算，每亩每年补助饲料粮1.375 kg。青藏高原东部江河源草原按全年禁牧每亩每年补助饲料粮 2.75 kg，季节性休牧按休牧 3 个月计算，每亩每年补助饲料粮 0.69 kg。京津风沙源治理工程禁牧舍饲项目饲料粮（指陈化粮）补助标准为内蒙古北部干旱草原沙化治理区及浑善达克沙地治理区每亩每年补助饲料粮 5.5 kg，内蒙古农牧交错带治理区、河北省农牧交错区治理区及燕山丘陵山地水源保护区每亩地每年补助饲料粮 2.7 kg。"退牧还草"和京津风沙源治理工程的饲料粮补助期限均为 5 年。

7.2.6 生态移民政策

生态移民是为了保护一个地区特殊的生态或者让一个地区的生态得到修复而进行的移民。根据国家发展改革委国土开发与地区经济研究所对中国生态移民问题的有关研究，生态移民包括生态脆弱区移民和重要生态区移民两种。例如甘肃、宁夏于 20 世纪 80 年代开展的吊庄移民和近年内蒙古牧区的生态移民就属于前者，而"三江源国家级自然保护区"的生态移民则属于后者。

我国实施真正意义的生态移民始于 2000 年，计划将西部地区 700 万农民通过移民来促其脱贫。中国生态移民的扶贫移民开发按照群众自愿、就近安置、量力而行、适当补助四项原则进行。在充分尊重民意、尊重风俗习惯基础上进行移民。对符合移民条件的迁移户，国家给予专项补偿。不同省份情况不同，补偿标准也有所不同。如宁夏六盘山移民的标准为：易地搬迁的投资标准为人均 3 500～4 000 元，基础建设的人均补偿标准为 2 500～3 000 元，移民建房补偿标准为人均 1 000 元。甘肃移民安置中，安置一个移民安排资金的标准为 3 000 元左右。此外，在土地、户籍等政策上，对生态移民也有相应的优惠和扶持政策。

7.2.7 矿产资源开发的有关补偿政策

1997 年开始实施的《中华人民共和国矿产资源法》明确规定：开采矿山资源，应当节约用地。耕地、草地、林地因采矿受到破坏的，矿山企业应当因地制宜地采取复垦利用、植树种草或者其他利用措施。开采矿产资源给他人生产、生活造成损失的，应当负责赔偿，并采取必要的补救措施。同时，《中华人民共和国矿产资源法实施细则》对矿山开发中的水土保持、土地复垦和环境保护的具体要求作出了规定，对不能履行相关责任的采矿人，要向有关部门缴纳履行上述责任所需的费用，即矿山开发的押金制度。目前能够真正实施矿产资源开发押金制度的地方还很有限，除浙江等地实施较好外，多数地区主要以青苗补助和房屋占用赔偿的方式解决矿山资源开发中的有关补偿问题。

我国生态补偿相关法律、法规及政策汇总如下。

表 7.2-1　生态补偿相关法律

名称	颁布机关	颁布日期
1.《中华人民共和国环境保护法》	全国人民代表大会常务委员会	1989 年 12 月 29 日
2.《中华人民共和国水污染防治法》	全国人民代表大会常务委员会	1984 年 5 月 11 日
3.《中华人民共和国防沙治沙法》	全国人民代表大会常务委员会	2001 年 8 月 31 日
4.《中华人民共和国水土保持法》	全国人民代表大会常务委员会	1991 年 6 月 29 日
5.《中华人民共和国农业法》	全国人民代表大会常务委员会	1993 年 7 月 2 日
6.《中华人民共和国草原法》	全国人民代表大会常务委员会	1985 年 6 月 18 日
7.《中华人民共和国土地管理法》	全国人民代表大会常务委员会	1986 年 6 月 25 日
8.《中华人民共和国水法》	全国人民代表大会常务委员会	1988 年 1 月 21 日
9.《中华人民共和国大气污染防治法》	全国人民代表大会常务委员会	1987 年 9 月 5 日
10.《中华人民共和国森林法》	全国人民代表大会常务委员会	1984 年 9 月 20 日
11.《中华人民共和国农村土地承包法》	全国人民代表大会常务委员会	2002 年 8 月 29 日
12.《中华人民共和国清洁生产促进法》	全国人民代表大会常务委员会	2002 年 6 月 29 日
13.《中华人民共和国野生动物保护法》	全国人民代表大会常务委员会	1988 年 11 月 8 日
14.《中华人民共和国矿产资源法》	全国人民代表大会常务委员会	1986 年 3 月 19 日
15.《中华人民共和国渔业法》	全国人民代表大会常务委员会	1986 年 1 月 20 日
16.《中华人民共和国水污染防治法实施细则》	全国人民代表大会常务委员会	2000 年 3 月 20 日
17.《中华人民共和国煤炭法》	全国人民代表大会常务委员会	1996 年 8 月 29 日

续表

名称	颁布机关	颁布日期
18.《中华人民共和国节约能源法》	全国人民代表大会常务委员会	1997年11月1日
19.《中华人民共和国海洋环境保护法》	全国人民代表大会常务委员会	1982年8月23日
20.《中华人民共和国固体废物污染环境防治法》	全国人民代表大会常务委员会	1995年10月30日
21.《国家建设征用土地条例》	全国人民代表大会常务委员会	1982年5月14日
22.《国家建设征用土地办法》	全国人民代表大会常务委员会	1958年1月6日

表7.2-2 生态补偿相关行政法规和规范性文件

名称	颁布机关	颁布日期
1.《中华人民共和国水土保持法实施条例》	国务院	1993年8月1日
2.《退耕还林条例》	国务院	2002年12月14日
3.《中华人民共和国自然保护区条例》	国务院	1994年12月1日
4.《中华人民共和国土地管理法实施条例》	国务院	1998年12月27日
5.《城市绿化条例》	国务院	1992年6月22日
6.《土地复垦规定》	国务院	1988年11月8日
7.《国务院办公厅转发全国绿化委员会、林业部关于治沙工作若干政策措施意见的通知》	国务院	1991年8月29日
8.《国务院关于环境保护若干问题的决定》	国务院	1996年8月3日
9.《国务院关于印发全国生态环境建设规划的通知》	中共中央、国务院	1998年11月7日
10.《中共中央、国务院关于保护森林发展林业若干问题的决定》	国务院	1981年3月8日
11.《国务院关于加强草原保护与建设的若干意见》	国务院	2002年9月16日
12.《国务院关于开展全民义务植树运动的实施办法》	国务院	1982年2月27日
13.《关于进一步完善退耕还林政策措施的若干意见》	国务院	2002年4月11日

续表

名称	颁布机关	颁布日期
14.《中华人民共和国海洋石油勘探开发环境保护管理条例》	国务院	1983年12月29日
15.《中华人民共和国防治陆源污染物污染损害海洋环境管理条例》	国务院	1990年5月25日
16.《淮河流域水污染防治暂行条例》	国务院	1995年8月8日
17.《国务院关于加强城市供水节水和水污染防治工作的通知》	国务院	2000年11月7日
18.《蓄滞洪区运用补偿暂行办法》	国务院	2000年5月23日
19.《长江三峡工程建设移民条例》	国务院	2001年2月21日
20.《中华人民共和国对外合作开采海洋石油资源条例》	国务院	1982年1月30日
21.《基本农田保护条例》	国务院	1998年12月24日
22.《中华人民共和国矿产资源法实施细则》	国务院	1994年3月26日
23.《河道管理条例》	国务院	1988年6月10日
24.《乡镇煤矿管理条例》	国务院	1994年12月20日
25.《中华人民共和国水污染防治法实施细则》	国务院	2000年3月20日
26.《石油及天然气勘查、开采登记管理暂行办法》	国务院	1987年12月16日
27.《森林和野生动物类型自然保护区管理办法》	国务院	1985年7月6日
28.《森林防火条例》	国务院	1988年1月16日
29.《取水许可制度实施办法》	国务院	1993年8月1
30.《矿产资源监督管理暂行办法》	国务院	1987年4月29日
31.《中华人民共和国土地增值税暂行条例》	国务院	1993年12月13日
32.《中华人民共和国城镇土地使用税暂行条例》	国务院	1988年9月27日
33.《中华人民共和国资源税暂行条例》	国务院	1984年9月18日
34.《全民所有制矿山企业采矿登记管理暂行办法》	国务院	1990年11月22日
35.《矿山资源勘查登记管理暂行办法》	国务院	1987年4月29日

表 7.2-3 生态补偿相关部门规章和规范性文件

名称	颁布机关	颁布日期
1.《国家环保总局关于西部大开发中加强建设项目环境保护管理的若干意见》	国家环境保护总局	2001 年 1 月 10 日
2.《国家发展和改革委员会、国家粮食局等八部门联合下发〈退牧还草和禁牧舍饲陈化粮供应监管暂行办法〉的通知》	国家发改委、国家粮食局等	2003 年 7 月 9 日
3.《关于发布〈摩托车排放污染防治技术政策〉的通知》	国家环境保护总局	2003 年 1 月 13 日
4.《畜禽养殖污染防治管理办法》	国家环境保护总局	2001 年 3 月 20 日
5.《排污费征收标准管理办法》	国家发展计划委员会、财政部、环境保护总局、经济贸易委员会	2003 年 2 月 28 日
6.《黄河下游引黄灌溉管理规定》	水利部	1994 年 12 月 1 日
7.《特大防汛抗旱补助费使用管理暂行办法》	财政部、水利部	1994 年 12 月 29 日
8.《占用农业灌溉水源、灌排工程设施补偿办法》	水利部、财政部、国家计委水政资	1995 年 11 月 13 日
9.《中华人民共和国陆生野生动物保护实施条例》	林业部	1992 年 3 月 1 日
10.《植物检疫条例实施细则(林业部分)》	林业部	1994 年 7 月 26 日
11.《渔业资源增殖保护费征收使用办法》	农业部、财政部、物价局	1988 年 10 月 31 日
12.《中外合作开采陆上石油资源缴纳矿区使用费暂行规定》	财政部	1990 年 1 月 15 日
13.《中华人民共和国水生野生动物保护实施条例》	农业部	1993 年 10 月 5 日
14.《陆生野生动物资源保护管理费收费办法》	林业部、财政部、国家物价局	1992 年 12 月 17 日
15.《中华人民共和国渔业法实施细则》	农牧渔业部	1987 年 10 月 20 日
16.《中华人民共和国森林法实施细则》	林业部	1986 年 5 月 10 日

表7.2-4 生态补偿相关的地方法规和规范性文件

名称	颁布机关	颁布日期
1.《北京市实施〈中华人民共和国水土保持法〉办法》	北京市人民代表大会常务委员会	1992年6月19日
2.《北京市森林资源保护管理条例》	北京市人民代表大会常务委员会	1999年9月16日
3.《北京市水利工程保护管理条例》	北京市人民代表大会常务委员会	1986年4月30日
4.《北京市退耕还林补助粮食从9月份开始增加供应大米品种》	北京市粮食局	2003年8月29日
5.《北京市实施〈占用农业灌溉水源、灌排工程设施补偿办法〉细则》	北京市水利局、财政局、计划委员会、物价局	1997年10月22日
6.《天津市河道采砂取土收费管理实施细则》	天津市水利局、财政局、物价局	1993年3月1日
7.《内蒙古自治区水土流失防治费征收使用管理办法》	内蒙古自治区人民政府	1995年11月15日
8.《浙江省水资源管理条例》	浙江省第九届人民代表大会常务委员会	2002年10月31日
9.《浙江省占用农业灌溉水源、灌排工程设施补偿实施细则》	浙江省水利厅办公室	1998年8月4日
10.《江西省鄱阳湖湿地保护条例》	江西省第十届人民代表大会	2003年11月27日
11.《福建省水利建设基金筹集和使用管理实施细则》	福建省人民政府	1997年9月22日
12.《甘肃省水资源费征收和使用管理暂行办法》	甘肃省人民政府	1997年10月5日
13.《广东省水土保持补偿费征收和使用管理暂行规定》	广东省人民政府	1995年11月13日
14.《河南省水利建设基金筹集和使用管理实施意见》	河南省人民政府	1997年9月9日
15.《湖南省大中型水库移民条例》	湖南省人大常委	2002年11月29日
16.《吉林省水土流失补偿费征收、使用和管理办法》	吉林省物价局、财政厅、农业厅、水利厅	1995年4月25日

7.2.8 存在的问题

中国的许多法规和政策文件中都规定了对生态保护与建设的扶持、补偿的要求及操作办法，但当前的法律法规体系还不完善，主要存在以下问题。

1. 各种政策法规大多只是关于单一要素的生态补偿，还没有专门针对生态补偿的统一性法规。在这些仅为单一生态要素或为实现某一生态目标而设计的政策中，不可避免地会带有强烈的部门性以及缺乏长期稳定性。这样在具体执行过程中就会遇到很多的问题，如部门间的利益难协调，补偿对象（农、牧民）的利益得不到保障等。从我国目前的情况来看，各项政策的设计虽然从不同角度对生态补偿问题给予了一定的关注，但由于缺乏统一的综合性生态补偿机制来总体调度，使得各项政策的互补作用和实施效果不够理想。生态系统是一个复合系统，不是各种单一生态要素的简单叠加，要实现生态补偿的目的，需要从维护整个生态系统生态服务功能的角度出发，设计专门的生态补偿政策。

2. 对各利益相关者的权利、义务、责任的界定和补偿内容、方式和标准的规定不够明确。补偿是多个利益主体（利益相关者）之间的一种权利、义务、责任的重新平衡过程。实施补偿首先要明确各利益主体之间的身份和角色，并明确其相应的权利、义务和责任内容。目前涉及生态保护和生态建设的法律法规，都没有对利益主体做出明确的界定和规定，对其在生态环境方面具体拥有的权利和必须承担的责任仅限于原则性的规定，强制性补偿要求少而自愿补偿要求多，导致各利益相关者很难根据法律界定自己在生态环境保护方面的责、权、利关系，致使生态环境保护中的"公地悲剧"现象无法消除。

3. 立法落后于生态保护和建设的发展，对新的生态问题和生态补偿机制缺乏有效的法律支持。社会发展日新月异，新的生态问题、管理模式和经营理念也层出不穷，有些很快就成为生态保护与建设的重点内容或发展方向，应该尽快纳入国家管理范畴。而法律法规由于立法过程旷日持久，问题考虑面面俱到，往往远远落后于生态问题的出现和生态管理的发展速度。

4. 一些重要法规对生态保护和补偿的规范不到位。《中华人民共和国矿产资源法》尽管规定了"矿产资源开发必须按国家有关规定缴纳资源税和资源补偿费"，并明确要求矿产资源开发应该保护环境、帮助当地人民改善生产生活方式，对废弃矿区进行复垦和恢复，但在财政部和国土资源部联合发布的《矿产资源补偿费使用管理办法》（财建〔2001〕809 号）中却没有将矿区复垦和矿区人们生产生活补偿列入矿产资源费的使用项目。《中华人民共和国水法》规定了水资源的有偿使用制度和水资源费的征收制度，各地也制定了相应的水资源费管理条例，但大多没有将水资源保护补偿和水土保持纳入水资源费的使用项目。

5. 法规的刚性规定需要一些因地制宜的柔性政策进行补充。由于中国幅员辽阔，东、中、西部自然条件和社会经济发展水平差异很大，在生态环境保护方面需要制定因地制宜的梯度政策，而法律的基本原则之一就是“法律面前人人平等”，难以实行差别化对待，更好保护“弱势地区”的权益。

6. 目前的政策法规大多是针对已经破坏了的生态系统，对其实施补偿，而缺乏一种主动地保护生态环境的机制。要想从根本上解决生态环境恶化的问题，必须主动地在生态环境未遭到破坏之前就对其进行有效保护，这就要求在进行人类活动之前，针对生态环境进行综合规划，寻求一种合理的机制，在保护生态环境的前提下发展生产。中国水利水电科学研究院开展的“新安江流域生态共建共享机制研究”在这方面进行了一个积极的探索，它通过对流域上下游经济发展和生态环境保护的科学分析和综合规划，创造性地提出了“流域生态共建共享”的概念，设计了一种流域范围内在发展经济的同时主动保护生态环境的机制，值得进一步研究和借鉴。

综合上述问题，中国建立完善的生态补偿法律法规体系还有很长的路要走，我国仍需要在实践中不断摸索，一方面积极开展生态补偿的具体实践；另一方面健全完善相关法制。开展具体工作是健全法制的基础，健全法制是为了能更好地开展生态补偿工作，最终能使生态补偿有坚实的法理基础和丰富的实践经验，在保护生态系统服务功能的前提下促进经济社会可持续发展。

7.3 生态补偿的类型

全球性的生态环境危机大致从20世纪60年代后期开始凸现，并随着人口增长和社会经济发展而不断加剧。近40年来，人们通常把主要精力用于生态环境保护和治理的研究，而生态补偿领域的研究则相对滞后。迄今为止，在生态补偿领域尚未建立科学、完整的理论体系，实践探索和经验总结也相对不足。

根据国内外在生态补偿方面的研究和实践，生态补偿的类型大致可分为以下六类。

1. 法规强制型

国家通过法律法规手段，对可以明确界定的资源环境使用主体征收资源环境税（费），用于对资源环境消耗的补偿。比如，对煤炭、石油、天然气、土地、森林、草原、矿产等资源的开发利用主体征收资源税（费），对废污水排放，温室气体排放，固体废物与垃圾堆放，有毒有害物质的排放，化肥、农药、电池、塑料的使用等行为主体征收环境税(费)。在水土保持方面,《中华人民共和国水土保持法》也明确规定,因基本建设项目造成或可能造成水土流失的,必须由项目法人承担水土流失防治费。

法规强制型生态补偿应具备五个基本前提:一是建立健全资源环境保护的法律法规体系;二是明确界定补偿主体;三是合理确定补偿税(费)及其对补偿主体的生产经营成本的影响;四是具备权威、高效的执法能力和监控计量手段;五是较低的执法管理体系总成本。

2. 赔偿惩戒型

对违反资源环境保护法规、超过国家强制执行的定额标准、造成资源浪费和环境污染(比如超计划、超定额用水,排污超标等)的行为主体,由相关执法部门处以罚款或累进加价收费;对造成生态破坏或污染事故,损害公共利益或其他社会成员利益的责任主体进行罚款或按损害程度责令其承担赔偿责任。实施赔偿惩戒型生态补偿的基本前提是:具备明确的执法依据,明确责任主体和受害主体,定量评价造成损失的价值,合理确定罚款、赔偿额和责任主体的承担能力,有效的强制执行手段。

3. 治理修复型

在流域或区域生态系统严重恶化、环境严重污染,但又难以明确界定相关责任主体或划分补偿责任的情况下,通常按照中央和地方的管辖权限,以各级政府为补偿主体,对受到严重破坏的生态环境进行修复和治理。如欧洲对多瑙河的治理,英国对泰晤士河的治理,我国对塔里木河、黑河、渭河、石羊河的治理,对"三河三湖"水污染的治理,以及白洋淀、南四湖、扎龙湿地的生态补水、太湖流域的"引江济太"等。在这种情况下,生态补偿的主体实质上是以政府为代表的整个社会经济系统。

4. 预防保护型

为了保护特定生态系统的现状,或者为了避免使现状生态环境质量较好的流域或区域重蹈"先破坏、后修复,先污染、后治理"的覆辙,以政府为主体,以公共财政为主渠道,受益者分担,全社会参与,加大对生态系统的保护和建设投入,以达到维持和改善生态环境质量,实现生态系统良性循环的目标。例如我国近年实施的退耕还林(还草),天然林保护,重要水源区保护,牧区实行舍饲圈养和轮牧、休牧、禁牧制度,加快污水处理设施建设,减少农业面源污染,建立各类生态保护区、自然保护区等。此外,有的国家和地区在销售商品时对废旧电池和有毒有害物品的包装物实行押金制度,以利于提高这些废旧物品的回收率,减少对环境的危害。预防保护型补偿是前瞻性的,主要着眼于未来的可持续发展,是"人与自然和谐相处"理念的具体体现。

5. 替代转让型

替代转让型补偿是指负有生态补偿责任的行为主体，通过各种间接的或替代的方式，以低于直接补偿的成本来履行其生态补偿义务。比如，按照《京都议定书》的规定，以1990年为基准，发达国家到2008年应平均削减温室气体排放量5.2%。但是，如果某个国家通过新增森林面积来固定一部分CO_2，就可以相应替代一部分削减指标。发达国家也可以通过经济技术援助，帮助发展中国家减少温室气体排放量，从而抵扣自己的削减指标。在一个国家内部，排污量大、减污指标和减污成本较高的企业，也可以到排污权市场上有偿购买排污权予以间接补偿等。这种补偿方式的基本前提是必须明晰资源环境使用权，建立健全资源环境市场。同时，替代成本或交易成本必须低于直接补偿成本。

6. 正向激励型

正向激励型补偿通过"政府引导、市场驱动、公众参与"的形式和"舆论导向、政策扶持、经济激励"的手段，动员全社会的力量投入生态环境保护和建设，以建设资源节约型和环境友好型社会为共同目标。如我国近几年来实施的生态示范县、示范区工程，生态工业园区示范工程，生态农业示范工程、循环经济示范区工程，节水型城市和节水型社会建设试点，以及生态省、生态市、生态县、生态村建设工程等。

与法规强制型和赔偿惩戒型补偿相比，预防保护型和正向激励型补偿从被动补偿转向主动补偿，从事后的"亡羊补牢"转向事前的"未雨绸缪"，这是一种发展观念的更新和质的飞跃。但是，由于长期以来形成的公共资源低价使用甚至无偿使用的观念很难在短期内彻底改变，政策措施和经济手段的正向激励力度也还十分有限，因此在今后相当长的一个时期内，还必须综合运用各种生态补偿形式，并以强制手段和经济手段为主。

7. 共建共享型

流域生态共建共享，就是通过上下游之间和流域内涉及的所有行政区之间的协商与合作，以全流域经济社会可持续发展和生态环境良性循环为共同目标，在协商一致的前提下，确定全流域生态环境保护和建设总体目标、各类分项指标、主要工程措施和非工程措施以及实施规划所需的总投入，定量分析各区域和特定市场主体所分享的公益性生态环境效益和直接经济效益，并按照受益比例分担生态环境保护和建设成本，最终达到生态共建、环境共保、资源共享、优势互补、经济共赢的目标。

流域生态共建共享机制的建立，将使流域内上下游之间和各区域之间的水事关系从对抗和冲突转向对话和协调，生态补偿形式从单向被动的补偿或赔偿转向双向主动的共建和分担，相互关系从封闭、分割转向开放、合作，最终实现经济一体化和区域经济社会高质量发展。

7.4 我国生态补偿进展

7.4.1 我国实施生态补偿的政府手段

7.4.1.1 财政政策

财政政策是调控整个社会经济的重要手段，主要通过经济利益的诱导改变区域和社会的发展方式。在我国当前的财政体制中，财政转移支付制度和专项基金对建立生态补偿机制具有重要作用。

1. 财政转移支付制度

财政转移支付是指上级政府对下级政府无偿拨付的资金，主要用于解决地区财政不平衡问题，推进地区间基本公共服务均等化，是政府实现调控目标的重要政策工具。这种转移支付以各级政府之间所存在的财政能力差异为基础，以实现各地基本公共服务水平的均等化为主旨。我国自 1994 年实施分税制以来，财政转移支付成为中央平衡地方发展和补偿的重要途径，如 2001 年中央财政收入和支出分别占全国财政收入和支出的 52.4%和 30.5%。巨额的财政转移支付资金为生态补偿提供了很好的资金基础，但生态补偿并没有成为财政转移支付的重点，不属于当前中国财政转移支付的 10 个最重要的因素(如经济发展程度、都市化程度、少数民族人口比例等)之列。以 1995—2000 年为例，得到中央财政补助最多的省份为广东、上海、江苏、辽宁等东部发达省份。

尽管如此，财政转移支付还是当前我国的最主要的生态补偿途径。制度上，我国财政部制定的《2003 年政府预算收支科目》中，与生态环境保护相关的支出项目约 30 项，其中具有显著生态补偿特色的支出项目，如退耕还林、沙漠化防治、治沙贷款贴息，占支出项目的三分之一。就支持力度而言，到 2002 年底，中央财政对西部地区的财政转移支付达到了 3 000 亿元，退耕还林、天然林保护、三北等重要防护林建设及京津风沙源治理、退耕还草等重点工程完成中央投资 409.95 亿元。

地方政府也在尝试采取灵活的财政转移支付政策，激励生态环境保护和建设。2004 年浙江省印发《浙江省生态建设财政激励机制暂行办法》，将财力补贴政策、环境整治与保护补助政策、生态公益林补助政策和生态省建设目标责任考核奖励政策等作为主要激励手段。该办法将生态建设作为财政补偿和激励的重点，将重要生态功能区作为补助的重点地区，明确了各项生态建设项目的补偿支持力度，并与生态建设责任目标考核相结合，将生态补偿、政府绩效和生态建设联系起来。广东省印发的《广东省环境保护规划》，将生态补偿作为促进协调发展的重要举措，采取积极的财政政策，补偿山区的生态环境保护。

2. 专项基金

专项基金是部门开展生态补偿的重要形式，国土、林业、水利、农业、环保等部门制定和实施了一系列项目，建立专项资金对有利于生态保护和建设的行为进行资金补贴和技术扶助，如农村新能源建设、生态公益林补偿、水土保持补贴和农田保护等。农业部1999年制定了《农村沼气建设国债项目管理办法(试行)》，规定对农村沼气建设项目进行补贴。林业部门建立了森林生态效益补偿基金，当前资金来源于各级政府预算，广东省和浙江省对国家级重点生态公益林补贴标准为每年120元/hm^2和105元/hm^2。水利部门联合财政部门制定了《小型农田水利和水土保持补助费管理规定》(财农字〔1998〕402号)，将“小型农田水利和水土保持补助费”的专项资金纳入国家预算，用于补贴扶持农村发展小型农田水利、防治水土流失、建设小水电站和抗旱等。

7.4.1.2 我国生态建设的重点工程

政府通过直接实施重大生态建设工程，不仅直接改变项目区的生态环境状况，而且对项目区的政府和民众提供资金、物资和技术的补偿。近年来，国家重点建设的生态工程包括退耕还林、天然林保护、退牧还草、三北防护林建设、京津风沙源治理等工程，这些工程的主要特点包括：(1)工程投资来源以政府财政支出特别是国家财政支出为主，投资规模大；(2)制定了相应的法律法规，如《退耕还林条例》，为项目长期稳定实施提供保障；(3)工程不仅包括生态建设与生态恢复的内容，还包括引导当地居民的生产生活方式转型，以减轻环境压力等。

7.4.2 我国生态补偿的市场手段

我国生态补偿的市场手段主要包括生态税费制度和市场交易模式。我国通过生态税费制度反映生态环境破坏的外部成本，引导社会经济发展方式，鼓励将生态环境保护的行为推向市场，利用市场交易模式实现其节约资源、保护生态环境的价值。

7.4.2.1 生态税费

理论上讲，生态税费是对生态环境定价，利用税费形式征收开发造成生态环境破坏的外部成本。生态税费的根本目的是规范保护生态环境、减少环境污染和生态破坏的行为，而不是创造收入。税费体制和财政政策结合在一起，可以从根本上改变市场信号，是建立生态经济最有效的手段。在生态补偿领域里，生态税费初期可以为生态保护和建设筹措到必要的资金，使生态环境破坏的外部成本内部化，而长远目的也与生态税费的根本目标完全一致。

1. 生态补偿费的实践

生态补偿费是以防止生态环境破坏为目的，以从事对生态环境产生或者可以产生不良影响的生产、经营、开发者为对象，以生态环境整治及恢复为主要内容，以经济调节为手段，以法律为保障条件的环境管理制度。生态环境补偿费属于边际外部成本中生态破坏损失，是排污费的补充。我国最早的生态环境补偿费实践始于 1983 年，在云南省对磷矿开采征收覆土植被及其他生态环境破坏恢复费用。20 世纪 90 年代中期进入实践高峰，广西、福建等 14 个省 145 个县市开始试点，1993 年征收范围包括矿产开发、土地开发、旅游开发、自然资源、药用植物和电力开发等六大类。征收方式主要有按项目投资总额、产品销售总额、产品单位产量征收，按生态破坏的占地面积征收，综合性收费和押金制度六种。征收标准有固定收费和浮动(按比例)收费两种。生态补偿费的征收实践直接效果就是为生态恢复和环境建设开拓了比较稳定的投资来源，其长远意义则是将资源开发和项目建设的外部成本纳入其本身会计成本，从而体现了生态环境的价值，也反映了政府对发展思路的引导，这对完善市场机制，实现布朗所推崇的“生态经济”具有重要意义。作为一种新的生态环境管理手段，生态补偿费在出现的初期存在许多问题，主要有：缺乏严格的法律依据；征收标准和范围不统一；征收方式不合理，基本上采取“搭车收费”的方式；管理不严格，资金的收取和使用都存在很大漏洞，并没有完全用于生态恢复和补偿等。尽管如此，生态补偿费实践的经验与反映的科学问题对完善生态环境管理产生了很好的促进作用，为生态税的设置进行了铺垫。

尽管系统的生态补偿费政策没有得到全面实施，其中的押金制度却在两个领域得到贯彻，一个是矿产资源开发的复垦押金制度，另外一个就是耕地占用开垦的押金制度。

2. 排污费和资源费的实践

我国 1978 年开始提出实施排污收费制度，1979 年颁布的《中华人民共和国环境保护法(试行)》以法律的形式肯定了这项制度。此后的《中华人民共和国大气污染防治法》、《中华人民共和国水污染防治法》、《中华人民共和国固体废弃物污染环境防治法》和《中华人民共和国环境噪声污染防治法》都对该项制度做了法律上的规定。经过 20 多年的发展，排污费制度已经成为一项比较成熟且行之有效的环境管理制度，在我国得到全面实施。20 多年来，排污费制度对促进社会削减污染、增强人们环保意识、加快环保设施建设和提高环保监管能力等方面发挥了重要作用。目前的主要问题在于征收标准过低，没能完全达到刺激企业削减污染的效果；使用方向过于狭窄，当地征收的排污费主要用于当地的污染物处理设施建设，不能从优化整个区域（流域）环境质量的角度出发，通盘考虑环保基金的使用，从而导致与生态补偿关系最密切的收费项目不能发挥生态补偿的效用。

征收资源费是因为自然资源具有稀缺性，其超额价值应该为公众和国家所有，属于外部边际成本的一部分。在我国的资源类法律中，都强调了资源有偿使用，体现这一原则的主要方式就是由各管理部门代表国家征收资源费，包括矿产资费、水资源费、耕地占用费等。用途上主要用于资源的勘探与调查、资源的管理和保护等。通过开征资源费，一方面实现资源的稀缺价值，为资源的保护和抚育提供一定的资金支持；另一方面则通过资源价格的变化，引导经济发展模式。截至目前，资源费还没有明确的生态补偿的含义，自然资源具有资源与环境的双重属性已经得到社会认可。开发自然资源必然导致生态环境受损，完善生态补偿机制的一个重要方向就是增加资源费中生态补偿的项目，将生态补偿列入资源费的开支科目等。

3. 生态环境税的改革

环境税（Environment Tax）和生态税（Eco-Tax）两个术语在内容上各有侧重，但从生态补偿的角度，二者并没有本质的差别，都是对开发、保护和利用生态环境、资源的单位和个人，按其对生态环境与资源的开发利用、污染、破坏和保护程度进行征收和减免的一种税收。生态环境税在经济合作与发展组织（OECD）国家已经比较成熟，瑞典、丹麦，荷兰、德国等国家都已经成功地将收入税向危害环境税转移。税种设置包括碳排放、垃圾填埋、硫排放、能源销售等。

我国目前没有纯粹的生态税和环境税。根据国际发展经验，预测我国的生态补偿费和环境资源费最终走向生态环境税，当然，由于税收规模和专业性限制，我国税、费并行的局面可能还会长期存在。我国的生态环境税改革除了设置生态环境税种外，应该具有以下方面的内容。

（1）类型上，对严重破坏生态环境的生产生活方式利用税收手段予以限制，如对木材制品、野生动植物产品、高污染高能耗产品等的生产销售征税。

（2）区域上，西部地区作为我国生态屏障区，为全国生态环境安全提供了难以计量的生态服务功能，因此需要设置具有典型区域差异的税收管理体制，补偿西部地区的生态保护与建设，充分体现“分区指导”的思想。

（3）对环境友好、有利于生态环境恢复的生产生活方式给予税收上的优惠等。因此这里的生态环境税并不是法律意义上的税种定义，而是建立有利于生态环境保护和协调发展的税收体制的含义。

7.4.2.2 市场交易模式

1. 碳汇交易

单纯的生态环境服务功能交易目前主要集中在清洁发展机制(CDM,下同)领域,其他生态补偿的交易模式主要是依托资源与环境的交易实现,如排污权交易、水权交易等。据国家发展改革委资料,目前国内进行申报或正在开发准备申报的CDM项目呈现迅猛增长趋势,截至2006年6月底CDM项目申报数量迅速增多,国内共批准了62个项目,减排量约4亿吨二氧化碳当量,将产生近25亿美元的经济效益。

2. 水权交易模式

水资源的质和量与区域生态环境保护状况有直接的关系,通过水权交易不仅可以促进水资源的优化配置,提高资源利用效率,而且有助于实现保护生态环境的价值,因而可以作为实施生态补偿的市场手段之一。经过多年努力,我国已经在一些流域实行了水量分配制度,全面实行取水许可制度,基本构建了水权交易制度框架,并在水资源的管理、开发、利用中发挥了一定的作用。基于不同的水量分配方式,我国的水权交易有跨流域交易、跨行业交易和流域上下游交易等不同形式。跨流域水权交易的典型案例是浙江省义乌-东阳水权交易和慈溪-绍兴水权交易两宗城市间水资源交易。跨行业水权交易的尝试是在2003年,黄河水利委员会、内蒙古自治区和宁夏回族自治区水行政主管部门开展的黄河干流水权转换试点。

3. 生态建设的配额交易

配额交易是利用市场机制开展生态环境保护的重要举措,配额交易是《京都议定书》中关于削减二氧化碳的重要实施途径之一。我国广东省原环保局倡导建立自然保护区的配额交易制度,用于广东省内山区和平原地区之间的生态补偿,该思路在广东省环境保护中进行了探讨和实践。

7.4.3 我国生态补偿的实践经验

过去的20多年里,我国开展了多种形式的生态补偿实践,政府在建立和推动实施生态补偿方面发挥了主导作用。一方面直接通过财政手段实施生态补偿和生态建设工程;另一方面通过调整生态税费政策,改变市场信号,提高生态破坏与占用的成本,同时通过完善管理制度,将一些生态环境服务功能推入市场,通过市场交易实现其价值。国家通过出台宏观政策,制定标准导则,发布指导意见,为重大生态问题和历史遗留问题提供财力、政策支持,推动了生态补偿机制的建立。浙江、安徽、福建等省根据各地生态环境保护特点,探索建立了一系列的生态补偿模式,为全国开展生态补偿工作提供了宝贵经验。

我国生态补偿实践中存在的主要问题为：一是环境管理法制、体制和机制不完善，管理体系条块分割，生态保护和补偿难以形成明确的责任机制；二是市场机制还不健全，利用市场机制开展生态补偿还非常薄弱；三是还需要进一步强化政府在生态补偿中的主导作用，建立完善生态补偿政策的绩效评估制度；四是公众对生态补偿参与程度不够，难以真正体现群众利益等。多年的实践经验证明，我国建立完善生态补偿政策涉及范围广泛，政府必须发挥主导作用，同时需要充分利用市场机制，以减轻政府财政压力并提高效率。

7.5 我国流域生态补偿机制探索

多年来，为了保障流域生态安全，保证流域水资源可持续利用，大多数河流上游地区都投入了大量的人力、物力和财力进行生态建设和环境保护。然而，我国大多数河流的上游地区往往是经济相对贫困、生态相对脆弱的区域，很难独自承担建设和保护流域生态环境的重任，同时，这些地区摆脱贫困的需求又十分强烈，导致流域上游区域发展经济与保护流域生态环境的矛盾十分突出。想要协调好这种关系，就需要下游受益区和中央政府来帮助流域上游地区分担生态建设的重任。因此，建立流域生态补偿机制，实施中央及下游受益区对流域上游地区的补偿机制，可以理顺流域上下游间的生态关系和利益关系，加快上游地区经济社会发展并有效保护流域上游的生态环境，从而促进全流域的社会经济可持续发展。基于此，本节从目前国内外流域生态补偿的实践经验谈起，试图厘清我国流域生态补偿的思路。

7.5.1 我国流域生态补偿政策需求及实践难点

1. 我国流域生态补偿的政策需求

因涉及利益相关者不同，流域生态补偿有着不同层面的政策需求。仅从国家层面看，流域生态补偿应该从以下六个方面提出对策。

（1）流域生态补偿要与水权的初始分配有效结合，建立国家初始水权分配制度和水权转让制度。水环境功能区划是政府管制手段，需要经济补偿手段配合。

（2）明确流域生态补偿的科学定义。流域生态补偿的科学定义，包括流域生态补偿的内涵、补偿方式、补偿对象等科学概念方面都有待于深化。

（3）流域生态补偿机制应该建立在法制化的基础上。但目前各地的生态补偿实践普遍缺乏法律和政策依据，大多数是不同利益主体之间协商的结果，缺乏统一规范的管理体系、谈判机制和有效的监督激励制度。国家应尽快制定关于建立流域生态补偿机制的指导性原则和政策,并开展相关立法问题研究。

(4) 国家出台相关政策,将生态环境补偿机制中的生态保护工程建设列为国家和地方政府财政转移支付的重要支持对象。跨省级行政区域的大江、大河上游、源头地区的天然林保护和退耕还林还草工程对全国的生态安全至关重要,应成为国家财政进行生态补偿的重点地区。明确要求国家和地方政府要加大财政转移支付力度,把因保护生态环境而造成的当地财政减收,作为安排国家财政转移支付资金的重要因素。

(5) 在国家宏观政策指导下,大力调整流域上下游地区的产业结构,将项目支持列为建立生态环境补偿机制的重中之重。

(6) 跨行政区之间流域生态补偿的政策需求就是要明确责任。在国家层面政策的指导下,如何使生态补偿机制更具有可操作性,区域之间的协调是重中之重。

2. 我国流域生态补偿实践中的难点

(1) 责任主体的问题。在流域生态补偿机制中,关键问题是上下游的责任关系界定。一般来说,不能简单地让上游要求下游给予生态补偿,上下游都负有保护生态环境的责任、执行环境保护法规的责任。

(2) 补偿标准的问题。流域生态服务功能价值评估是制定流域生态补偿标准的重要依据,但这项工作实际操作却很难,得出的结果往往偏大。上游发展的机会成本测算是也是流域生态补偿的重要基础,可以在实践中积极拓展。

(3) 交易成本问题。交易成本过高,也就是说上下游之间计价还价成本太高,双方都不肯让步,则补偿机制难以实现。

(4) 利益相关者协商问题。补偿方案设计与可行性分析要使补偿的各方都能接受,从而达到补偿效果。

基于上述分析,本节主要从三个方面探讨中国流域生态补偿机制设计问题:一是测算流域生态补偿依据,二是分析流域生态补偿机制,三是探讨流域生态补偿方式。

3. 流域生态补偿标准测算依据

上下游要建立环境责任协议制度,采用流域水质水量协议的模式,下游在上游达到规定的水质水量目标的情况下给予补偿;在上游没有达到规定的水质水量目标,或者对下游造成水污染事故的情况下,上游反过来要对下游给予补偿或赔偿。其中,赔偿是由上游地区对下游地区污染超标所造成损失的赔偿,赔偿额与超标污染物的种类、浓度、水量以及超标时间有关。下游对上游补偿的标准测算应该包括三个方面。

(1) 上游地区为水质水量达标所付出的努力,即直接投入,主要包括上游地区涵养水源、环境污染综合整治、农业非点源污染治理、城镇污水处理设施建设、修建水利设施等项目的投资。

(2) 上游地区为水质水量达标所丧失的发展机会的损失，即间接投入，主要包括节水的投入、移民安置的投入以及限制产业发展的损失等。

(3) 今后上游地区为进一步改善流域水质和水量而新建流域水环境保护设施、水利设施、新上环境污染综合整治项目等方面的延伸投入，也应由下游地区按水量和上下游经济发展水平的差距给予进一步的补偿。

4. 流域生态补偿机制分析

建立流域生态补偿机制的关键在于理顺各责任主体的关系，而责任主体的关系因流域尺度不同会有差异。因此，我国流域生态补偿机制的建立也会因流域尺度而异。目前，我国已经开展了江河源生态建设工程，这是国家层次上的大尺度流域生态补偿，但中小尺度流域的生态补偿尚在探索之中。依据我国现行的行政管理，本书认为，应从三个层次建立流域生态补偿机制，以确保流域生态补偿机制的全面落实，即跨省流域生态补偿问题、省域内跨市流域生态补偿问题和市域内跨县流域生态补偿问题。

尽管流域尺度不同，但流域生态补偿机制设计的总体思路是一致的，主要包括：一是确定流域尺度；二是确定流域生态补偿的各利益相关方即责任主体，在上一级有关部门的协调下，按照各流域水环境功能区划的要求，建立流域环境协议，明确流域在各行政交界断面的水质要求，按水质情况确定补偿或赔偿的额度；三是按上游生态保护投入和发展机制损失来测算流域生态补偿标准；四是选择适宜的生态补偿方式；五是明确流域生态补偿政策。

5. 流域生态补偿方式选择

1) 公共支付：建立流域生态补偿专用基金。建议分三个流域尺度建立流域生态补偿基金。

(1) 省际流域生态补偿基金：国家、上下游省市三方共同出资建立跨省流域生态补偿基金，设专门账户在上游省份，基金专门用于流域上游的生态建设和环境污染综合整治，并落实到具体的项目。国家有权审计基金的使用情况，上下游相关部门对基金的使用进行全程监督。

(2) 省内流域生态补偿基金：上下游各市按比例共同出资，建立流域生态补偿基金，专门用于流域上游的生态建设和环境保护，并把资金落实到具体的项目上。基金设在流域上游市政府，省、相关市有权对基金的使用情况进行全程监督。

(3) 市内流域生态补偿基金：上下游各县(市)按GDP比例分担流域生态共建基金，专门用于流域上游的生态建设和环境保护，并把资金落实到具体的项目上。基金设在流域上游县(市)政府,省、相关市、县有权对基金的使用情况进行全程监督。

2) 市场补偿:培育流域生态补偿市场。流域生态补偿市场机制的形成需要如下前提。

(1) 流域上下游生态服务供需矛盾尖锐。下游对水质或水量等要求较高,而上游为了追求经济利益而开设工厂、砍伐森林、坡地开荒等,加重了水质污染和水土流失,农药化肥的使用也造成了面源污染。下游为了获得优质水源或合适的水量等生态效益而考虑向上游支付一定的生态补偿费用,对上游生态保护形成激励机制,同时也可以通过协议形式对上游付费,要求上游按生态保护的目标要求进行生产。

(2) 公众对流域生态服务功能与价值的认可。流域生态服务功能具有外部性,上中游为服务的提供方,下游为服务受益方,生态补偿市场机制的形成需要公众尤其是生态服务受益方对流域生态服务功能与价值的认识。因此,加强流域生态服务功能的宣传、教育与培训,也是生态补偿市场机制形成的不可或缺条件。

(3) 产权清晰,公众或政府具有制度创新的意识。产权是流域生态服务功能形成的基本保证,流域土地和生态服务产权清晰,可以为买卖双方建立一个可以交易的平台。生态服务产权也可以通过公共部门的注册加以明晰。

(4) 成本效益分析结果较好。市场的形成是在经济利益驱使下的一种经济行为,如果这种贸易的结果成本效益率高于其他方式,这种方式就很容易被接受。随着我国市场化进程的不断加快,市场补偿机制应该是我国流域生态补偿机制的发展方向。可以借鉴国外流域生态补偿的形式,逐步探索一对一的贸易补偿模式和基于市场的生态标记模式。

7.5.2 对我国开展流域生态补偿的政策建议

1. 逐步探索流域水权交易

前面分析的我国流域生态补偿机制与生态补偿方式中都充满了行政干预的色彩,符合当前的国情,但随着我国社会主义市场经济的不断完善,长期的流域生态补偿机制应该具有浓厚的市场色彩。通过区域之间的水权交易,实现上游区域用水权益的合理分配,是我国未来流域生态补偿的选择。

国际上流域生态补偿的市场化案例越来越多,涉及水质改善、径流量调节、地下水位调节以及土壤污染物控制等,这些都是水权交易在较小范围内的成功尝试,政府在其中起协调的作用。因此,建议国家开展流域水权交易的试点,逐渐探索不同层次流域水权交易,及时总结经验并不断推广。

2. 强化流域水环境功能管理

流域上下游地区都具有平等利用水资源和水环境的权利，也有同等的保护水环境和水生态的义务。通过协商，上下游所在的地方政府达成流域环境协议，通过行政管理手段提出并监督实施，达到流域水环境保护的目标，通过经济手段确定相应的奖惩机制，对流域内各区域而言，达到水质控制目标采取补贴手段，而对实施补偿后达不到保护目标的要进行惩罚，要求其对下游进行赔偿。

3. 建立流域上下游协商平台和仲裁制度

上一级政府作为流域这一“公共物品”的买方或中间人，负责协调流域上下游之间的利益关系，为上下游流域生态保护搭建协商平台。对于大江大河流域，上下游的协商平台应该建立在国家生态安全的框架之下，充分考虑大江大河在全国的生态意义。对于中小尺度流域，在中央政府的协商下，考虑到流域上游的生态功能，寻找流域上下游都可接受的生态保护目标，共建协商平台。建立跨行政区流域环境保护仲裁制度。跨行政区域的水污染纠纷，由上一级人民政府环境保护行政主管部门组织有关人民政府协商解决；协商不成的，纠纷任何一方可以报请流域水污染防治机构协调解决；当协调不能解决时，由纠纷一方或流域水污染防治机构报上一级人民政府（如果是跨省级行政区水污染纠纷则报国务院）裁决。因水污染引起的赔偿责任和赔偿金额的纠纷，由有关各方协商解决，协商不成的，可以请求相应的环境保护行政主管部门调解或者按有关法律程序裁决。

4. 推进流域内的“异地开发”

因地制宜地进行流域内的“异地开发”，进行“造血式”补偿，在下游地区给上游地区找到合适发展空间，共同开发，收益共享，为上游地区的发展建立起一种长效的机制。同时，在国家宏观政策指导下，大力调整流域上下游地区的产业结构，将项目支持列为建立生态环境补偿机制的重中之重。

5. 加强流域生态保护立法

加强流域生态保护立法，为建立流域生态补偿机制提供法律依据。为了确保能长期、稳定地通过政府间的财政转移支付，来加强对上游贫困地区生态环境保护的支持，需要在法律上给予明确规定。制定专项流域生态保护法，对流域资源开发与管理、流域生态环境保护与建设及流域生态环境投入与补偿的方针、政策、制度和措施进行统一的规定和协调，以保障流域生态环境补偿机制良性运转。

7.6 我国实施生态补偿的实践

生态系统是一个复合的系统，对其实施补偿必须对补偿范围内各方面主体进行综合补偿和修复,包括对生态环境的修复与改进措施、对因为生态补偿利益受损的个人或集体的物质补偿以及体制与思想方面的建立与转变等。近年来,随着我国对生态环境的保护越来越重视,各地区开展了大量的生态补偿工作。下面结合几个代表性案例进行介绍。

7.6.1 黑河流域生态补偿机制及效益评估研究

7.6.1.1 黑河流域生态补偿效益评估的意义

1. 黑河流域生态补偿的必要性

在干旱区,水是维持生态系统最重要的因素。西北地区由于水资源相对紧缺,形成了独特的"荒漠绿洲,灌溉农业"生态环境和社会经济体系。黑河流域水资源的高效、合理利用是保护和恢复流域生态功能的一个重大举措,但流域现行的开发政策也引发了一系列问题,主要表现在:在水资源日益短缺和黑河分水的双重压力下,现有绿洲农业的维系与发展受到极大的挑战,张掖地区在黑河分水后所面临的水资源短缺以及绿洲社会经济生态稳定发展的形势非常严峻;由于上中游拦截和大量耗水,引起下游天然绿洲生态系统急剧退化,内陆河下游成为受中上游水资源开发影响最严重地区;2000—2002 年,张掖市在水资源紧缺的情况下累计向下游输水 22.1 亿 m^3,分水势必造成本区有效灌溉面积的减少、绿洲生态环境的持续性退化和脆弱程度的增加;在退耕还林区,一些地方基层政府只是解决了生态移民的安置和一定的生活赔偿问题,缺乏对他们的进一步帮扶以及利益的保障。

2. 黑河流域生态补偿的合理性

(1) 按照产权经济学、制度经济学和环境经济学原理,河流是全流域人民的公共财产,大家共同拥有对该河流的利用、保护的权利和责任。因此,应扭转以往行政区划开发利用水资源的局面,建立上、中、下游利益共享、责任共担的补偿机制,实行全流域统一利用、保护和管理,使流域经济外部性内部化。

(2) 按可持续发展的公平性原则,人类所有成员都有同等的资源消耗和污染权。对于退耕还林、还草的区域来说,为了生态效益,以前的农(牧)业用地不能继续农(牧)业生产,农(牧)民的利益受损,需要对他们的资源使用权进行补偿。

(3)《中华人民共和国水法》第 48 条规定:"直接从江河、湖泊或者地下取用水资源的单位和个人,应当按照国家取水许可制度和水资源有偿使用制度的规定,向水行政主管部门或者流域管理机构申请领取取水许可证,并缴纳水资源费,取得取水权。"张掖地区在用水紧张的情况下向下游分水,无偿地让出一部分水权,国家应该为他们失去的这一部分权益做出相应的补偿。

(4) 中游地区的分水是为了保护和恢复下游地区的生态环境、解决生态问题，上游地区为防治流域生态恶化所做的努力也是为中下游服务，而下游地区的农、牧民异地开发则更多的是为了全国的生态大局。流域各段的政府应该根据实际情况做出补偿，国家也应该从某种程度上考虑他们的机会成本问题，对他们的贡献给予补偿。

7.6.1.2　黑河流域的生态补偿概况

黑河流域现有的生态补偿政策主要体现在以下几个方面：移民安置、以粮代赈、育林工程、治沙工程、节水工程、林草地保护、水域保护、生物多样性保护以及自然保护区的保护。这些政策对保障流域居民的基本生活和恢复流域生态环境起到了一定的作用，但与流域内居民的损失相比，还有一定的差距，退耕(牧)还林(草)的生态移民还没有真正得到实惠。从1999年成立黑河流域管理局到2001年国务院召开第94次总理办公会议专门研究黑河生态综合治理问题以来，流域内的生态环境建设取得了一系列成果，全流域在湿地保护、草地围栏封育、沙化草地治理、建设水源涵养林、三北防护林建设和退耕还林方面取得了明显的效果。

内蒙古自治区于2004年编制了《额济纳旗2005—2010年扶贫开发移民规划》，计划在6年内搬迁转移农牧民846户2 600人，占农牧区人口的64.7%，2004年共搬迁311户999人。张掖市于2003年对祁连山林区腹地和浅山区居住的农牧民以及山丹大黄山林区的农牧民3 839户共1.65万人，实行整体搬迁安置。2004年，甘州区、肃南县世界银行贷款畜牧综合发展项目实施以来，已完成总投资595万元，有17个乡和396户农牧户受益。上游的酒泉市生态建设成果明显，2003年共补偿退耕还林户342万元。张掖市退耕还林效果尤为明显，2002年退耕还林任务1.385万hm^2，已兑现补助粮食3 437万kg等。同时，流域内各地方政府在草地资源规划、林地建设、调整适应水资源现状的产业结构方面都做了大量工作。

7.6.1.3　生态补偿效益评估方法与技术

1. 评估依据与方法

黑河流域的生态服务功能价值包括直接利用价值、间接利用价值、选择价值和非利用价值。黑河流域由于草地治理工程、生态林建设工程以及水利水土保持等工程的实施，使得流域的整体生态功能向良性发展，为此产生巨大的生态服务功能价值。采取的技术评估方法有：

(1) 以直接市场价值法评估气候调节、商品价值和生物多样性；

(2) 以影子工程法评估降污价值和间接利用的生态效益价值；

(3) 以机会成本法评估农(牧)民的退耕(牧)及移民损失；

（4）以旅行费用法来评价游憩效益和科学考察效益；

（5）以支付意愿法来评估生物多样性价值。

2．评估技术

（1）补偿主体与客体

黑河中上游地区由于大量引用地表水和提取地下水，导致下游地区地下水位下降，地表植被生存环境迅速恶化。因此，下游为受到损害的一方，应得到中上游的补偿；上游地区为了祁连山生态林建设和保护水源涵养林做出了牺牲，而流域上游的生态保护直接影响到中下游地区的生态质量，中下游地区应该对上游地区的生态保护和机会成本给予相应的补偿；中游在水资源紧张的情况下向下游分水，也应该得到部分补偿。所以，流域生态建设补偿的主体应包括国家、社会和流域自身。在黑河流域生态恢复建设初期建议以国家和社会补偿为主、流域自身补偿为辅，在流域生态有了一定的修复能力后，建议以流域自身补偿为主、国家和社会补偿为辅。

（2）补偿方式

流域生态补偿方式主要有政策补偿、资金补偿、实物补偿、技术补偿、教育补偿等。2001年2月21日国务院召开第94次总理办公会议专题讨论黑河分水问题，这实际上就是对下游额济纳旗的一种政策补偿；资金补偿是最急需的补偿方式，急需补偿的地区只有在收入得到保障之后，才会有进行生态保护和建设的积极性；实物补偿是指补偿者运用物质、劳力和土地等进行补偿，解决受补偿者部分的生产要素和生活要素，改善受补偿者的生活状况，增强生产能力；教育和技术补偿是提高受补偿者生产技能、科技文化素质和管理水平的有效补偿形式。目前，生态移民在适应新的生活（生产）方式时，急需这方面的帮助和指导。

（3）补偿标准

生态补偿标准是生态效益补偿的核心，关系到补偿的效果和补偿者的承受能力。补偿标准的上下限、补偿等级划分、等级幅度选择等，取决于损失量（效益量）、补偿期限以及道德习惯等因素。在现有的条件下，生态补偿只能做到相对公平而无法做到绝对公平。因此，补偿标准不可能完全按实际发生的经济损失或贡献大小实行，只能按财政收入的一定比例支出。补偿标准可按照以下方法估算：

① 以退耕（牧）还林（草）的农、牧民的收益损失作为补偿的下限，即在流域生态恢复中，对导致移民农、牧民经济收入或发展机会减少的补偿，这是对移民农、牧民的最低利益保障；

② 以生物多样性、调节气候、涵养水源、降污、休闲娱乐以及科研价值之和作为补偿上限；

③ 在制定补偿额度时，要综合考虑流域上中下游地区的经济社会发展水平

及群众生活水平等，最终确定补偿额。

(4) 补偿原则

① 公平公正的原则。流域上下游之间是有机联系、不可分割的整体。上游地区对下游造成了污染就要赔偿下游地区；反之，如果上游地区提供给下游的是经过努力后的、优于标准的水质，下游地区就应该对上游地区的贡献做出适当补偿，显示出公平公正原则。

② 水质和水量相结合的原则。水质和水量是不可分割的统一体，水质再好，数量不足，水资源还是不能满足发展需要；如果有水量没有水质则会产生水质性缺水，同样无法满足经济社会发展的需要。因此，在制定生态补偿机制时要同时考虑水质与水量的问题，只有将两者有机结合起来制定的生态补偿机制才会科学合理，发挥真正的实效。

③ 国家行为原则。虽然黑河流域“均水制”经历了“军事管制”与“政府管制”等多次变迁，但从“大政府”的角度来看，都属于政府管制，而且环境效益具有公益性，中央政府应该是倡导者和统筹规划者，应该对全国的生态建设负责，在生态保护与恢复中起核心作用。

④ 专款专用原则。中央及省级政府建立生态建设专项资金，列入财政预算，每年由政府拨出一定的专款来保证生态建设。同时，上游地区对下游地区的赔偿以及下游地区对上游地区的补偿都要纳入生态建设专项资金，每年由中央及省级政府统一划拨，专款专用。

(5) 补偿网络的构建

生态补偿应该是多层次的，即通过生态效益影响涉及的范围来反映生态补偿的层次，而不同层次的补偿以不同的方式和机制加以实现。可以通过建立国家补偿机制、区域补偿机制、流域补偿机制和部门间补偿机制等来构建补偿网络。黑河流域有其自身特点，拟建补偿网络结构如图 7.6-1 所示。

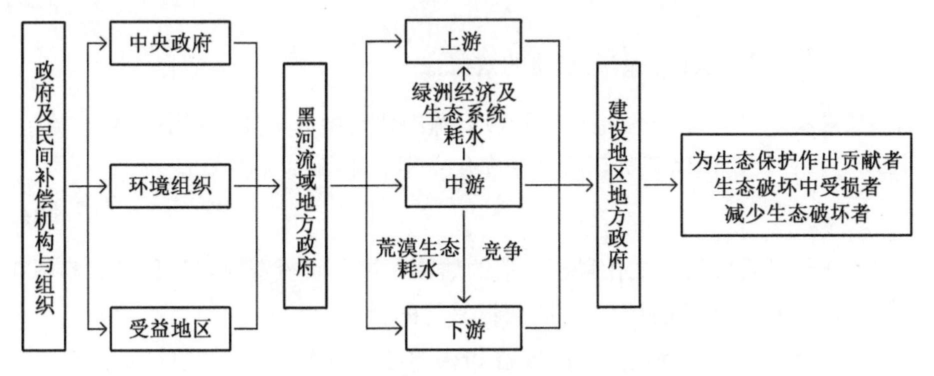

图 7.6-1　黑河流域生态补偿网络结构

7.6.1.4 生态补偿评估方法

1.流域内农牧民的收益损失价值。林木、草地等的生产效益有明显的市场价格，可以直接进行市场交换。其评估方法采用市场价值法。例如

$$\text{林木生产效益}=\frac{\text{年可伐林}}{\text{面积(hm}^2\text{)}}\times\left(\text{每公顷木材平均销售价}-\text{每公顷木材平均生产成本}\right)$$

$$\text{草地生产效益}=\frac{\text{载畜草地面积(hm}^2\text{)}}{\text{每公顷草地载畜量(t)}}\times\left(\text{每吨畜产品平均销售价}-\text{每吨畜产品平均生产成本}\right)$$

(7.6-1)

2. 气候调节价值。根据国际上通用的碳税率标准和中国的实际情况，可采用中国的造林成本250元/t和国际碳税比50美元/t的平均值作为碳税标准，来计算流域生态恢复后的气候调节价值。

3. 降污价值。假设建设一项与流域生态系统的净污能力相同的工程，以该工程的投资来表示生态系统的净污价值。

4. 涵养水源价值。生态系统涵养水源功能表现为汛期的防洪能力、枯水季节的给水能力和改善水质3个方面。

采用影子工程法评估汛期防洪效益和枯期给水效益：

$$\text{防洪效益}=\text{单位面积林(草)地比荒地(农用地)年蓄水量的增加值(m}^3\text{)}\times\text{植被面积(hm}^2\text{)}\times\text{每立方米蓄水水利工程修建费}$$

(7.6-2)

$$\text{给水效益}=\text{单位面积林(草)地与荒地(农用地)年蓄水量差值(m}^3\text{)}\times\text{植被面积(hm}^2\text{)}\times\text{供水价格}\left(\frac{\text{元}}{\text{m}^3}\right)$$

(7.6-3)

采用重置成本法评估改善水质的效益：

$$\text{改善水质效益}=\text{单位体积荒地(农用地)产流净化费用}\times\text{荒地(农用地)年产流量}-\text{单位体积林草地产流净化费用}\times\text{林草地年产流量}$$

(7.6-4)

5. 文化科研价值。文化科研价值的估算常用科研投资或者科研者的实际花费来估算，这种评估方法具有简洁、数据易得的特点。

6. 选择价值。主要包括游憩效益和科学考察效益，这种效益涉及没有市场价格的自然景点或者环境资源。根据旅行费用法，通过旅游者在消费这些环境

商品或服务所支出的费用来估算。

7. 生物多样性价值。以人们对流域生态系统的生物多样性的存续而愿意支付的货币量来表达生物多样性的价值。支付意愿法有两种表达方式：一种是支付意愿(WTP)，即人们获得一种商品、一次服务或一种享受而愿意支付的货币量；另一种是补偿意愿(WTA)，即人们提供一种商品、一次服务或一种享受而愿意接受的货币补偿，理论上两者是相等的。

综上所述，流域生态恢复的经济补偿应走“服务于流域、取之于流域、用之于流域”的道路，采取内部补偿、外部补偿和代际补偿相结合的模式。黑河中游给下游的是不可交易的生态用水，从理论上说这部分水不需要补偿，但是应该考虑水资源对张掖市生产发展的影响，在实施可持续发展战略的背景下，上级政府可以通过“补贴改革”的手段，促进中游地区进行产业结构调整，从而保证下游的生态用水。生态环境改善后，就会长期发挥生态效用，后代人也是受益者，政府有必要代表未来进行受益补偿。但除国家的政策补偿外，流域上中下游各地也应建立一种合理的补偿机制。同时，由于环境容量有限，加强生态移民的可行性研究也是恢复流域生态环境的重要环节。

7.6.2 九寨沟旅游生态足迹与生态补偿分析

7.6.2.1 研究区域背景

九寨沟自然保护区位于四川省阿坝藏族羌族自治州九寨沟县，保护区总面积64 297.3 hm^2。因沟内有荷叶、树正、则查洼、盘亚、亚拉、尖盘、黑果、热西、郭都9个藏族寨子而得名。九寨沟以翠海、叠瀑、彩林、雪山和藏族民俗文化等原始和天然个性魅力，自1984年正式开放以来，已成为世界级成长性旅游目的地。九寨沟高质量的自然美景、人文景观、民情风俗和藏文化所形成的良好自然生态与文化环境对游客具有极强的吸引力。

九寨沟的沟内外居民利益差距显著，周边社区发展和保护区保护的矛盾比较突出。20世纪60年代以前，沟内居民半农半牧，过着刀耕火种、自给自足的生活，1984年旅游开发后，为还原和保护九寨沟的原始自然风貌，九寨沟内居民停止耕种，还林还草，1998年沟内居民开始使用液化气，结束民用采伐，2001年保护区内全面禁止牧业活动。目前保护区内有居民238户、1 117人，以从事旅游业为其主要经济来源，除管理局的正式职工外，从事的职业主要有环卫、导游、驾驶、林政、消防、巡山、餐饮服务等，还有部分出租服装、出售旅游工艺品等。经过多年的发展，保护区内居民的经济收入和文化生活水平得到了极大的提高，1998年人均年纯收入4 000元，2001年10 000元，2002年14 700元。沟内居民依靠保护区的发展而获得了巨大的经济收益，保护区与沟内居民已融为一体，沟内居民已成为保护区的保护者。但受益的主要是沟内居民以及离保护区较近和公路沿线的少数居民，而保护区外的社区比较贫困，人均年收入 1 100～1 200 元，不及保护区内居民的 1/10，这种强烈的对比使周边社区发展和保护区保护的矛盾比较突出。保护区外的居民居住在比较偏远的山区，生产、生活环境差，除了传统的种植业和养殖业外，没有其他经济来源，他们对森林和其他生物多样性资源的依赖程度高，通过采药、采集野菜、放牧、少量的偷猎和伐薪，获取生活能源、物资和经济收入，这些活动对保护区具有潜在威胁。

九寨沟是国家级自然保护区与世界自然遗产地，需要进行严格保护，但必须充分认识到当地居民对保护区的保护起着举足轻重的作用。例如，与保护区关系密切的漳扎镇居民共退耕还林还草 774.272 hm^2，为保护区的持续发展做出了贡献，但除漳扎、彭丰、隆康等 3 个村以外，漳扎镇其他 10 个村的居民未能从九寨沟的旅游开发中获益，调查发现，他们保护九寨沟的积极性受到抑制。因此，保护区重视带动周边社区的经济发展，建立健全对周边居民进行生态补偿的机制，协调各方利益，是九寨沟取得社会经济发展和自然资源保护共同进步的关键。

7.6.2.2 研究方法与资料处理

1. 旅游生态足迹模型与测度方法。旅游活动是人类的一种生活方式，也是一种生态消费活动，其通过对旅游资源、旅游设施与旅游服务的占用、耗费与消费，从而对旅游地的生态系统产生深刻影响。依据生态足迹的理念，旅游生态足迹（Touristic Ecological Footprint，TEF）可界定为：旅游地支持一定数量旅游者的旅游活动所需的生物生产性土地面积。由于旅游地所支持的人口包括当地居民与旅游者，两者都消费当地自然资源所提供的产品与服务，因此旅游者的旅游生态足迹通过与当地居民生态足迹的“叠加”效应，共同对旅游地可持续发展产生影响与作用。定量测度旅游者与居民生态足迹的大小并进行效率差异比较，可以明晰旅游者与居民对当地环境资源影响与利用效益的差异性程度，为对居民进行生态补偿提供决策依据。

测度旅游地居民的生态足迹，应通过各种资源消耗的生物生产性面积计算、产量调整和等量化处理 3 个步骤，具体测度如下：

$$EF = Nef = N\sum(aa_i) = N\left(\frac{c_i}{p_i}\right) \tag{7.6-5}$$

式中：p_i 为 i 种消费商品的平均生产能力；c_i 为 i 种商品的人均消费量；aa_i 为人均 i 种交易商品折算的生物生产性土地面积；N 为人口数；ef 为人均生态足迹；EF 为总的生态足迹。

由此可知，生态足迹是一定区域人口数和人均物质消费的函数，表征为每种消费商品的生物生产性面积的总和。

由于旅游消费活动是一个连续的动态过程，贯穿于整个旅游活动之中，涉及游客在旅游过程中食、住、行、游、购、娱等各个方面，因此旅游生态足迹的测度基于以下3个基本事实。

(1) 游客在旅行游览过程中，为了满足自身生理、心理和享受的需要而进行各种物质产品和服务的消费，同时产生旅游废弃物；

(2) 可以确定游客消费的绝大多数自然资源及其所产生的废弃物的数量；

(3) 这些自然资源和废弃物能转换成相应的生物生产性土地面积。

根据旅游生态消费的特点，旅游生态足迹主要由旅游交通、住宿、餐饮、购物、娱乐、游览等6种旅游生态足迹类型组成，其概念测度如下：

$$TEF=\sum\left(\frac{N_iC_i}{P_i}\right) \tag{7.6-6}$$

式中：TEF 为总的旅游生态足迹；N_i 为第 i 种旅游生态足迹类型的游客人数；C_i 为第 i 种旅游生态足迹类型产品的人均消费量；P_i 为 i 种旅游生态足迹类型产品的平均生产能力。

旅游生态足迹账户核算体系中，生物生产性土地根据生产力大小的差异可划分为化石能源地、可耕地、草地、林地、建成地和水域等六大基本类型。

2. 基于生态足迹的生态补偿机制与标准。生态补偿源于生态系统服务功能价值理论，是对由于社会、经济活动造成的生态环境破坏行为进行处罚，对生态环境保护行为进行补偿的制度，旨在寻求人地关系协调发展。保护区居民的退耕还林还草行为，一方面恢复了生态环境，增加了生态系统服务功能价值，尤其是生态系统的游憩功能价值；另一方面居民牺牲了享有公平利用自然资源的权利，人均耕地减少，就业安置、替代产业发展困难，收入减少，生活贫困，应该得到相应的补偿。旅游者的旅游活动消耗了当地的自然资源，占用了当地居民的生态足迹，造成了环境资源利用的压力，对此理应向当地居民做出相应的生态补偿。下面从生态足迹的角度，比较旅游者与当地居民生态足迹的差异，评估旅游产业造成的生态环境压力以及居民退耕还林、退耕还草行为的生态环境保护价值，制定生态补偿的额度标准。具体标准的设定如下。

(1) 以退耕还林还草居民的直接收益损失作为补偿的下限。以退耕还林还草居民的直接收益损失作为补偿的下限，是最低的补偿标准，也是对退耕还林还草居民利益的最低保障。低于此标准实际上是对居民利益的剥夺。由于居民的生态足迹效率综合反映了居民利用当地自然资源的能力与效益，因此，退耕还林还草居民的直接收益损失价值可由式(7.6-7)确定：

$$R = E_{ef}S \tag{7.6-7}$$

式中：R 为居民的直接收益损失价值；E_{ef} 为居民生态足迹效率；S 为退耕还林还草的面积。

(2) 以退耕还林还草增加的游憩功能价值作为补偿的上限。以退耕还林还草增加的游憩功能价值作为补偿的上限，是最高的补偿标准，其前提是假定居民退耕还林还草的土地面积全部用于发展旅游业。居民退耕还林还草的保护生态环境行为，在调节气候、保护生物多样性、文化科教、净化降污等方面发挥十分重要的作用，客观上增加了生态系统的服务功能价值，这些价值的现实表现为游憩功能价值的提高，游憩功能价值的实现或置换主要是通过发展旅游业。退耕还林还草的游憩功能价值应按式(7.6-8)计算，并可以此作为对居民进行生态补偿的上限。

$$V = E_{Tef}S \tag{7.6-8}$$

式中：V 为游憩功能价值；E_{Tef} 为旅游生态足迹效率；S 为退耕还林还草的面积。

(3) 以旅游者与当地居民的生态足迹效率之差，确定合理的补偿水平。由于旅游业发展与当地居民在利用自然资源的效益方面存在差异，一方面旅游生态足迹效率高于居民生态足迹效率是以挤占当地居民生态足迹为前提与基础的；另一方面居民退耕还林还草所增加的游憩功能价值不可能通过旅游业得以全部置换。因此，可选择以旅游者与当地居民的生态足迹效率之差来确定合理的补偿水平。

$$EC = (E_{Tef} - E_{ef})Sk \tag{7.6-9}$$

式中：EC 为居民生态补偿价值；E_{Tef} 为旅游生态足迹效率；E_{ef} 为居民生态足迹效率；S 为退耕还林还草的面积；k 为生态补偿调节系数。值得注意的是，k 作为生态补偿调节系数，主要是由于生态补偿牵涉的面很广，需要国家、地方政府、旅游部门以及居民等的共同协作，要综合考虑各方的意愿，k 一般取值为 1。

3. 资料来源及处理。旅游生态足迹计算所需数据分为三类。

(1) 基础数据：包括各类旅游交通、住宿、餐饮、娱乐、游览、购物等设施的总量及构成，能源消耗总量及构成，当地居民人均年生活消费食品类型、数量，各类生物生产性土地的当地当年生产力水平，游客总量及其消费总支出等。这些数据来源于四川省阿坝州九寨沟县统计年鉴以及九寨沟自然保护区、漳扎镇经济综合统计年报等。

（2）调查数据：包括各类旅游交通、住宿、餐饮、娱乐、游览、购物等设施的面积，各类旅游设施的游客使用率，游客构成，游客消费构成，游客区际、区内平均旅行距离，游客交通工具选择，游客平均旅游天数等。调查对象包括九寨沟游客与当地各类旅游企事业单位。

（3）标准数据：包括各种交通工具的单位平均距离的能源消耗量，世界单位化石燃料生产土地面积的平均发热量，均衡因子、产量因子等。数据来源于交通统计年鉴以及相关研究文献。

7.6.2.3 计算结果与分析

1. 九寨沟旅游者的旅游生态足迹。九寨沟自然保护区2002年共接待中外游客125万多人次，根据式(7.6-6)，2002年九寨沟旅游者的旅游生态足迹总值为7.6万 ghm^2，人均旅游生态足迹为0.061 ghm^2，具体见表7.6-1。

表7.6-1 2002年九寨沟旅游生态足迹及结构比较

土地类型	人均生态足迹(ghm^2)	均衡因子	均衡人均生态足迹(ghm^2)	比例(%)	旅游生态足迹类型结构	均衡人均生态足迹(ghm^2)	比例(%)
化石能源地	0.029 456 316	1.8	0.053 021	87.42	旅游交通	0.052 857 231	87.15
建成地	0.001 028 441	3.2	0.003 291	5.43	旅游住宿	0.002 810 043	4.63
耕地	0.000 909 632	3.2	0.002 911	4.80	旅游餐饮	0.004 319 435	7.12
草地	0.003 388 319	0.4	0.001 355	2.23	旅游购物	$1.540\ 32\times10^{-5}$	0.03
林地	0.000 008 577	1.8	1.54×10^{-5}	0.03	旅游娱乐	$5.105\ 95\times10^{-6}$	0.01
水域	0.000 532 829	0.1	5.33×10^{-5}	0.09	旅游游览	0.000 64	1.06
总计	0.035 324 114	—	0.060 647	100.00	总计	0.060 647 218	100.00

（1）旅游生态足迹的结构层次。从土地类型结构来看，其中化石能源地面积最大，占87.42%，受客源空间结构的影响，九寨沟游客中约10%乘坐飞机，平均旅行距离2 000 km，约90%选择铁路和公路交通，平均旅行距离1 200 km，能源消耗主要表现为铁路、公路以及航空交通的消耗。这一方面表明，旅游作为人类生活的一种方式，具有高耗能的特点，能源消耗所造成的空气、噪音等环境污染与能源资源压力对旅游目的地乃至全球的可持续发展产生重要影响；另一方面表明，充分利用现代科学技术有效降低旅游交通工具单位能源消耗，完善交通结构，优化客源市场空间结构等是有效降低化石能源地面积的重要途径。建成地、耕地面积其次，分别占5.43%和4.80%，主要是旅游交通、住宿、游览、餐饮所

需。草地、林地、水域面积相对较小，分别占2.23%、0.03%、0.09%。

(2) 旅游生态足迹的空间扩散。由于旅游生态足迹测算的是维持游客的旅游活动所需的生物生产性土地面积，而游客来自不同的客源地，具有跨区域的流动性，旅游地为游客提供的产品和服务中除当地承担主要部分以外，还有一部分是通过"进口贸易"，由旅游地以外的地区供给，故旅游生态足迹是旅游地及其以外地区共同承担的结果。这表明，一方面游客在旅游地的旅游活动对旅游地"输入"(占用本地)了生态足迹；另一方面，旅游地通过"进口贸易"对区外"输出"(占用区外)了生态足迹，这种"输入"与"输出"表明了旅游业发展所导致的生态影响与生态责任在不断进行区际转移，在空间上不断扩散，旅游活动的生态影响具有全球性。根据对九寨沟旅游者生态消费的旅游产品及服务的贸易额的调整分析，九寨沟旅游者的旅游生态足迹空间尺度的扩散影响，即旅游生态足迹的区内、区际以及全球的分割比例分别为72.18%、23.92%、3.90%。也就是说，为了维持九寨沟游客的正常旅游活动，每位游客占用九寨沟地区的生态足迹0.043 8 ghm^2，占用九寨沟区外生态足迹(中国大陆境内)0.014 5 ghm^2，占用全球生态足迹(中国大陆以外)0.002 4 ghm^2。

2. 九寨沟社区居民的生态足迹。九寨沟自然保护区周边与保护区关系密切的地区主要是漳扎镇、白河乡、马家乡以及松潘县、平武县等，其中漳扎镇是九寨沟最主要的旅游集散中心，测度的居民的生态足迹具有典型性，代表九寨沟地区居民对自然资源生态消费需求的一般水平。根据式(7.6-5)与漳扎镇2002年度的社会经济统计资料，2002年漳扎镇居民的生态足迹总值为4 123 ghm^2，人均生态足迹为0.961 6 ghm^2，具体见表7.6-2。

表7.6-2 2002年九寨沟漳扎镇居民的生态足迹计算结果值 单位：ghm^2

生态足迹				生态承载力			
土地类型	总面积	均衡因子	均衡面积	土地类型	总面积	产量因子	均衡面积
耕地	0.038 9	2.8	0.109 0	耕地	0.040 1	0.78	0.031 3
草地	0.754 7	0.5	0.377 4	草地	6.075 0	0.05	0.303 8
林地	0.386 6	1.1	0.425 3	林地	24.300	0.04	0.972 0
化石燃料地	0.014 8	1.1	0.016 3	CO_2吸收	0.000 0	0.00	0.000 0
建筑用地	0.012 0	2.8	0.033 6	建筑	0.040 0	1.49	0.059 6
居民的总生态足迹			0.961 6	总供给面积			1.366 6
旅游者占用区内的旅游生态足迹			0.043 8	生物多样性保护(12%)			−0.164 0
叠加后的九寨沟总生态足迹			1.005 3	总可供给面积			1.202 6

(1) 生态足迹的叠加分析。对于一个旅游地而言，其支持的地区人口包括地区常住人口和旅游者，两者均消费当地自然资源所提供的产品与服务，前者生存与发展所需的生物生产性土地面积，可称为“区域本底生态足迹”，后者称“旅游生态足迹”，旅游生态足迹通过与区域本底生态足迹的“叠加”效应，共同对旅游地可持续发展产生影响与作用。2002 年九寨沟地区居民的人均本底生态足迹为 0.961 6 ghm^2，叠加人均旅游生态足迹的区内分割部分 0.043 8 ghm^2，则总的人均生态足迹需求为 1.005 3 ghm^2，其中旅游生态足迹需求仅占 4.36%。但应看到：①2002 年，九寨沟共接待国内外游客 125 万人次，平均逗留 1.8 天，游客人次数是整个九寨沟县 6.2 万人的 20.22 倍、漳扎镇 4 288 人的 292.31 倍，游客人次数是九寨沟县人口数的 9.97%，漳扎镇人口数的 1.44 倍，对游客人均旅游生态足迹进行年度转化，其值为 8.881 7 ghm^2，是当地居民人均生态足迹的 9.27 倍；②由于游客总量较大，2002 年游客总旅游生态足迹的区内分割部分为 54 866 ghm^2，是当地居民总生态足迹的 13.31 倍，占叠加后总的生态足迹需求 58 989 ghm^2 的 93.01%，随着旅游者的增多，其所占的比例将更大。

(2) 生态承载力与生态安全分析。由表 7.6-2 可见，九寨沟地区的人均生态承载力为 1.202 6 ghm^2，人均生态足迹需求为 1.005 3 ghm^2，生态盈余为 0.197 3 ghm^2，目前九寨沟地区处于可持续发展的生态安全状态。但应看到：①旅游者的大量涌入，不但增加了“旅游生态足迹”需求，同时通过旅游消费的“示范效应”，导致当地居民的消费方式发生转变，增大“区域本底生态足迹”，未来旅游者、居民两个方面生态足迹需求的大幅攀升，将对九寨沟生态系统造成强大压力；②九寨沟地区自然生态系统脆弱，自然环境条件差，耕地的产量因子为 0.78，同时，由于保护区加大了保护力度，大面积的草地与林地对当地居民生态消费贡献的产量因子很小，仅分别为 0.05、0.04，使得生态承载力计算结果较小。随着当地居民人口的增加，摆脱贫困、提高收入水平诉求的增强，居民对自然环境资源的依赖程度将加强，对九寨沟的威胁将更大。

(3) 旅游者与当地居民生态足迹效率差异分析。生态足迹效率是通过单位生态足迹的产出，定量评估及比较不同地区资源利用效益差异的方法。2002 年九寨沟旅游生态足迹总计 7.6 万 ghm^2，旅游收入 6.57 亿元，旅游生态足迹效率为 8 643 元/ghm^2，是中国平均水平 3 386 元/ghm^2 的 2.55 倍，反映了九寨沟旅游业利用资源的相对高效性，但不及全球平均水平 1 106 美元/ghm^2，同世界发达国家和地区的平均水平相比，仍存在较大差距，其原因主要在于旅游交通、旅游餐饮的生态足迹效率较低。这一方面表明九寨沟旅游产业链有待完善；另一方面表明不断完善旅游交通网络，畅通旅游流，运用高新技术手段降低旅游交通工具单位能源消耗、提高自然资源单位面积的生物产量是减少旅游生态足迹的同时提高旅游生态足迹效率的重要方向。2002 年漳扎镇居民的生态足迹总值为 4 123 ghm^2，经济总收入 1 077.34 万元，本底生态足迹效率为 2 613 元/ghm^2，旅游者的旅游生态足迹效率是当地居民的本底生态足迹效率的 3.31 倍。

3. 九寨沟社区居民的生态补偿标准。九寨沟旅游业的持续发展、自然保护区的保护必须以与周边社区共同进步为基础，重视与获得周边社区的大力支持与配合，对周边社区居民进行生态补偿具有必要性与紧迫性。

(1) 生态补偿最低标准。目前九寨沟自然保护区沟内的居民利益得到了重视，除享受国家对退耕还林还草补贴的财政政策以外，保护区每年对沟内居民的各类补贴达 800 万元以上，人均年补贴约 8 000 元，而沟外的居民未能得到相应的收益，极大地影响了其保护九寨沟资源的积极性。

2002 年九寨沟漳扎镇居民的生态足迹效率为 2 613 元/ghm^2，退耕还林还草的面积为 774.272 hm^2，根据退耕还林还草居民的直接收益损失价值公式(7.6-7)计算，居民的直接收益损失价值为 202.32 万元。以此作为生态补偿最低标准，2002 年漳扎镇居民户均应补偿 2 159 元，人均应补偿 472 元。

(2) 生态补偿上限标准。居民退耕还林还草的保护生态环境行为，客观上增加了生态系统的服务功能价值，这些服务功能价值的现实表现为游憩功能价值，游憩功能价值的实现或置换主要是通过发展旅游业。2002 年九寨沟漳扎镇的旅游生态足迹效率为 8 643 元/ghm^2，退耕还林还草的面积 774.272 hm^2，根据退耕还林还草的游憩功能价值公式(7.6-8)计算，退耕还林还草的游憩功能价值为 669.18 万元，以此作为生态补偿上限标准，2002 年漳扎镇居民户均应补偿 7 142 元，人均应补偿 1 561 元。

(3) 生态补偿合理标准。由于旅游业发展占用了当地居民的生态足迹，对当地自然环境产生了影响，影响了当地居民在利用自然资源方面的公平权的实现，同时，由于旅游业与社区原有产业在利用自然资源效率方面存在差异，选择以旅游者与当地居民的生态足迹效率之差来确定补偿的合理水平，是现实与可行的途径。

2002 年九寨沟漳扎镇旅游者与居民的生态足迹效率之差为 6 030 元/ghm^2，退耕还林还草的面积为 774.272 ghm^2，根据公式(7.6-9)，取 k 为 1，结果为 466.89 万元。以此作为生态补偿合理标准，2002 年漳扎镇居民户均应补偿 4 983 元，人均应补偿 1 088 元。

7.6.3 浙江省德清县西部乡确立生态补偿长效机制研究

浙江省德清县西部地区，按照《德清西部地区保护与开发控制规划》确定范围，包括莫干山镇、筏头乡以及武康镇的 104 国道以西区域，面积约 304.6 km^2，涉及有行政村 32 个，自然村 323 个，总人口 55 959 人。西部森林资源丰富，植被茂密，林地面积约 230 km^2，占全县林地的 60%以上。森林覆盖率达 80%左右。同时在该县 6.12 亿 m^3 水资源总量中，30%以上集中在西部地区，也是全县主要的河流阜溪、余英溪和湘溪发源地；库容 1.16 亿 m^3 的对河口水库，是县城居民当前乃至今后全县的供水水源。筏头乡和莫干山镇南路片分别是对河口水库与兴建中的老虎潭水库的上游汇水区域，两大水库是德清县和湖州市区居民饮用水的主要水源地，属重要的生态敏感区，生态保护职责重大。综合上述原因，生态保护限制了西部乡镇发展第二产业的可能性，也对发展大规模的度假旅游等第三产业有一定限制，西部发展的弹性受到了较大的约束。基于西部乡镇生态保护职责重大，多年来西部乡镇以直接或间接牺牲了一定的经济发展为代价，担负着县域生态维系职责。如何让生态保护投资者得到相应回报，如何促进西部乡镇生态环境进一步优化，需要对西部乡镇建立一定的生态补偿机制或办法。

7.6.3.1 对西部乡镇实行生态补偿的必要性

所谓生态补偿机制就是通过一定的政策手段实行生态保护外部性的内部化，让生态保护成果的"受益者"支付相应的费用；通过制度设计解决好生态产品这一特殊公共产品消费中的"搭便车"现象，实行公共产品的有偿使用；通过制度创新确保好生态投资者的合理回报，激励人们进行生态保护并使生态资本增值的一种制度。

1. 西部乡镇为了保护生态环境，在一定程度上牺牲了经济的发展。为实现让保护者受益，应建立生态补偿机制。为直观地体现西部乡镇经济发展的落后与差距，将 2003 年末德清统计年鉴所统计数据的部分指标，与全县平均值相比较，见表 7.6-3。

表 7.6-3 德清县西部乡镇经济发展水平概要表

乡镇名称	区域面积(km^2)	总人口(人)	农村经济总收入(万元)	农民人均纯收入(元)	财政总收入(万元)	人均财政收入(元)
筏头	101	15 831	56 759	5 347	888	561
莫干山	91	16 158	47 683	5 323	794	491
三合	62.5	20 011	67 911	5 470	1 440	719
全县乡镇平均值	85	38 491	228 616	5 716	6 995	1 817

从表 7.6-3 中指标对比来看，西部地区是全县经济欠发达地区，农民人均纯收入低于全县平均水平 336 元/人，即 6%，乡镇人均财政收入仅为全县平均的 1/3。经济水平落后，使得道路交通设施建设滞后，现有公路除 104 国道、09 省道

对河口以东路段为一级公路外，其余均为四级公路或等外级，路面窄，通行能力差；各类设施配置水平较低，如给水设施多采用山水简易处理后使用，污水主要直接排放，电力电信等设施较为落后。

2. 基于西部地区生态环境保护的重要性，应建立生态补偿机制。德清县是省级生态示范区建设试点县，县委县政府“生态县”建设目标已确定。而西部乡镇既是全县主要河流的源头，又是生态林的集中分布区、水源涵养区，更是全县的重要饮用水源地。因此，西部乡镇地区对全县生态环境、对保障湖州市经济发展起着举足轻重的作用。

西部地区又是德清县生态县建设的核心区，如不加强生态环境保护、加大生态保护资金投入，从根本上改变经济增长方式，必然会带来资源消耗和环境污染总量的剧增，直接影响全县的环境质量，造成严重的生态问题，制约全县经济社会的持续发展。良好的生态环境保护，将是实现《德清西部地区保护与开发控制规划》中确定的总体定位和目标的基础，为德清县旅游业发展提供重要空间。

3. 划定实行生态补偿的范围。按照《德清西部地区保护与开发控制规划》确定的西部是以 104 国道为界以西区域，根据调查，东苕溪上游在生态保护上属敏感区，下渚湖湿地保护对生态县创建有相当影响，因此建议实行生态补偿的西部乡镇范围适当扩大，增加三合乡。

7.6.3.2 西部乡镇生态环境保护面临的困难及其原因

西部乡镇在经济欠发达情况下，对生态环境保护一直作了相当大的努力，承担了以水资源保护为主的重任。但按照《德清西部地区保护与开发控制规划》确定了环境目标，即饮用水源水质达标率 100%，地表水水质达标率 90%，大气环境质量达到功能质量标准比率 100%，森林覆盖率 85%，生活垃圾处理率 75%，畜禽粪便处理率 90%，化肥利用强度折纯 230 kg/hm^2，农用薄膜回收率 95%，目前的状况距此标准还有相当差距，需要采取多方面措施，主要是在以下五个方面进行投入和补偿。

1. 生态公益林的补偿和管护费用。全县生态公益林 29.22 万亩，主要分布在“五大支流”（埭溪、阜溪、余英溪、湘溪、禺溪）源头汇水区、对河口水库四周，其中以筏头乡、莫干山镇、武康镇为主要分布乡镇，分别为 120 668 亩、86 000 亩、40 854 亩，共 247 522 亩，占 84.7%，对这 20 多万亩生态公益林的补偿和管护费用，按 8 元/(亩·年)的标准，需资金 198 万元/年。

2. 以日常生活垃圾处理为主的环境保护投入。西部地区共有行政村 32 个，自然村 323 个，总人口 5.6 万人。经过前几年的村庄环境整治，筏头乡、莫干山镇已完成“全覆盖”，但要长期保持村庄的环境卫生，避免生活垃圾集中后产生二次环境污染，需要长期财力和物力投入，据测算每年产生的生活垃圾约 31 000 t，对这些生活垃圾按集中至武康垃圾填埋场处理，需 155 万元/年。

3. 改善环保基础设施一次性投入资金。日常生活垃圾处理必须要配套环保设施，按照西部乡镇生态保护需要，应建一定数量的垃圾中转站，据测算需建 10 座，按每座 15 万元计算，需一次投入 150 万元。

4. 给筏头、莫干山两乡镇的笋加工企业的一次性治理补偿资金。罐头笋加工是造成水源污染的主要污染源。目前，筏头乡共有小规模家庭作坊式笋厂 66 家，年产量在 8.9 万罐左右，按每万罐排放废水 0.8 万 t，产生固体废物 108 t 计算，每年产生废水 7.12 万 t，产生笋壳等固体废物 961.2 t，对这 66 家小笋厂无法常年治理，只有进行关停处理，测算需一次性补助 330 万元。另外筏头、莫干山镇南路片共有规模罐头笋加工企业 15 家，年产量在 22 万罐左右，每年排放废水 17.6 万 t，产生固体废物 2 376 t，对这 15 家笋厂需要配置相应的治污设施来治理，确保污染物达标排放和处理，预计需治理费用 225 万元，按照以企业投入为主，政府适当补助的办法，测算需一次性补偿约 80 万元。

5. 保护对河口水库水源，需限期关闭对河口氟石矿，引起经济损失和补偿。对河口氟石矿目前每年销售收入 1 200 多万元，现有职工 135 名，年发放工资 220 万元；拖拉机 200 余辆，每年近 220 多万元的运输收入；经销户有 80 多户，每年上缴村集体 200 万元左右；涉及矽肺人员 15 名，每年由氟石矿支付 10 多万元资金补助。为保护好水库饮用水源，氟石矿必须关闭，从而引发的村集体、职工等直接经济损失显而易见，应给予合适的补偿。

补偿方式如下：一是对关闭企业现有的机械设备给予一次性补偿；二是对河口村集体经济收入来源，由县解决一定比例的经费，作为补充；三是当地农民职工就业，建议拓宽就业渠道，适当安排一定就业人员。

以上是西部乡镇生态环境保护目前面临主要情况，西部乡镇实施生态保护，最大困难就是经济实力和资金实力，究其客观原因，主要有以下几个方面。

1. 产业结构问题。西部山区乡镇，从改革开放开始，同东部乡镇一样，走过乡镇村集体办工业道路，在 20 世纪 80—90 年代中期，由于受交通等各类基础设施落后影响，西部乡镇工业化道路遭遇挫折，目前产业构成中“一产”仍占据较大比例，工业以资源开发加工为主，主要是竹制品、饮用水、茶叶等生产，工农业生产普遍存在规模小、缺少品牌产品、加工粗放、附加值低等问题。近年来以旅游为主第三产业虽有一定的发展势头，但尚属于起步阶段。

2. 由于中心城市具有集聚各类生产要素的强大功能，西部乡镇都在中心城市发展的辐射范围内，在一定因素上导致了资金、劳动力等要素向中心城市的集中。表现为具有一定规模的企业外迁武康开发区，造成山区农民隐性失业，农民增收的主要渠道务工收入减少。据调查，近年来筏头乡有10家企业外迁(近期还有4家要外迁)，使近400人失去就业的机会，让农民务工收入减少约400万元；莫干山镇有6家企业外迁，其中2家为规模性企业。另外山区与武康县城的经济差距大，造成山区人口外流，多以青年外出打工为主，并且武康城市发展使山区农业发展成本相对增加，收益减少。

3. 乡镇财政困难。一是受税费改革影响，教育费附加、农特税减免取消等因素，带来乡镇财政收入减少；二是企业外迁，带来税源转移流失；三是受生态保护约束，招商引资工作难，企业难以进入，税源扩张缺乏基础。

7.6.3.3 目前已采取的一些措施和探索

针对西部生态环境保护面临经济困难的客观情况，县委县政府高度重视并采取了一定措施，取得了初步成效。主要如下。

1. 针对税费改革带来乡镇财政收入影响，实施了对西部乡镇有一定倾斜的财政转移支付方式，确保乡镇政府正常运转。

2. 通过对西部乡镇领导班子和领导干部目标考核优化调整，降低了工业及招商引资考核评分，突出了生态保护目标考核，增强了乡镇领导班子和领导干部对生态保护的责任感和自觉性。

3. 通过《德清西部地区保护与开发控制规划》的出台，明确了西部乡镇经济社会发展定位与目标，为构筑西部乡镇经济发展的框架奠定基础。

4. 通过已规划并拟建立莫干山经济开发区西部乡镇工业园区，促使西部乡镇工业企业进城，为发展旅游观光、休闲度假、生态农业提供发展空间。

7.6.3.4 实施西部乡镇生态补偿机制建议

1. 落实生态公益林的补偿基金。生态公益林补偿机制作为一项有利于生态环境保护的环境经济政策和制度，是有法律依据的。《中华人民共和国森林法》规定“国家设立森林生态效益补偿基金，用于提供生态效益的防护林和特种用途林的森林资源、林木的营造、抚育、保护和管理……”。《浙江省森林管理条例》第九条规定“公益林的投资经营者，有获得森林生态效益补偿的权利”。第十条规定“各级人民政府应当加大公益林建设的投入。省人民政府应当设立森林生态效益补偿基金，森林生态效益补偿基金按照事权划分，由各级人民政府共同分担。森林生态效益补偿基金用于对纳入公益林管理的森林资源、林木的投资经营者的补偿，以及公益森林资源、林木的营造、抚育、保护、管理等。森林生态效益补偿基金应当优先保障重要生态功能区……”。西部地区共有24.75万亩生态公益林，其中国家重点公益林为11.2万亩，补偿基金标准为8元/(亩·年)，由国家、省出资一半，县出资一半，这部分首先应予落实到位，即89.6万元/年。同时对于其他13.55万亩生态公益林，也应该给予补偿，建议按4～6元/(亩·年)标准由县财政来补偿，即54.2万～81.3万元/年。

2. 健全公共财政体系，进一步加大财政转移支付的力度。一是针对税费改革带来西部乡镇财政收入减少影响，建议县财政通过转移支付补足减少部分；二是针对西部乡镇保护生态环境，导致企业外迁，招商引资难以引进带来税源无法增长，人均财政收入与全县平均值相差较大的实际，建议县财政增加生态保护补偿预算资金，列入每年度财政预算，用于西部乡镇政府开展生态保护工作，重点为筏头乡、莫干山镇，建议按人均财政收入平均值提高5%比例，即290万元。

3. 建立生态补偿基金。生态保护实行补偿，不能仅靠财政投入，建议设立生态补偿基金，用于西部乡镇开展生态保护实施项目的补助和镇、村建设。建议从水资源费、矿产资源费和土地出让金、林地的育林基金、环保的排污费中每年提取一定比例的资金。根据2003年以上各项资源费可用资金为5 367万元，建议提取10%作为生态补偿基金。

4. 针对河口水库水资源保护的重要性，建议设立专门的水资源生态补偿基金，按照提高0.10/m^3元、每天6万m^3引水量计算，每年可获得219万元补偿基金，用于汇水区域乡镇。

5. 规划的莫干山经济开发区西部工业园区应尽快有实质性推动，出台相关优惠政策，利于西部乡镇招商引资，同时吸引西部乡镇工业企业，特别是污染企业外迁，以提高西部乡镇经济总量和财政实力。

6. 对于西部乡镇按规划进行集镇建设出让土地，建议在土地出让金上给予乡镇优惠倾斜，如全额返还或部分返还，以增加乡镇财源，加大对集镇基础设施投入，吸引农民进镇务工经商，减少对生态环境的压力。

7.6.4 江西鄱阳湖自然保护区生态补偿研究

7.6.4.1 鄱阳湖自然保护区概况

鄱阳湖区包括江西省南昌市区、南昌县、新建区、进贤县、九江市区、永修县、德安县、庐山市(原星子县)、都昌县、湖口县、余干县、鄱阳县12个县市，分别隶属南昌、九江和上饶3个地级市，土地总面积20 289.50 km^2。鄱阳湖区有人口886.17万人(2003年)，其中农村人口599.85万人，占总人口的67.69%。耕地与湿地是鄱阳湖区最主要的两种土地利用类型，也是洪水风险区内彼此竞争的土地类型。

鄱阳湖是我国最大的淡水湖和国际重要湿地，湖泊形态季节差异悬殊，年内水位变化剧烈，达13 m以上。“高水为湖、低水似河”“汛期茫茫一片水连天，枯水沉沉一线滩无边”“夏秋天水一色，冬春草洲无边”是对鄱阳湖壮丽景观的生动写照。这一地区因为土地富庶，生物资源极为丰富，是白鹤、东方白鹳等的重要越冬地。鄱阳湖国家级自然保护区位于鄱阳湖西畔，于1988年成立，总面积2.24万hm^2，包括九大核心湖泊，分别是大湖池、大汉湖、象湖、中湖池、常湖池、梅西湖、蚌湖、沙湖、朱市湖，是鄱阳湖区湿地自然景观保存最为完整的地区之一，也是珍稀水禽的主要越冬地。每年的10月底至次年的3月底，有310种近百万只候鸟来此越冬，集中了世界98%的白鹤。其中典型湿地鸟类159种，有13种为世界濒危鸟类。属国家一级保护动物10种，二级保护动物44种，被誉为“鹤类王国”“珍禽乐园”。此外，鄱阳湖湿地是我国生物多样性自然保护区，已记录到湖泊浮游植物5种，水生维管束植物102种，浮游动物47种，昆虫227种，软体动物56种，哺乳类野生动物45种。

1998年特大洪涝灾害给长江中游造成了惨重损失，教训沉痛，多年来围湖造田的弊端深刻显露。根据中共江西省委、江西省人民政府《关于灾后重建、根治水患的决定》和《江西省平垸行洪退田还湖移民建镇若干规定》，退田还湖移民有享有国家移民建房补助资金和减免部分税费(8项优惠政策)的权利。2000年国务院发布《蓄滞洪区运用补偿暂行办法》(国务院令第286号)规定了蓄滞洪区在主动运用时对蓄滞洪区内居民损失的具体补偿办法。1998年10月，我国开始实施退田还湖工程，并出台了一系列相关政策。如灾后重建、退田还湖、移民建镇(1998年10月至2002年4月)，此期间共计移民22.1万户，90.82万人，国家财政补助资金35.32亿元，总计退田8.67万hm^2，其中双退(退田退人)2.1万公顷，单退(退人不退田)6.57万公顷以及退田还湖巩固工程(2002年5月至2005年4月)和退田还湖后期政策保障(2005年5月至今)。随着退田还湖巩固工程的验收完毕，退田还湖的实施暂告段落，其政策影响也有弱化的趋势。退田还湖前期(1995—2000年)，鄱阳湖区土地利用呈现耕地大量减少、湿地大量增加的态势，耕地面积减少202.20 km^2，湿地面积相应增长了210.68 km^2；在退田还湖后期(2000—2005年)，土地利用变化趋势出现逆转，出现耕地恢复增长、湿地大量缩减的现象，新增耕地面积59.34 km^2，减少湿地面积60.33 km^2。2005年12月，《国务院关于落实科学发展观加强环境保护的决定》指出：“继续实施退田还湖等生态治理工程。”

7.6.4.2 保护区社会、经济影响分析

调查发现，鄱阳湖自然保护区居民的主要收入来源是渔业(43%)，以及种植业和其他经济活动的结合，如种植加养殖(21%)，种植加养殖加非农收入(占21%)，年均纯收入分别为3 897元、4 123元和5 453元。

保护区设立后，农户的年均收入比以前下降了 1 500～2 000 元(59%)。收入下降的主要原因如下。第一，退田还湖后，农田数量减少引起农业收入下降。第二，捕鱼受限制，也不能通过打猎、打草获取收入。第三，逐年增多的鸟类因缺少食物而食晚稻和蔬菜。在鄱阳湖成立候鸟保护区后，每年 10 月底至次年 3 月底是保护候鸟的重要时期，其间禁止任何人下湖捕捞；3 月 20 日至 6 月 20 日又是鄱阳湖水域禁渔期。因此，渔民每年从事渔业生产的时间只有 3～4 个月，严重影响渔民的生产、生活，"人鸟争食"情况十分突出。第四，大部分湿地为草地，限制放牧和畜牧业发展。第五，地方病危害：保护鸟类引起血吸虫病患者比例上升，如吴城镇血吸虫病患者占全镇人口的 60%以上。

当地居民对保护区设立后生态环境变化持有积极的态度，认为主要保护对象近年出现明显好转。如 69%的农户认为鸟类数量增加，20%认为水生植物增加，11%感觉空气变新鲜。但资源破坏及水污染的增加是保护区面临的主要问题。在对保护区利弊的总排序上，多数认为弊大于利或没利，即使参加过保护区管理局提供的培训的，或者知道相关政策和条例者，但他们的认知很大程度上受利益最大化的影响。由于收入水平下降，多数人不愿意再退田还湖，不愿意参加保护区的保护活动。根据吴城镇提出的预算，如果为保护湿地进行强制性移民，则该镇有 1 500 户需要移民，给每户需提供 6 万元的费用。对经济欠发达的地方政府，无疑是个很大的问题。

7.6.4.3　保护区生态补偿标准确定

1998 年，近 60%的农户从县政府(11%的农户)或鄱阳湖管理局(43%的农户)得到实物补助，退田面积每亩得到大米 100～250 斤。1998 年是实施退田还湖工程的第一年，为落实国家政策，地方政府对退田还湖的农户进行了补偿。但这种补偿并没有持续下去。对已有的补偿，绝大多数(91%)的农户认为太低。

对鄱阳湖湿地保护区，补偿标准可以参考退田还湖的机会成本和农民受偿意愿两个因素。退田还湖地多以种植中稻及一季晚稻、二季晚稻为主，平均产量每亩 450 kg 左右，扣除化肥等物质成本和必要的活劳动等非物质成本，年纯收益在每亩 750 元左右，机会成本取每亩 2 000 元。受偿意愿采用农户调查的方式来获得。对问题"您愿意接受哪种补偿方式？补偿多少？"，104 个农户中(见表 7.6-4)，99 户选择了现金补偿，提出的标准平均值为每户 3 324 元；5 户选择了实物补偿如政府提供大米。从农户年均收入和受偿意愿的比较看出(见表 7.6-4)，就年均收入而言，占比例最高(35%)的是收入在 2 000 元以下的农户，其次为收入在每年每户 4 000～5 000 元的农户(34%)。从受偿意愿的优先选择来看，大多数(56%)的农户提出补偿在每年每户 2 000 元以下，其中 27%认为应补偿在每年每户

1 000 元左右。持这种观点的农户大多以种植业为主，占总调查农户的 53%，年均收入在 1 500～1 800 元，他们的收入受保护区的影响较大，同时面临进一步退田还湖的选择。由于鄱阳湖区退田还湖的农民为保护湿地恢复生态而出让其部分权利，属于受到损害的一方，应得到补偿。调查发现，大部分农户是基于今后可能受影响的收入水平来选择补偿的标准。兼顾种植、养殖户收入差异，减少社区内部因收入差异引起的冲突，可以取补偿意愿的平均值，即每户 3 324 元/年作为补偿标准确定的依据，对种植区计划退耕的农户，也可采用每年每亩 750 元作为补偿标准确定的依据之一。此值与王晓鸿等提出的每年、每户 3 000 元接近。因此，每年每亩 750 元或每年每户 3 300 元可以作为补偿标准确定的参考值。

表 7.6-4 农户收入及受偿意愿

年收入(元)	年均收入户数及比率	受偿意愿户数及比率
≤1 000	14(13%)	30(29%)
1 001～2 000	23(22%)	28(27%)①
2 500～3 000	13(13%)	11(11%)
4 000～5 000	35(34%)	11(11%)
6 000～9 000	19(18%)	12(12%)
≥10 000	0(0)	12(12%)
合计	104(100%)	104(100%)
备注	最高值为 7 000 元 最低值为 220 元 平均值为 4 074 元	最高值为 10 000 元 最低值为 300 元 平均值为 3 324 元

注：①其中 7 户为按提出的实物(大米)补偿量折算而来。

鄱阳湖退田还湖生态补偿是给因保护湿地生态环境而被要求放弃原有的土地使用权的农民，补偿的大小通过计算为每年 10.94 亿元(其中包括国家已下达给湖区的移民建镇资金)。由于是补偿使用权所有者型，建议采取财政补贴、税收减免和优惠信贷的方式较为合理和容易操作。

7.6.4.4 保护区生态补偿资金来源

关于补偿手段，在鄱阳湖保护区可分为两种：使用者补偿，主要有收费、罚款，渔业、矿产、土地、水面、滩涂等多项资源补偿费和押金几种补偿手段；补偿使用权所有者型，主要有财政补贴、税收减免、优惠信贷等。对具体的补偿机制手段实现方式，按重要性归纳见表 7.6-5。

表7.6-5　鄱阳湖湿地保护区生态补偿实现机制

补偿项目	类型	行为方式	补偿者	收取渠道	支出渠道	管理机构
环境质量	湿地 天然林	排污	排污单位	排污费	水处理	环保局
渔业资源	湿地	捕捞	渔民	渔业 资源费	渔业资源 保护	保护区管理局
		退出捕捞	保护区 管理局		财政专项 补贴	保护区管理局
林业资源	天然林	砍伐	企业/农民	林业 资源费	林业资源 保护	保护区管理局
水产养殖	湿地	养殖	湖面资源 占用者	占用费	渔业资源 保护	保护区管理局
水资源	天然林	建小型 水电站	企业	水资源费	水利建设	水利部门
挖砂①	湿地	砂矿开采	开采者	复垦与资 源税/费	资源保护	国土资源厅
采矿	天然林	矿石开采	开采者		资源保护	国土环境资源厅
土地资源	湿地	退田还湖	政府	复垦与资 源税/费	直接补贴	保护区管理局、 县政府
	天然林	退耕还林	政府		直接补贴	保护区管理局、 县政府
旅游资源	湿地 天然林	生态环境 压力	旅游者	门票 增加额	保护区 生态建设	旅游部门/ 保护区管理局
野生动物 捕猎	湿地 天然林	狩猎	狩猎者	罚款	野生动物 保护	林业部门

注：①实地调研发现，挖砂对鄱阳湖湿地造成了严重的破坏，每天都有来自本省和外省的大小不等的船只来湖区挖砂。

从表7.6-5可以看出，补偿费收取后建议由保护区管理局统一支出，因为当地农户对管理局还是持有信任的态度，大多数(68%)愿意管理局给他们付补偿费。但他们自己目前并不愿意接受补偿费，原因是家庭生活困难，同时，保护区设立后他们的收入受到影响，但并没有得到应有的补偿。多数农户(58%)不清楚自身对保护区管理带来的影响，部分(26%)认为有利于管理，因为他们从事一些资源保护活动，少数(16%)认为不利于管理，在禁捕期还有捕捞等现象。

Pearson双尾相关显著性检验表明，退田还湖面积大小直接影响着农户的认知和意愿。退田面积越大，家庭收入下降越多(相关系数 $r=0.475^{**}$，$p\leqslant 0.01$)，越不愿意再进行退田还湖($r=0.347^{**}$，$p\leqslant 0.05$)，但他们更倾向于保护区管理局发放补偿资金($r=-0.542^{**}$，$p\leqslant 0.01$)，因为管理局设立在保护区，农户可以很方便地去管理局并与管理人员进行交流。此外，家庭人口数与对已有补偿标准的认知呈极显著正相关($r=0.311^{**}$，$p\leqslant 0.01$)，人口多的家庭趋向于认为标准过低，说明以往补偿大米的标准远远不能满足基本食物需求，人口越多，问题越突出。年轻人更加愿意参加资源保护方面的培训($r=0.515^{**}$，$p\leqslant 0.01$)。

第二篇

水库综合调节与调度

第8章

水能利用

河川水流、海浪、潮汐等蕴藏着巨大的动能和势能，称为水能。水能是大自然赋予人类的一种再生、清洁、廉价的能源，称为水能资源。水能资源早在3 000多年前就为人类所掌握和开发利用，如水车、水磨，利用水力提水灌溉和碾米磨粉。

水力发电需要修建一系列的水工建筑物和水电站建筑物，集中水头落差，形成水库，控制和引导水流通过水轮机，将水能转变成为机械能，再由水轮机带动发电机转动发出电能，然后经过配电和变电设备升压后送往电力系统供给用户。因此，水电站是为开发利用水能资源，将水能转变成电能而修建的工程建筑物和机械、电气设备的综合体，是利用水能生产电能的枢纽。

8.1 水能资源估算及水电站开发布置

8.1.1 水能资源估算

水能资源估算是一个复杂的过程，涉及多个层次和步骤。估算方法可分为三个层次。一是理论水能资源，根据河流分段的平均流量（或中水年、枯水年流量）和分段水位落差，逐段计算其能量后，累计量即为该河流的理论水能资源。二是技术可开发的水能资源。根据河流水能开发规划和潮汐电站开发规划，初步拟定装机容量和年发电量，统计得出技术可开发的水能资源。三是经济上可能利用的水能资源。在技术可开发水能资源的基础上，根据造价、淹没损失、输电距离等条件，挑选技术上可行、经济上合理的水电站进行统计，得出经济上可能利用的水能资源。由于技术水平和经济条件的变化，以及环境保护要求的提高，技术可开发的水能资源和经济上可能利用的水能资源也随之而变化。

8.1.1.1 水能资源与水力发电的基本原理

天然情况下，河川径流相对于海平面而言（或相对于某基准面）具有一定的势能。因径流有一定流速，就具有一定的动能。这种势能和动能组合成一定的水能——水体所含的机械能。

在地球引力(重力)作用下，河水不断向下游流动。在流动过程中，河水因克服流动阻力、冲蚀河床、挟带泥沙等，所含水能分散地消耗掉了。水力发电的任务，就是要利用这些被无益消耗掉的水能来生产电能。图 8.1-1 所示为一任意河段，其首尾断面分别为断面 1—1 和断面 2—2。若取 O-O 为基准面，按伯努利方程，流经首尾两断面的单位重量水体所消耗掉的水能应为

$$H=(Z_1-Z_2)+\frac{p_1-p_2}{\rho g}+\frac{\alpha_1 v_1^2-\alpha_2 v_2^2}{2g} \tag{8.1-1}$$

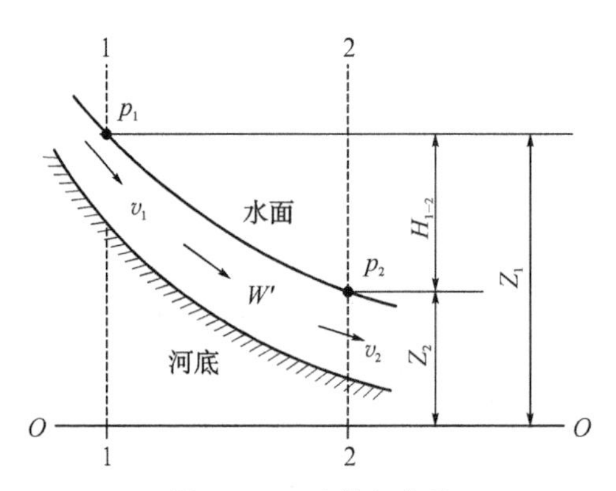

图 8.1-1 水能与落差

但是，大气压强 p_1 与 p_2 近似地相等，流速水头 $\frac{\alpha_1 v_1^2}{2g}$ 与 $\frac{\alpha_2 v_2^2}{2g}$ 的差值也相对微小可忽略不计，因此单位重量水体所消耗的水能就可近似地用首尾两断面间的水位差(落差) H_{1-2} 表示，即：

$$H_{1-2}=Z_1-Z_2 \tag{8.1-2}$$

设 Q 表示 t 秒内流经此河段的平均流量($\mathrm{m^3/s}$)，则在 t 秒内流经此河段的水体的体积 $W=Q_t$ ($\mathrm{m^3}$)，其重量为 $\gamma W=\gamma Q_t$，这里，γ 表示单位体积的水体重量，且 $\gamma=\rho g=9\,807\ \mathrm{N/m^3}$(其中，水的密度$=1\,000\ \mathrm{kg/m^3}$；重力加速度 $g=9.807\ \mathrm{m/s^2}$)。那么在 t 秒内流经此河段的水体重量为 $\gamma W=9\,807Q_t$(N)，其所消耗掉的水能 E_{1-2}(以 J 计)为

$$E_{1-2}=9\,807Q_tH_{1-2} \tag{8.1-3}$$

在电力工业中，习惯于用“kW · h”，(或称“度”)作为能量的单位 1 kW · h=

3.6×10^6J。于是，在 T 小时内此河段上消耗掉的水能为 E_{1-2}（以 kW·h 计）为：

$$E_{1-2}=\frac{1}{367.1}H_{1-2}Q_t=9.81H_{1-2}QT \tag{8.1-4}$$

式(8.1-4)即代表该河段所蕴藏的水能资源，它分散在河段的各微小长度上。由于天然河道中的水流可通过降水陆续得到补给，这就使水能资源成为不会枯竭的再生性能源。

河川水能资源也可用水流出力来表示。水流出力是单位时间内的水能。图 8.1-1 所示河段上的水流出力 N_{1-2}（以 kW 计）为：

$$N_{1-2}=\frac{E_{1-2}}{T}=9.81QH_{1-2} \tag{8.1-5}$$

式(8.1-5)常被用来计算河流的水能资源蕴藏量。

水力发电利用天然水能资源生产电能，实现这一目标需要修建水电站工程。其工作原理为：先通过有关工程设施将分散在开发河段上的水能资源集中起来，并尽量减少其无益消耗，再引取集中了水能的水流去转动水轮发电机组，将水能转变为电能。这里发生变化的只是水能，而水流本身并没有消耗，仍能为水电站下游的用水部门利用。

应当指出，由于水电站集中水能过程中的落差损失和水量损失以及电站生产过程中机电设备的能量损失等，所以水电站的实际出力要小于按式(8.1-5)计算得到的相应开发河段的理论水流出力。初步估算时，可用下式求出水电站出力 $N_{水}$，即

$$N_{水}=9.81\eta QH=KQH \tag{8.1-6}$$

式中：Q 为水电站引用流量，m^3/s；H 为水电站水头，m；K 为出力系数，且 $K=9.81\eta$，其中，η 为水电站效率，一般取 $K=6.5\sim8.5$，大型水电站取较大值，小型取较小值。

通常，称式(8.1-6)为水电站出力方程。

8.1.1.2　河川水能资源蕴藏量的估算

由式(8.1-5)可见，落差和流量是决定水能资源蕴藏量的两项要素。因为单位长度河段的落差（即河流纵比降）和流量都是沿河长而变化的，所以在实际估算河流水能资源蕴藏量时，常沿河长分段计算水流出力，然后逐段累加得到全河总水流出力。

在分段时，应将支流汇入等流量有较大变化处以及河流纵比降有较大变化处（特别是局部的急滩和瀑布等），取为计算河段的分界断面。此外，在具备优良

坝址条件亟待开发的位置，以及有重要城镇或需要重点保护对象的位置，一般也取为河段划分的分界处。而式(8.1-5)中的流量取首尾断面流量的平均值。根据多年平均流量 Q_0 计算所得的水流出力 N_0，称为水能资源蕴藏量。

为估算河流蕴藏的水能资源，应对河流水文、地形和流域面积等进行勘测和调查，然后按式(8.1-5)进行计算(表8.1-1)，并将计算结果绘成如图8.1-2所示的水能资源蕴藏图。表8.1-1和图8.1-2是掌握河流水能资源分布情况和研究合理开发的重要资料。

表8.1-1　某河水能资源蕴藏量计算示例

断面序号	高程 Z (m)	落差 H (m)	间距 L (km)	断面处流量 Q_i (m^3/s)	河段平均流量 Q_0 (m^3/s)	河段水流出力 N_0 (kW)	单位长度水流出力 N_0/L (kW/km)	水流出力累积 $\sum N_0$ (kW)
1	350	35	129	0	8	2 750	21	2 750
2	315			16				
3	288	27	34	21	18.5	5 000	147	7 750
4	278	10	19	25	23	2 250	118	10 000
5	252	26	60	34	29.5	7 650	128	17 650
6	213	39	100	46	40	15 300	153	32 950

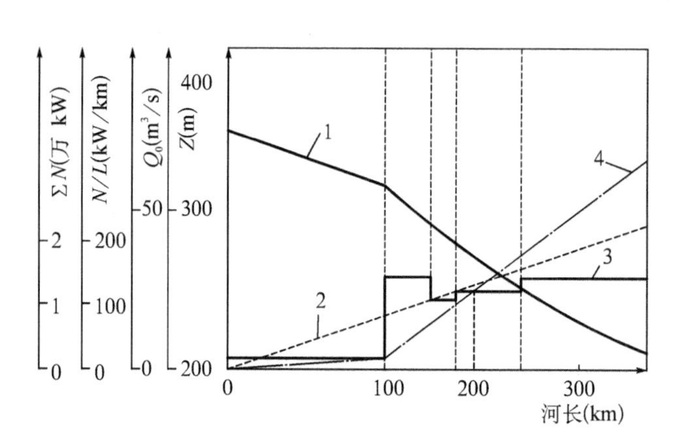

1—河底高程 Z(m)；2—流量 Q_0(m^3/s)；3—单位长度出力 N/L(kW/km)；4—累积出力 $\sum N$(万 kW)

图8.1-2　水能资源蕴藏量示意图

需要指出的是，上面估算的河流水能资源蕴藏量是根据各河段天然落差及多年平均流量计算得到的理论值，称为水能资源理论蕴藏量。实际上，由于技术和经济条件的限制，有些落差和流量不能用来全部发电，通过水轮机和发电机将水能转换为电能时也有一定效率，因此，往往需要计算水能资源技术可开发量和水能资源经济可开发量。

水能资源技术可开发量，是在现有技术条件下可能开发和已开发的所有水电站址的水能资源合计数。水能资源经济可开发量，是在水能资源技术可开发量中，已经开发以及在当前和将来当地经济条件下可能开发站址的水能资源合计数，这些站址的发电成本可与其他发电能源相竞争，但因环境问题而不能开发站址的水能资源不应计入。

水能资源的普查和估算，由国家专门机构统一组织进行，并正式公布。我国曾经于1980年进行了全国水能资源普查，2003年又完成了水能资源复查。根据复查结果，我国水能资源理论蕴藏量为6.94亿kW，年电量为6.08万亿kW·h；技术可开发装机容量为5.42亿kW，年发电量为2.47万亿kW·h；经济可开发装机容量为4.02亿kW，年发电量为1.75万亿kW·h，见表8.1-2。

表8.1-2 全国各地区水能资源蕴藏量及可能开发量统计表

地区	理论蕴藏量(MW)	占全国比重(%)	技术可能开发量(MW)	占全国比重(%)	经济可能开发量(MW)	占全国比重(%)
西南	490 309.6	70.61%	361 279.8	66.70%	236 748.1	58.92%
西北	89 811.3	12.93%	58 412.9	10.78%	48 118.6	11.98%
中南	59 733.4	8.60%	75 517.8	13.94%	73 596.3	18.32%
东北	13 052.8	1.88%	15 044.7	2.78%	13 998.1	3.48%
华东	27 767.1	4.00%	22 982.5	4.24%	21 542.0	5.36%
华北	13 721.6	1.98%	8 396.2	1.55%	7 793.6	1.94%
合计	694 395.8	100.00%	541 633.9	100.00%	401 796.7	100.00%

注：表中数值统计范围不含港澳台地区；“占全国比重”栏内数据为按相应发电量值计算。

我国水能资源具有三个重要特点。一是资源总量十分丰富，但人均资源量并不富裕。我国水能资源总量，包括理论蕴藏量、技术可开发量和经济可开发量均居世界首位。以电量计，我国可开发的水能资源约占世界总量的15%，但是我国人均水能资源量只有世界均值的70%左右，并不富裕。二是水能资源分布不均衡，与经济发展布局现状极不匹配。我国水能资源主要集中在经济发展相对滞后的西部地区。根据全国水能资源复查成果，以年发电量计，西部地区经济可开发水能资源占全国的81%，而经济相对发达、人口相对集中的东部沿海地区仅占4.5%。改革开放以来沿海地区经济高速发展，电力负荷增长很快，目前东部沿海11省、市的用电量已占全国的51%。这一态势在相当长的时间内难以逆转。为满足东部经济发展和加快西部开发的需要，近年来国家加大西部水电开发力度，制定实施“西电东送”的电力发展战略，以促进东、西部地区经济、社会的可持续发展。三是江、河来水量的年内和年际变化大，导致水能资源在时间上的分配不均。中国是世界上季风最显著的国家之一。受季风影响，降水时间和降水量在年内高度集中，一般雨季2～4个月的降水量可达到全年的60%～80%。降水量年际间的变化也很大，年径流最大与最小比值，长江、珠江、松花江为2～3倍，淮河达15倍，海河更达20倍之多。这些不利的自然条件，要求在水电规划和建设中必须考虑年内和年际的水量调节，根据情况优先建设具有年调节和多年调节水库的水电站，以提高水电的供电质量，保证系统的整体效益。

8.1.2 水电站开发布置

开发利用河川水能资源，首先要将分散的天然河川水能集中起来。由于落差是单位重量水体的势能，而河段中流过的水体重量又与河段平均流量成正比，参见式(8-2)和式(8-3)，所以集中水能的方法就表现为集中落差和引取流量的方式。根据开发河段的自然条件不同，通常采用的集中水能的方式主要有坝式、引水式及混合式。而具体的水电站开发布置方式，还须结合水电站站址的实际条件确定。

8.1.2.1 坝式

如图8.1-3所示，坝式开发方式是通过拦河筑坝或闸来抬高开发河段AB的水位，使原河段的落差H_{AB}集中到坝址B处，从而获得水电站的水头H。所引取的平均流量为场址B处的平均流量Q_B，即河段末的平均流量。显然，Q_B要比河段上断面A处的平均流量Q_A要大些。由于筑坝抬高水位而在A处形成回水段，因而有落差损失$\Delta H = H_{AB} - H$。

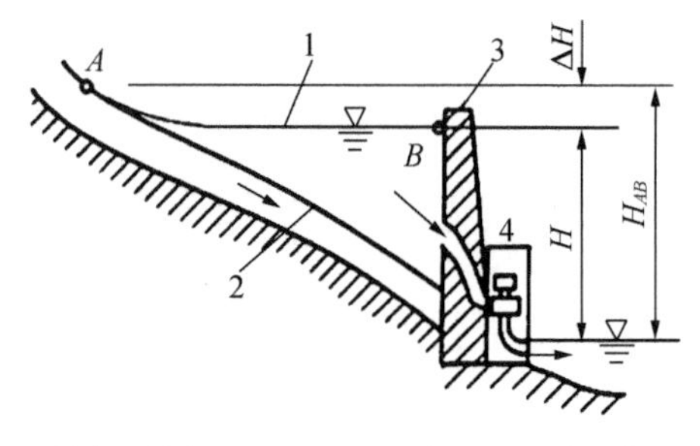

1—抬高后的水面；2—原河；3—坝；4—电站厂房

图8.1-3 坝后式水电站布置方式

采用坝式开发方式，一般需要具备较好的筑坝建库条件，且坝址上游A、B之间常因形成水库而发生淹没。坝式开发方式有时可以形成比较大的水库，使水电站能进行径流调节，成为蓄水式水电站。若不能形成供径流调节用的水库，则水电站只能引取天然流量发电，成为径流式水电站。

坝式开发的水电站，按其建筑物布置特点，又分为坝后式、河床式、坝内式、坝旁式等。

(1) 坝后式水电站

若筑坝建库所引起的淹没损失相对不大，可筑中、高坝抬高水位来获得较大的水头。因水电站厂房本身不能挡水，应将其布置在坝下游侧，与挡水坝分开，用压力引水管连接坝和厂房，见图 8.1-3。这种水电站称为坝后式水电站。这是最通常的坝式开发形式。我国黄河上的刘家峡水电站、长江上的三峡水电站等均属于这种布置形式。

(2) 河床式水电站

采用坝式开发时，若地形、地质等条件不允许筑高坝，可筑低坝或修建水闸来获得较低水头。此时常将水电站厂房作为挡水建筑物的一部分，使厂房承受坝上游侧的水压力，如图 8.1-4 所示。这种水电站称为河床式水电站。我国已建的浙江富春江和湖北葛洲坝水电站等，属于这种布置形式。

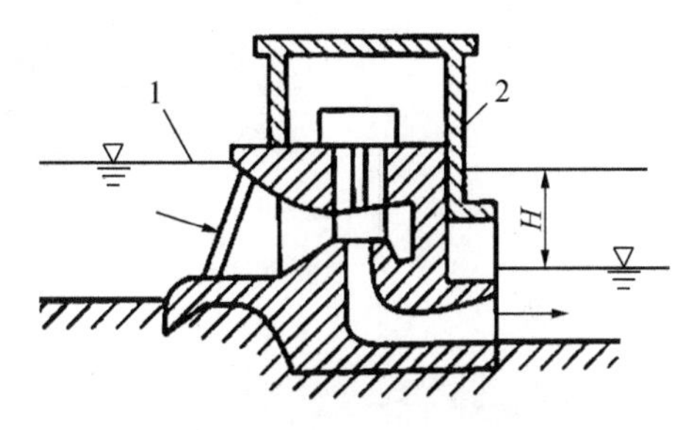

1—抬高后的水面；2—电站厂房

图 8.1-4　河床式水电站布置方式

(3) 坝内式水电站

如果坝址河道很窄，也可将发电厂房设在坝体内部。这种水电站称为坝内式水电站，如图 8.1-5 所示。我国已建的湖南凤滩水电站等属于这种布置形式。

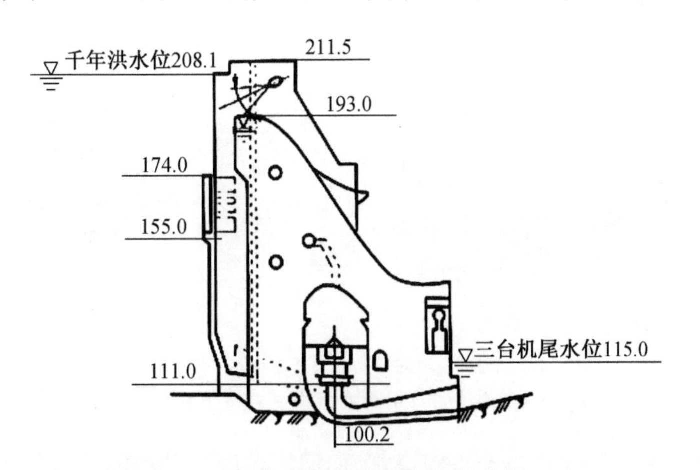

图 8.1-5　坝内式水电站布置方式(单位：m)

(4) 坝旁式水电站

在河道内建土石坝或拱坝，难以安排发电厂房时，常在坝旁设进水口和隧洞引水，至坝下游设发电厂房；也可将发电厂房设在坝旁的地下，再经尾水隧洞与坝下游河道连接。这种水电站称为坝旁式水电站，如图 8.1-6 所示。我国东北松花江上游的白山水电站属于这种布置形式。

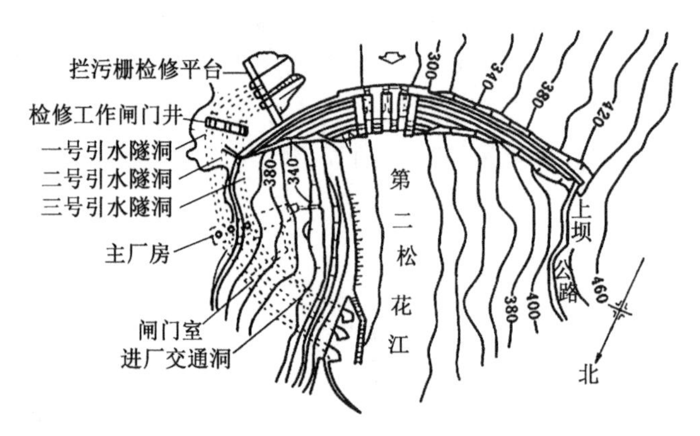

图 8.1-6　坝旁式水电站布置方式(单位：m)

8.1.2.2　引水式

如图 8.1-7 所示，引水式开发方式是通过沿河修建引水道，使原河段 AB 的落差 H_{AB} 集中到引水道末端厂房处，从而获得水电站的水头 H。引水道水头损失 $\Delta H = H_{AB} - H$，即为引水道集中水能时的落差损失。所引取的平均流量为河段上断面 A 处(引水道进口前)的平均流量 Q_A，AB 段区间流量 ($Q_B - Q_A$) 则无法引取。

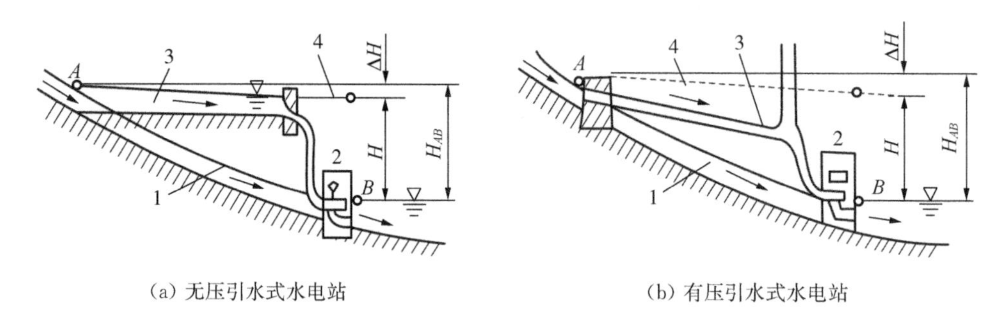

(a) 无压引水式水电站　　(b) 有压引水式水电站

1—原河；2—电站厂房；3—引水道；4—能坡线

图 8.1-7　引水式水电站布置方式

当地形、地质等条件不允许筑高坝，而河段坡度较陡或河段有较大的弯曲段处，建造较短的引水道即能获得较大水头时，常采用引水式集中水能。引水式开发方式利用引水道集中水能，不会形成水库，因而也不会在河段 AB 处造成淹没。引水式水电站通常都是径流式开发，且根据引水道中的水流条件，又分为无压引水式和有压引水式两大类。

(1) 无压引水式水电站

若引水式水电站通过沿河岸修筑坡度平缓的明渠(或无压隧洞等)来集中落差 H_{AB}，则称为无压引水式水电站，如图 8.1-7(a)所示。我国四川龙溪河回龙寨水电站等属于这种布置形式。

(2) 有压引水式水电站

若引水式水电站是用有压隧洞或管道来集中落差 H_{AB}，则称为有压引水式水电站，如图 8—7(b)所示。我国四川岷江支流渔子溪二级和一级水电站都是这种形式。

8.1.2.3　混合式

在开发河段 AC 上，有落差 H_{AC}(见图 8.1-8)。其中，BC 段上不宜建坝，但有落差 H_{BC} 可利用。同时可以允许在 B 处筑坝抬水，以集中 AB 段的落差 H_{AB}。此时，就可在 B 处用坝式集中水能，以获得水头 H_1(有回水段落差损失 ΔH_1)，并引取 B 处的平均流量 Q_B；再从 B 处开始，筑引水道(常为有压的)至 C 处，用引水道集中 BC 段水能；获得水头 H_2(有引水道落差损失 ΔH_2)，但 BC 段的区间流量无法引取。所开发的河段总落差为 $H_{AC}=H_{AB}+H_{BC}$，所获得的水电站水头为 $H=H_1+H_2$。两者之差即为落差损失。这种水电站称为混合式水电站。我国福建古田溪水电站属于这种形式。

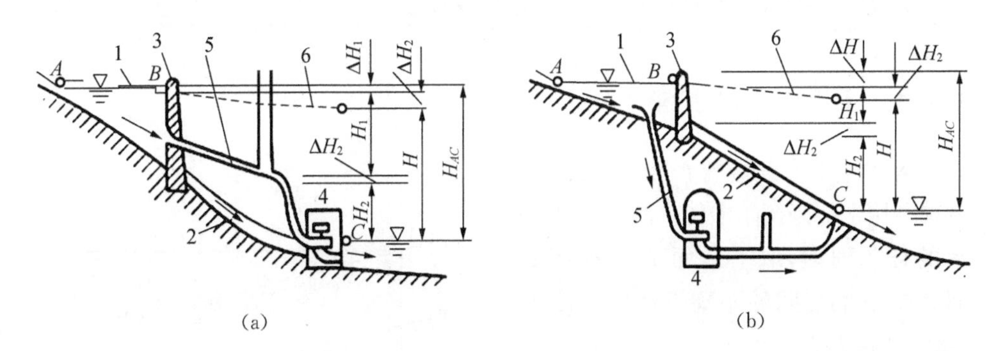

1—抬高后的水面；2—原河；3—坝；4—电站厂房；5—引水道；6—能坡线

图 8.1-8　混合式水电站集中水能的方式

采用混合式开发方式，既能形成可以调节径流的水库，又可获得较大的落差，而大坝及引水道的工程量均不很大。如果开发河段的上游部分有一较平坦的地形适宜于筑坝建库，同时其下游河段坡降较陡，可采用引水道集中落差，则在这种地形条件下，采用混合式开发是比较合理的。混合式水电站多半是蓄水式的。

除了以上三种基本开发方式外，还有跨流域开发方式（如图 8.1-9 所示）、集水网道式开发方式等。此外，还有利用潮汐发电方式、抽水蓄能发电方式等。

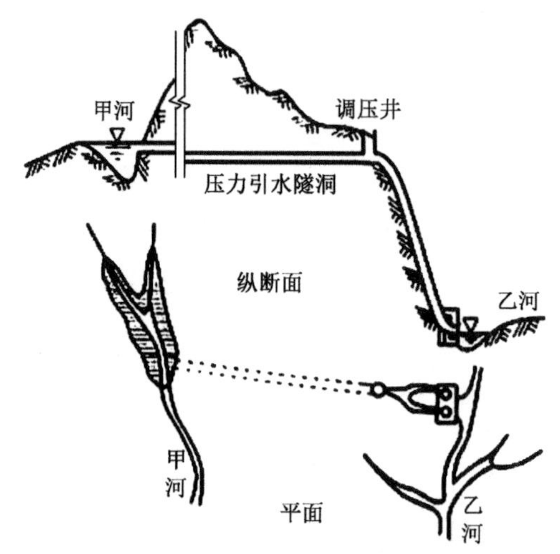

图 8.1-9 跨流域水电开发方式

8.2 水电站水能计算

8.2.1 水力发电的原理及基本方程式

天然河流中蕴藏着水能，水力发电就是利用水能来产生电能。图 8.2-1 表示的任一河段，取上断面 1-1 和下断面 2-2，它们之间的距离即河段长度 L(m)，坡降为 i。

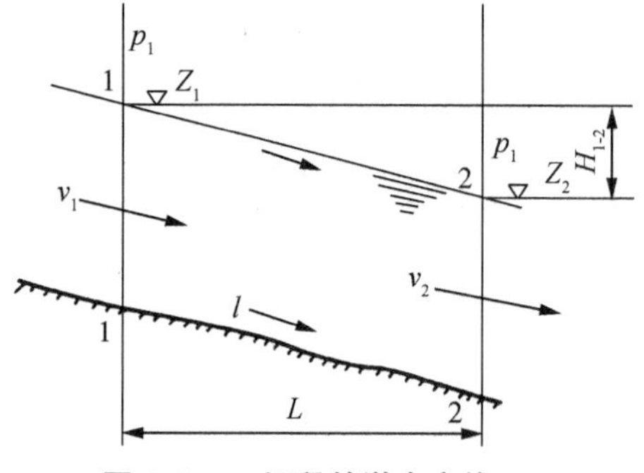

图 8.2-1 河段的潜在水能

假定在 T(s)时段内有 $W(\mathrm{m}^3)$的水量流过两断面，按伯努利方程，两断面水流能量之差即为该河段的潜在水能，即水体 W 在 L 河段所具有的能量为：

$$E_{1-2}=E_1-E_2=\gamma W(Z_1+\frac{p_1}{\gamma}+\frac{\alpha_1 v_1^2}{2g})-\gamma W\left(Z_2+\frac{p_2}{\gamma}+\frac{\alpha_2 v_2^2}{2g}\right)$$

$$=\gamma W\left(Z_1-Z_2+\frac{p_1-p_2}{\gamma}+\frac{\alpha_1 v_1^2-\alpha_2 v_2^2}{2g}\right)$$

$$\approx \gamma W H_{1-2} \tag{8.2-1}$$

式中：γ 为水的容重（$\gamma=1\,000\times 9.81\ \text{N/m}^3$）；$p_1$、$p_2$ 为大气压强，可认为相等；$\frac{\alpha_1 v_1^2}{2g}$、$\frac{\alpha_2 v_2^2}{2g}$ 为流速水头或动能，其差值也相对微小，可忽略不计；H_{1-2} 为两断面的水位差，即称落差或水头。

式(8.2-1)表明，构成河流水能资源的两个基本要素是河中水量 W 和河段落差 H_{1-2}。河中通过的水量越大，河段的坡降越陡，蕴藏的水能就越大。

能量 E_{1-2} 的单位是 N・m，与功的单位一致，表示 T 时段内流过水量 W 所做的功。单位时间内的做功能力称功率，工程上常称为出力或容量，用 N（或 P）表示，则该河段的平均出力为：

$$N_{1-2}=\frac{E_{1-2}}{T}=\gamma\frac{W}{T}H_{1-2}=\gamma Q H_{1-2}\ (\text{N}\cdot\text{m/s}) \tag{8.2-2}$$

式中：$Q=W/T$ 表示时段 T 的平均流量，以 m^3/s 计。

在电力工业中，习惯用 kW 或 MW 作为出力单位，因 1 kW=1 000 N・m/s，故式(8.2-2)可表示为：

$$N_{1-2}=9.81 Q H_{1-2}\ (\text{kW}) \tag{8.2-3}$$

能量常称电量，以 kW・h 为单位（或称度），则：

$$E_{1-2}=9.81 Q H_{1-2}\left(\frac{T}{3\,600}\right)=0.002\,7 W H_{1-2}\ (\text{kW}\cdot\text{h}) \tag{8.2-4}$$

式(8.2-3)和式(8.2-4)为计算水流出力和电量的基本公式。

由式(8.2-3)和式(8.2-4)算出的天然水流出力和电量，是水电站可用的输入水能，而水电站的输出电力系指发电机定子端线送出的出力和发电量。水电站从天然水能到生产电能的过程中，不可避免地会发生各种损失。首先，水电站在集中河段落差时有沿程落差损失 ΔH，在水流经过引水建筑物及水电站各种附属设备（如拦污栅、阀门等）时又有局部水头损失 $\sum h$，所以水电站所能有效利用的净水头为 $H=H_{1-2}-\Delta H-\sum h$。其次，在水库、水工建筑物、水电站厂房等处尚有蒸发渗漏、弃水等水量损失，这些损失记为 $\sum \Delta Q$，因此水电站所能有效利用的净发电流量 $Q=Q_{毛}-\sum \Delta Q$。最后，水电站把水能转化为电能时还有功率损失，用水轮机效率 η_T 和发电机效率 η_G 来表示，则水电站的效率 $\eta=$

$\eta_T\eta_G$。因此,水电站的实际出力和发电量计算公式为:

$$N=9.81\eta QH(\mathrm{kW}) \tag{8.2-5}$$

$$E=0.0027\eta WH(\mathrm{kW\cdot h}) \tag{8.2-6}$$

水电站的效率因水轮机和发电机的类型和参数而不同,且随其工况而改变。初步计算时机组尚未选定,常假定效率为常数,并令 $k=9.81\eta$,可得水电站出力的简化计算公式为:

$$N=kQH(\mathrm{kW}) \tag{8.2-7}$$

式中:k 称为出力系数,其值按经验或参照同类型已建电站的资料拟定。一般对大型水电站($N>300$ MW),取 $k=8.5$;对中型水电站($N=50\sim300$ MW),取 $k=8.0\sim8.5$;对小型水电站($N<50$ MW),取 $k=7.5\sim8.0$。待机组选定时,再合理分析计算出 η 值,并做出修正。

8.2.2 河流水能资源蕴藏量估算

要进行一条河流水能资源的评价和开发利用,必须事先勘测和估算河流天然蕴藏的水能资源。为此,需要对全河进行必要的勘测工作,收集有关的地理、地形、地质、水文、气象和社会、经济等方面的资料,然后应用式(8.2-1)分段估算各河段蕴藏的水能资源,绘制出如图 8.2-2 所示的河流水能蕴藏图。

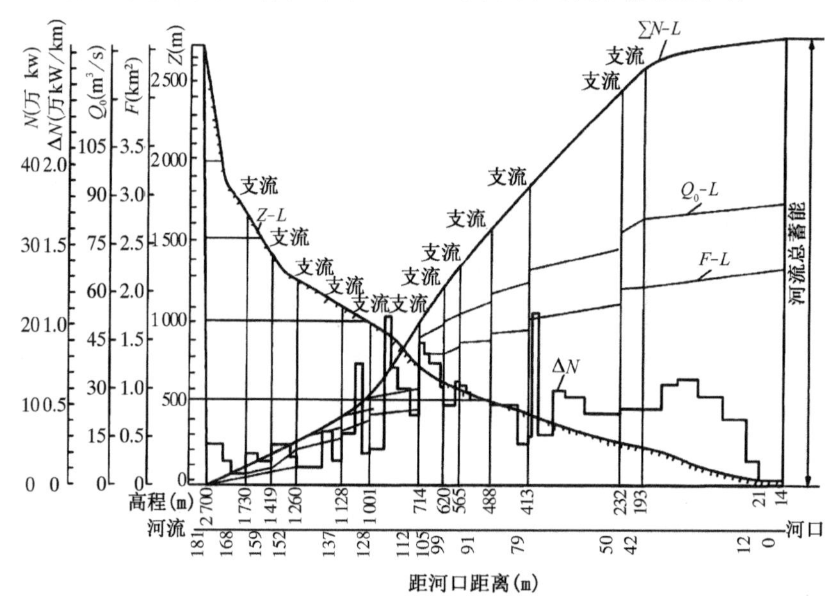

图 8.2-2 河流水能蕴藏图

绘制河流水能蕴藏图的主要步骤如下。

(1) 从河口到河源，沿河长(L)方向测量枯水水面的高程(Z)，作出沿河水面高程变化线 Z-L。

(2) 沿河长将河流分为若干段。分段原则为：较大的支流汇合处；河道坡降较大变化处；优良坝址处；有重要城镇和农田等限制淹没处等。得出各河段的长度 L。

(3) 计算河流各断面处所控制的流域面积 F 和多年平均流量 Q_0，并绘制F-L 和Q_0-L 线。

(4) 估算各河段的水能蕴藏量。计算时，考虑到河段两断面处流量不同，可取其平均值计算河段水流出力，即

$$N = 9.81\left(\frac{Q_1 + Q_2}{2}\right)H(\mathrm{kW}) \tag{8.2-8}$$

将各河段的出力，从河源到河口依次累加，便可得 $\sum N \sim L$ 线。

(5) 计算各河段的单位河长(每千米河长)所蕴藏的水流出力。单位出力为：

$$\Delta N = \frac{N}{\Delta L}(\mathrm{kW/km}) \tag{8.2-9}$$

由此可得到河段单位出力 ΔN 的分布线。

水能蕴藏图 8.2-2 给出了一条河流水能特性的全貌。从图上可以清楚地看到任一河段的蕴藏水能量、河流总水能、单位出力大的河段等。单位出力大的河段水能较集中，往往是优先开发的河段。水能蕴藏图是研究河流开发的基础资料。

8.3 水电站装机容量选择

水电站装机容量由最大工作容量、备用容量和重复容量所组成。电力系统中所有电站的装机容量的总和，必须大于系统的最大负荷。所谓水电站最大工作容量是指设计水平年电力系统负荷最高(一般出现在冬季枯水季节)时水电站能担负的最大发电容量。

在确定水电站的最大工作容量时，须进行电力系统的电力(出力)平衡和电量(发电量)平衡计算。我国大多数电力系统是由水电站与火电站所组成。所谓系统电力平衡，就是电站(包括水电站和火电站)的出力(工作容量)须随时满足系统

的负荷要求。显然，水、火电站的最大工作量之和，必须等于电力系统的最大负荷，两者必须保持平衡。这是满足电力系统正常工作的第一个基本要求，即

$$N''_{水、工}+N''_{火、工}=P''_{系} \tag{8.3-1}$$

式中：$N''_{水、工}$、$N''_{火、工}$ 为系统内所有水、火电站的最大工作容量(kW)；$P''_{系}$ 为系统设计水平年的最大负荷(kW)。

对于设计水平年，系统中水电站包括拟建的规划中的水电站与已建成的水电站两大部分。因此，规划水电站的最大工作容量 $N''_{水、规}$ 等于水电站群的总最大工作容量 $N''_{水、工}$ 减去已建成的水电站的最大工作容量 $N''_{水、建}$，即

$$N''_{水、规}=N''_{水、工}-N''_{水、建} \tag{8.3-2}$$

此外，未来的设计水平年可能遇到的是丰水年，但也可能是中(平)水年或枯水年。为了保证电力系统的正常工作，一般选择符合设计保证率要求的设计枯水年的来水过程，作为电力系统进行电量平衡的基础。根据系统电量平衡的要求，在任何时段内系统所要求保证的供电量 $E_{系、保}$，应等于水、火电站所能提供的保证电能之和，即

$$E_{系、保}=E_{水、保}+E_{火、保} \tag{8.3-3}$$

式中：$E_{水、保}$为该时段水电站能保证的出力与相应时段小时数的乘积；$E_{火、保}$为火电站有燃料保证的工作容量与相应时段小时数的乘积。

系统的电量平衡，是满足电力系统正常工作的第二个基本要求。

当水电站水库的正常蓄水位与死水位方案拟定后，水电站的保证出力或在某一时段内能保证的电能量便被确定为某一固定值。但在规划设计时，如果不断改变水电站在电力系统日负荷图上的工作位置，相应水电站的最大工作容量是不同的。如果让水电站担任电力系统的基荷，则其最大工作容量即等于其保证出力，即 $N''_{水、工}=N''_{水、保}$，在一昼夜 24 小时内保持不变；如果让水电站担任电力系统的腰荷，设每昼夜工作 $t=10$ 小时，则水电站的最大工作容量大致为 $N''_{水、工}=N_{水、保}\times 24/t=2.4N_{水、保}$；如果让水电站担任电力系统的峰荷，每昼夜仅在电力系统尖峰负荷时工作 $t=4$ 小时，则水电站的最大工作容量大致为 $N''_{水、工}=N_{水、保}\times 24/t=6N_{水、保}$。由于水电站担任峰荷或腰荷，其出力大小是变化的，故上述所求出的最大工作容量是近似值。由式(8.3-1)可知，当设计水平年电力系统的最大负荷 $P''_{系}$(kW)确定后，火电站的最大工作容量 $N''_{火、工}=P''_{系}-N''_{水、工}$。换言之，增加水电站的最大工作容量 $N''_{水、工}$，可以相应减少火电站的最大工作容量 $N''_{火、工}$，两者是可以相互替代的。根据我国目前电源结构，常把火电站称为水电站的替代电站。从水电站投资结构分析，坝式水电站主要土建部分的投资约占电站

总投资的 2/3 左右，机电设备的投资仅占 1/3，甚至更少一些。当水电站水库的正常蓄水位及死水位方案拟定后，大坝及其有关的水工建筑物的投资基本上不变，改变水电站在系统负荷图上的工作位置，使其尽量担任系统的峰荷，可以增加水电站的最大工作容量而并不增加坝高及其基建投资，只需适当增加水电站引水系统、发电厂房及其机电设备的投资；而火电站及其附属设备的投资，基本上与相应减少的装机容量成正比例地降低，因此所增加的水电站单位千瓦的投资，总是比替代火电站的单位千瓦的投资小很多。因此确定拟建水电站的最大工作容量时，尽可能使其担任电力系统的峰荷，可相应减少火电站的工作容量，这样可以节省系统对水、火电站装机容量的总投资。此外，水电站所增加的容量，在汛期和丰水年可以利用水库的弃水量增发季节性电能，从而节省系统内火电站的煤耗量，从动能和经济观点看，都是十分合理的。

有调节水库的水电站，在设计枯水期已如上述应担任系统的峰荷，但在汛期或丰水年，如果水库中来水较多且有弃水发生时，此时水电站应担任系统的基荷，尽量减少水库的无益弃水量。根据电力系统的容量组成，尚须在有条件的水、火电站上设置负荷备用容量、事故备用容量、检修备用容量以及重复容量等，保证电力系统安全、经济地运行，为此须确定所有水、火电站各时段在电力系统年负荷图上的工作容量、各种备用容量和重复容量，并检查有无空闲容量和受阻容量，这就是系统的容量平衡。此为满足电力系统正常工作的第三个基本要求。

8.3.1　水电站最大工作容量的确定

水电站最大工作容量的确定，与设计水平年电力系统的负荷图、系统内已建成电站在负荷图上的工作位置以及拟建水电站的天然来水情况、水库调节性能、经济指标等有关。具体如下。

8.3.1.1　无调节水电站最大工作容量的确定

无调节水库的水电站，几乎没有任何调节能力，水电站任何时刻的出力变化，只决定于河中天然流量的大小。因此，这种电站被称为径流式水电站，一般只能担任电力系统的基荷。在枯水期内，河中天然流量在一昼夜内变化很小，因此无调节水电站在枯水期内各日的引用流量，可以认为等于天然来水的日平均流量(需扣除流量损失和其他综合利用部门引走的流量)。在此情况下，水电站上下游水位和水头损失，也可以近似地认为全日变化不大，因此无调节水电站在枯水期内各日的净水头，即认为等于其日平均净水头。无调节水电站由于没有径流调节能力，其最大工作容量 $N''_{水、工}$ 即等于按历时设计保证率所求出的保证出力。如设计枯水日的平均流量为 $Q_{设}$ (m^3/s)，相应的日平均净水头为 $\bar{H}_{设}$ (m)，则无调节水电站的保证出力为：

$$N_{保、无}=9.81\eta Q_{设}\bar{H}_{设} \quad (kW) \tag{8.3-4}$$

8.3.1.2 日调节水电站最大工作容量的确定

确定日调节水电站最大工作容量时，必须先求出它的保证出力。由于日调节水电站的调节库容有限，其调节周期仅为一昼夜，因此水电站的保证流量 $Q_{设}$ 应为某一设计枯水日的平均流量，水电站的日平均净水头 $\bar{H}_{设}$应为其上下游平均水位之差减去水头损失。日调节水电站的保证出力为：

$$N_{保、日}=9.81\eta Q_{设}\bar{H}_{设} \quad (kW) \tag{8.3-5}$$

相应日保证电能量为：

$$E_{保、日}=24N_{保、日} \quad (kW\cdot h) \tag{8.3-6}$$

确定日调节水电站的最大工作容量时，可根据电力系统设计水平年冬季典型日最大负荷图，绘出其日电能累积曲线，然后按图解法确定水电站最大工作容量。如果水电站应担任日负荷图上的峰荷部分，则在图 8.3-1 的日电能累积曲线上的 a 点向左量取 ab，使其值等于 $E_{保、日}$，再由 b 点向下作垂线交日电能累积曲线于 c 点，bc 所代表的值即为日调节水电站的最大工作容量 $N''_{水、工}$。由 c 点作水平线与日负荷图相交，即可求出日调节水电站在系统中所担任的峰荷位置，如图 8.3-1 阴影部分所示。

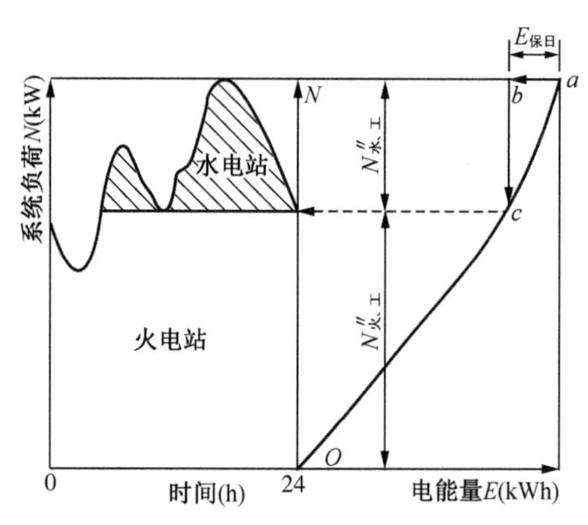

图 8.3-1 日调节水电站最大工作容量的确定

如果水电站下游河道有航运要求或有供水任务，则水电站必须有一部分工作容量担任系统的基荷，保证在一昼夜内下游河道具有一定的航运水深或供水

流量。在此情况下，日调节水电站的最大工作容量的求法如下（如图 8.3-2）：

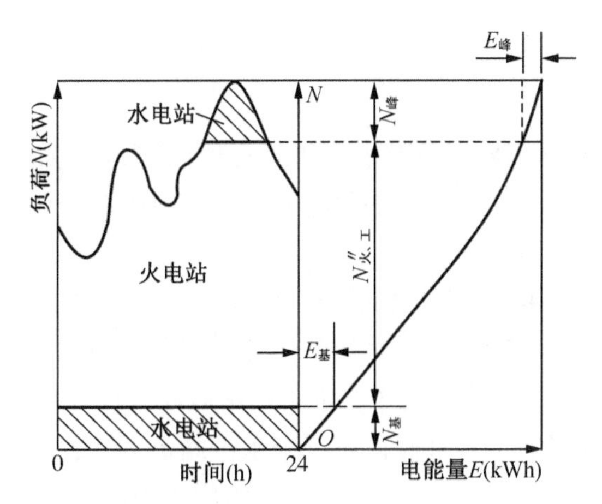

图 8.3-2　具有综合利用要求时，日调节水电站最大工作容量的确定

设下游航运或供水要求水电站在一昼夜内泄出均匀流量 $Q_{基}$（m^3/s），则水电站必须担任的基荷工作容量为：

$$N_{基}=9.81\eta Q_{基}\bar{H}_{设}\quad (kW) \tag{8.3-7}$$

这时，水电站可在峰荷部分工作的日平均出力为：$\bar{N}_{峰}=N_{保、日}-N_{基}$，则参加峰荷工作的日电能为 $E_{峰}=24\bar{N}_{峰}$，相应峰荷工作容量 $N_{峰}$ 可采用前述相同方法求得（如图 8.3-2）。此时水电站的最大工作容量 $N''_{水、工}$ 系由基荷工作容量与峰荷工作容量两部分组成，即：

$$N''_{水、工}=N_{基}+N_{峰}\quad (kW) \tag{8.3-8}$$

如果系统的尖峰负荷已由建成的某水电站担任，则拟建的日调节水电站只能担任系统的腰荷。这时可采用上述相似方法在图 8.3-2 上求出日调节水电站在系统中所担任的腰荷位置。

8.3.1.3　年调节水电站最大工作容量的确定

年调节水电站调节库容 $V_{年调}$ 较大，设多年平均年来水量为 $\bar{W}_{年}$，则年库容调节系数 $\beta=V_{年调}/\bar{W}_{年}=0.1\sim0.3$，能够把设计枯水年供水期 $T_{供}$ 内的天然来水量 $W_{供}$ 根据发电要求进行水量调节，其平均调节流量 $Q_{调}$ 为：

$$Q_{调}=(W_{供}+V_{年调})/T_{供}\quad (m^3/s) \tag{8.3-9}$$

相应水电站在设计供水期内的保证出力为：

$$N_{保、年}=9.81\eta Q_{调}\bar{H}_{供}\quad (kW) \tag{8.3-10}$$

式中：$\bar{H}_{供}$为年调节水电站在设计供水期内的平均水头(m)。水电站在设计供水期内的保证电能为：

$$E_{保、供}=N_{保、年}\ T_{供}\quad (kW \cdot h) \tag{8.3-11}$$

与日调节水电站相似，年调节水电站的最大工作容量 $N''_{水、工}$ 主要取决于设计供水期内的保证电能 $E_{保、供}$。现将用电力、电量平衡法确定水电站最大工作容量的步骤阐述如下。

(1) 在水库供水期内，应尽量使拟建水电站担任系统的峰荷或腰荷，已如上述，水电站最大工作容量的增加，将导致设计水平年火电站工作容量的减少，从而节省系统对电站的总投资。为了推求水电站最大工作容量 $N''_{水、工}$ 与其供水期保证电能 $E_{保、供}$之间的关系，可假设若干个水电站最大工作容量方案(至少三个方案)，如图 8.3-3 中的①、②、③，并将其工作位置相应绘在各月的典型日负荷图上，如图 8.3-4 示出 12 月份的典型日负荷图。由图 8.3-4 日电能累积曲线上可定出相应于水电站三个最大工作容量方案 $N''_{水工、1}$、$N''_{水工、2}$、$N''_{水工、3}$ 的日电能量 E_1、E_2、E_3。各个方案的其他月份水电站的峰荷工作容量也均可从图 8.3-4 上分别定出，从而求出各方案其他月份相应的日电能量。

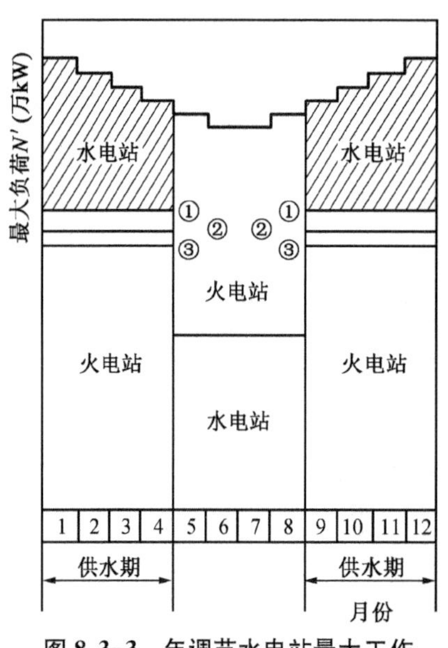

图 8.3-3 年调节水电站最大工作容量的拟定方案

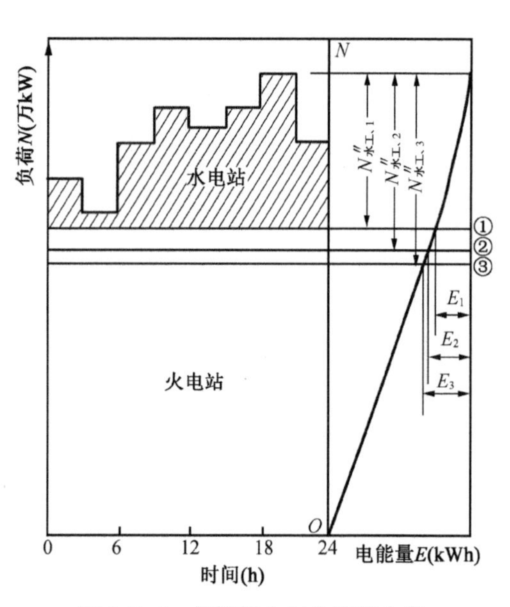

图 8.3-4 根据最大工作容量方案求日电能(12 月)

(2) 对每个方案供水期各个月份水电站的日电能量 E_i 除以 $h=24$ 小时，即得各个月份水电站的日平均出力 $\bar{N}_i$ 值，可在设计水平年电力系统日平均负荷年变化图上标出，如图 8.3-5 所示。图 8.3-5 上的斜影线部分，就是第①方案供水期各月水电站的平均出力，其总面积代表第①方案所要求的供水期保证电能 $E_{保、供1}$，即

$$E_{保、供1}=730\sum \bar{N}_{1.i} \quad (i=1、2、3、4、9、10、11、12\text{月}) \tag{8.3-12}$$

式中：$\bar{N}_{1.i}$ 为第①方案第 i 月份的平均出力，730 为月平均小时数。同理可定出第②、第③等方案所要求的供水期保证电能 $E_{保、供2}$、$E_{保、供3}$ 等。

(3) 作出水电站各个最大工作容量 $N''_{水、工}$ 方案与其相应的供水期保证电能 $E_{保、供}$ 的关系曲线，如图 8.3-6 中①、②、③三点所连成的曲线。然后根据式(8.3-12)所定出的水电站设计枯水年供水期内的保证电能 $E_{保、供}$，即可从图 8.3-6 上的关系曲线求出年调节水电站的最大工作容量 $N''_{水、工0}$。

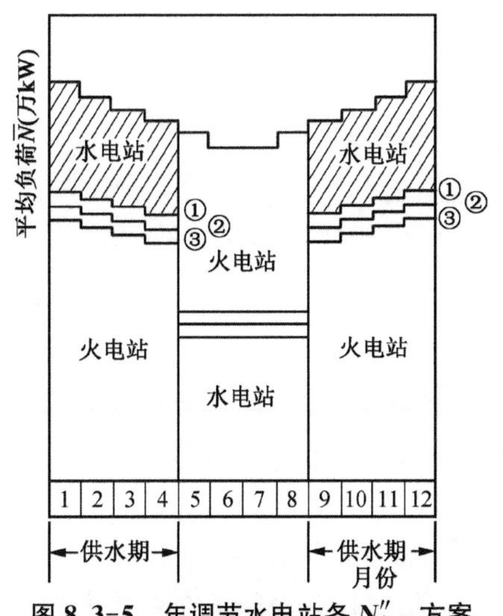

图 8.3-5　年调节水电站各 $N''_{水、工}$ 方案的供水期电能

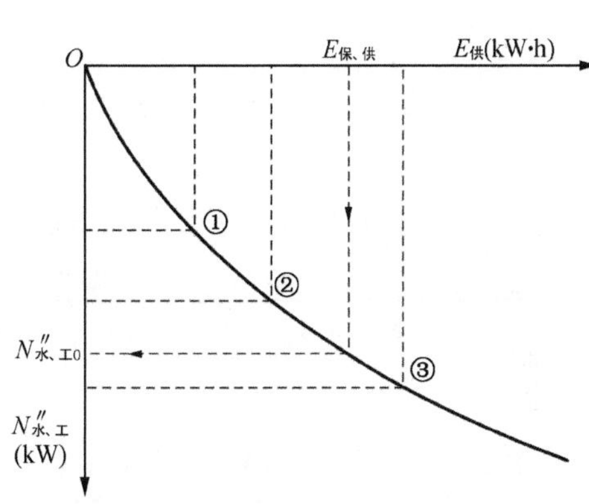

图 8.3-6　年调节水电站最大工作容量的确定

(4) 最后，在电力系统日最大负荷年变化图(图 8.3-7)上定出水、火电站的工作位置，为了使水、火电站最大工作容量之和最小，且等于系统的最大负荷，两者之间的交界线应是一根水平线。由此作出系统出力平衡图，在该图上标示出了水、火电站各月份的工作容量。在电力系统日平均负荷年变化图(图 8.3-8)上，按照前述方法亦可定出水、火电站的工作位置，图上标示出了水、火电站各月份的供电量，由于水电站最大工作容量(出力) $N''_{水、工}$ 与供电量之间并非线性关系，所以该图上水、火电站之间的分界线并非一根直线。图 8.3-8 一般称为系统电能平衡图，其中竖影线部分称为年调节水电站在供水期的保证出力图。

至于供水期以外的其他月份，尤其在汛期弃水期间，水电站应尽量担任系统

的基荷，以求多发电量减少无益弃水。此时火电站除一部分机组进行计划检修外，应尽量担任系统的峰荷或腰荷，满足电力系统的出力平衡和电能平衡，如图8.3-7和图8.3-8所示。

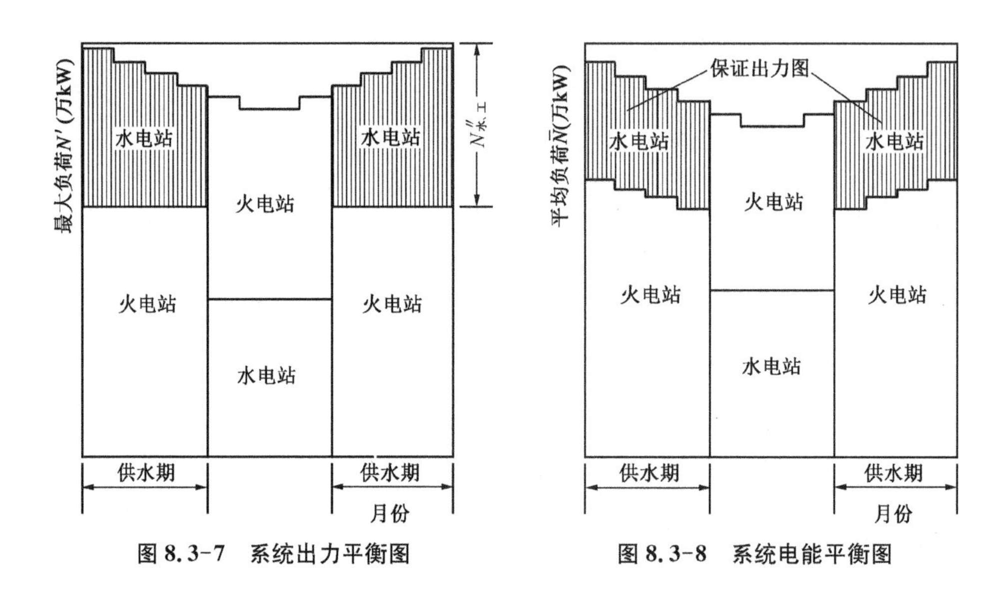

图8.3-7　系统出力平衡图　　　　图8.3-8　系统电能平衡图

8.3.1.4　多年调节水电站最大工作容量的确定

确定多年调节水电站最大工作容量的原则和方法，基本上与年调节水电站的情况相同。不同之处为：年调节水电站只计算设计枯水年供水期的平均出力（保证出力）及其保证电能，在此期内它担任峰荷以求出所需的最大工作容量；多年调节水电站则需计算设计枯水系列年的平均出力（保证出力）及其年保证电能，然后按水电站在枯水年全年担任峰荷的要求，将年保证电能量在全年内加以合理分配，使设计水平年系统内拟建水电站的最大工作容量 $N''_{水、工}$ 尽可能大，而火电站工作容量尽可能小，尽量节省系统对电站的总投资，按此原则参考上述方法不难确定多年调节水电站的最大工作容量。

当缺乏设计水平年或远景负荷资料时，则不能采用系统电力电量平衡法确定水电站的最大工作容量。这时只能用经验公式或其他简略法估算，可参阅有关文献。

8.3.2　电力系统各种备用容量的确定

为了使电力系统正常工作，并保证其供电具有足够的可靠性，系统中各电站除最大工作容量外，尚需具有一定的备用容量。具体确定方法分述如下。

8.3.2.1　负荷备用容量

在实际运行状态下，电力系统的日负荷是经常处在不断的变动之中，如图 8.3-9 所示，并不是如图 8.3-4 所示的按小时平均负荷值所绘制成的呈阶梯状变化。后者只是为了节省计算工作量而采用的一种简化方法。电力系统日负荷一般有两个高峰和两个低谷，无论日负荷在上升或下降阶段，都有锯齿状的负荷波动，这是由于系统中总有一些用电户的负荷变化是十分猛烈而急促的，例如冶金厂的巨型轧钢机在轧钢时或电气化铁路列车启动时都随时有可能出现突荷，这种不能预测的突荷可能在一昼夜的任何时刻出现，也有可能恰好出现在负荷的尖峰时刻，使此时最大负荷的尖峰更高，因此电力系统必须随时准备一部分备用容量，当这种突荷出现时，不至于因系统容量不足而使周波降低到小于规定值，从而影响供电的质量。这部分备用容量称为负荷备用容量 $N_{负备}$。周波是电能质量的重要指标之一，它偏离正常规定值会降低许多用电部门的产品质量。根据水利动能设计规范的规定，调整周波所需要的负荷备用容量，可采用系统最大负荷的 5%左右，大型电力系统可采用较小值。

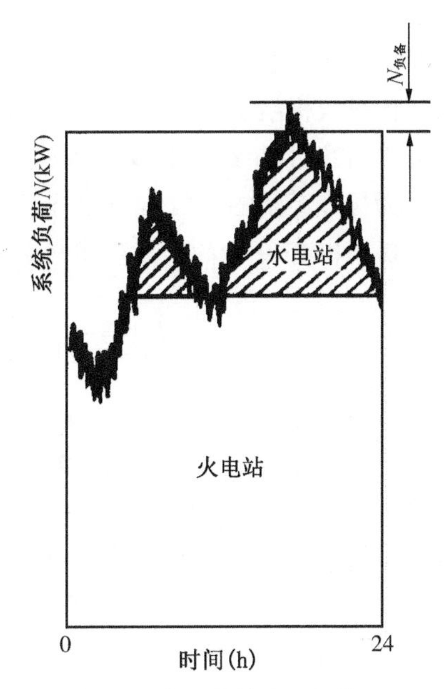

图 8.3-9　电力系统的日负荷

担任电力系统负荷备用容量的电站，通常被称为调频电站。调频电站的选择，应以能保证电力系统周波稳定、运行性能经济为原则，所以近负荷中心、具有大水库、大机组的坝后式水电站，应优先选作调频电站。对于引水式水电站，应选择引水道较短的电站作为调频电站。对于电站下游有通航等综合利用要求的水电站，在选作调频水电站时，应考虑由于下游流量和水位发生剧烈变化对航运等引起的不利影响。当系统负荷波动的变幅不大时，可由某一电站担任调频任务，而当负荷波动的变幅较大时，尤其电力系统范围较广、输电距离较远时，应由分布在不同地区的若干电站分别担任该地区的调频任务。当系统内缺乏水电站担任调频任务时，亦可由火电站担任，只是由于火电机组技术特性的限制，担任系统的调频任务往往比较困难，且单位电能的煤耗率增加，是不经济的。

8.3.2.2　事故备用容量

系统中任何一座电站的机组都有可能发生事故，如果由于事故停机导致系统内缺乏足够的工作容量，会使国民经济遭受损失。因此，在电力系统中尚需另装设一部分容量作为备用容量。当有机组发生事故时，它们能够立刻投入系统替代事故机组工作，这种备用容量常称为事故备用容量。事故备用容量的大小，与机组容量、机组台数及其事故率有关。设电力系统发电机组的总台数为 n（折算为标准容量的台数），一台机组的平均事故率为 p（可由统计资料求出），则 n 台机组中有 m 台同时发生事故的概率为 P_m，即

$$P_m = \frac{n!}{m!\,(n-m)!}\left[p^m(1-p)^{n-m}\right] \tag{8.3-13}$$

如规定 $P_m < 0.01\%$，则可由式(8.3-13)求出所需事故备用容量的机组台数 m。但是由于大型系统内各种规格的机组情况十分复杂，机组发生事故对国民经济的影响亦难以估计正确，一般根据实际运行经验确定系统所需的事故备用容量。根据水利动能设计规范，电力系统的事故备用容量可采用系统最大负荷的 10%左右，且不得小于系统中最大一台机组的容量。

电力系统中的事故备用容量，应分布在各座主要电站上，尽可能安排在正在运转的机组上。至于如何在水电站与火电站之间合理分配，可作下列技术经济分析。

(1) 火电站的高温高压汽轮机组，当其出力为额定容量的 90%左右时，一般可以得到较高的热效率，即此时火电站单位发电量的煤耗率较低，在此情况下，这类火电站在运行时就带有 10%左右的额定容量可作为事故备用容量，由于其机组正处在运转状态，当系统内其他电站（包括本电站其他机组）发生事故停机时，这种热备用容量可以立即投入工作，所以在这种火电站上设置一部分事故备用容量是可行的、合理的。

(2) 水电站包括抽水蓄能电站在内，机组启动十分灵活，在几分钟内甚至数十秒钟内就可以从停机状态达到满负荷状态，至于正在运转的水电站机组，当其出力小于额定容量时，如有紧急需求，几乎可以立刻到达满负荷状态，因此在水电站上设置事故备用容量也是十分理想的。与其他电站比较，水电站在电力系统中最适合于担任系统的调峰、调频和事故备用等任务。

但是，考虑到事故备用容量的使用时间较长，因此须为水电站准备一定数量的事故备用库容 $V_{事备}$，约为事故备用容量 $N_{事备}$ 担任基荷连续工作 10～15 天（$T=$ 240～360 小时）的用水量，即

$$V_{事备} = \frac{TN_{事备}}{0.00272\eta H_{\min}} \quad (\mathrm{m}^3) \tag{8.3-14}$$

当算出的 $V_{事备}$ 大于该水库调节库容的 5%时，则应专门留出事故备用库容。

(3) 火电站也可以担任所谓冷备用的事故备用容量，即当电力系统中有机组突然发生事故时，先让某蓄水式水电站紧急启动机组临时供电，同时要求火电站的冷备用机组立即升火，准备投入系统工作。等到火电站冷备用容量投入系统供电后，再让上述紧急投入的水电站机组停止运行，此时水电站额外所消耗的水量，可由以后火电站增加发电量来补偿，以便水电站蓄回这部分多消耗的水量。采取这种措施，可以不在水电站上留有专门的事故备用库容，又可节省火电站因长期担任热备用容量而可能额外多消耗的燃料。

(4) 系统事故备用容量如何在水、火电站之间进行分配，除考虑上述技术条件外，尚应使系统尽可能节省投资与年运行费。在一般情况下，在蓄水式(主要指季调节以上水库)水电站上多设置一些事故备用容量是有利的，因为它的补充千瓦投资比火电站的小，此外在丰水年尤其在汛期内，事故备用容量可以充分利用多余的水量增发季节性电能，以节省火电站的燃料费用。

综上所述，系统事故备用容量在水、火电站之间的分配，应根据各电站容量的比重、电站机组可利用的情况、系统负荷在各地区的分布等因素确定，一般可按水、火电站工作容量的比例分配。对于调节性能良好和靠近负荷中心的大型水电站，可以多设置一些事故备用容量。

8.3.2.3　检修备用容量

系统中的各种机组设备，都要进行有计划的检修。对短期检修，主要利用负荷低落的时间进行养护性检查和预防性小修理；对长期停机进行有计划的大修理，则须安排在系统年负荷比较低落的时期，以便进行系统的检查和更换、整修机组的大部件。图 8.3-10 表示系统日最大负荷年变化曲线，图中 $N''_{系}$ 水平线与负荷曲线之间的面积(用斜影线表示)，表示在此时期内未被利用的空间容量，可

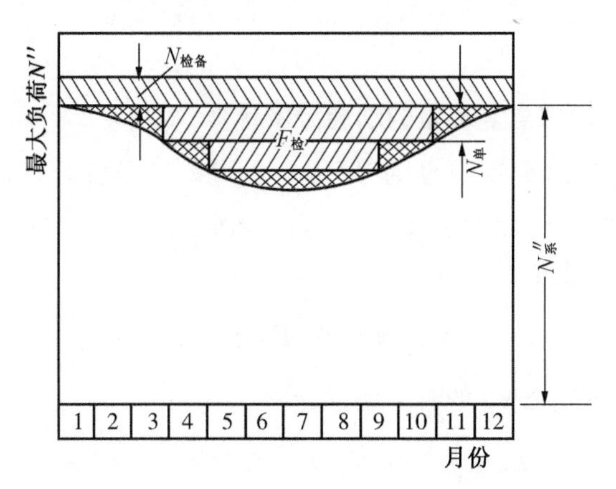

图 8.3-10　系统日最大负荷年变化曲线

以用来安排机组进行大修理，因而图 8.3-10 中的这部分面积称为检修面积 $F_{检}$。在规划设计阶段，编制系统电力、电量平衡和容量平衡计划时，常按每台机组检修所需要的平均时间进行安排。根据有关规程规定，水电站每台机组的平均年计划检修所需时间为 10～15 天，火电站每台机组为 15～30 天，在上述时间中已包括小修停机时间。

图 8.3-10 上的检修面积 $F_{检}$ 应该足够大，使系统内所有机组在规定时间内都可以得到一次计划检修。如果检修面积不够大，则须另外设置检修备用容量 $N_{检备}$，如图 8.3-10 所示。系统检修备用容量的设置，应根据电站的实际情况通过技术经济论证确定，一般以设置在火电站上为宜(有燃料保证)。

8.3.3 水电站重复容量的选定

8.3.3.1 概述

由于河流水文情况的多变性，汛期流量往往比枯水期流量大许多倍，根据设计枯水年确定的水电站最大工作容量，尤其无调节水电站及调节性能较差的水电站，在汛期内会产生大量弃水。为了减少弃水，提高水量利用系数，可考虑额外加大水电站的容量，使它在丰水期内多发电。这部分加大的容量，在设计枯水期内，由于河道中来水少而不能当作电力系统的工作容量以替代火电站容量工作，因而被称为重复容量。它在系统中的作用，主要是发季节性电能，以节省火电站的燃料费用。

在水电站上设置重复容量，就要额外增加水电站的投资和年运行费。随着重复容量的逐步加大，弃水量逐渐减少，因此可发的季节性电能并不是与重复容量呈正比例增加。当重复容量加大到一定程度后，如再继续增加重复容量就显得不经济了。因此，需要进行动能经济分析，才能合理地选定所应装置的重复容量。

8.3.3.2 选定水电站重复容量的动能经济计算

假设额外设置的重复容量为 $\Delta N_{重}$，平均每年经济合理的工作小时数为 $h_{经济}$，则相应生产的电能量为 $\Delta N_{重} h_{经济}$，因此可节省的火电站燃料年费用为 $a\Delta N_{重} h_{经济} f$，而设置 $\Delta N_{重}$ 的年费用为

$$C=\Delta N_{重} k_{水}[(A/P, i, n)+p_{水}] \tag{8.3-15}$$

则在经济上设置 $\Delta N_{重}$ 的有利条件为

$$a\Delta N_{重} h_{经济} f \geqslant \Delta N_{重} k_{水}[(A/P, i, n)+p_{水}] \tag{8.3-16}$$

即
$$h_{经济} \geqslant k_{水}[(A/P, i, n)+p_{水}]/(af) \tag{8.3-17}$$

式中：$k_{水}$为水电站补充千瓦造价(元/kW)；$(A/P, i, n)$为年资金回收因子(年本利摊还因子)；i为额定资金年收益率(当进行国民经济评价，可采用社会折现率 i)；n为重复容量设备的经济寿命，$n=25$ 年；$p_{水}$为水电站补充千瓦容量的年运行费用率，$p_{水}=2\% \sim 3\%$；a为系数，因水电厂发 1 kW・h 电量，可替代火电厂 1.05 kW・h，故 $a=1.05$；f为火电厂发 1 kW・h 电量所需的燃料费[元/(kW・h)]。

8.3.3.3　无调节水电站重复容量的选定

无调节水电站的重复容量，首先根据其多年的日平均流量持续曲线及其出力公式 $N=9.817\eta\bar{Q}H$，换算得日平均出力持续曲线 $N=f(h)$(见图 8.3-11 及图 8.3-12)，然后利用式(8.3-17)求出 $h_{经}$，可确定应设置的重复容量 $N_{重}$(如图 8.3-12)。

图 8.3-12 所示的出力持续曲线上 a 点的左侧，由于流量较大，水电站下游水位较高，因而水头减小，水电站出力明显下降。由图 8.3-12 可知，水电站最大工作容量 $N''_{水、工}$ 水平线以上与出力持续曲线以下所包围的面积，由于水电站最大工作容量 $N''_{水、工}$ 并不能利用，将成为弃水能量。因此，如果在 $N''_{水、工}$ 以上设置重复容量 $\Delta N_{重}$，则平均每年在 $h_{设}$ 小时内生产的季节性电能量 $\Delta E_{季}=\Delta N_{重}\ h_{设}$ (kW・h)，从而平均每年节省火电站的燃料费用为

$$B=adb\Delta E_{季}\ k_{水}(元) \tag{8.3-18}$$

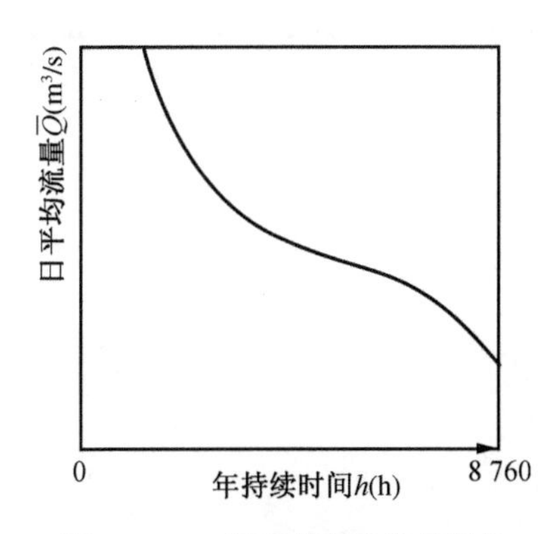

图 8.3-11　无调节水电站日平均流量持续曲线

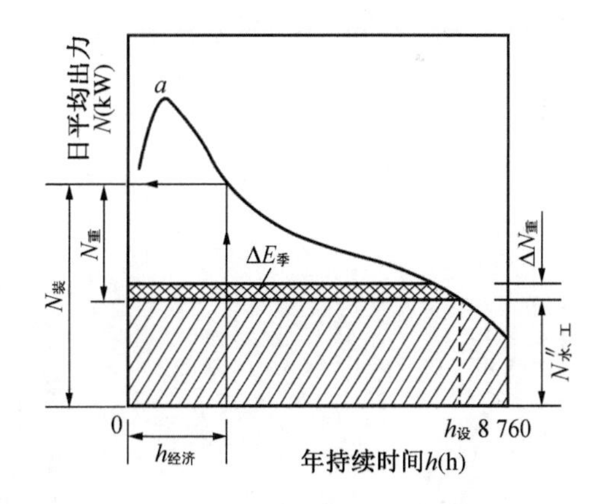

图 8.3-12　无调节水电站重复容量的确定

式中：$a=1.05$[见式(8.3-17)]；d 为单位重量燃料的到厂价格(元/kg)；b 为火电厂单位电能消耗的燃料重量[kg/(kW・h)]。

在图 8.3-12 的最大工作容量 $N''_{水、工}$ 以上设置重复容量 $\Delta N_{重}$，其年工作小时数为 $h_{设}$，然后再逐渐增加重复容量，所增加的重复容量其年利用小时数 h 逐

渐减少，直至最后增加的单位重复容量其年利用小时数 $h=h_{经济}$ 为止，相应 $h_{经济}$ 的重复容量 $N_{重}$（图 8.3-12），在动能经济上被认为是合理的。关于 $h_{经济}$ 值可根据式（8.3-17）求出。

8.3.3.4　日调节水电站重复容量的选定

日调节水电站重复容量选定的原则和方法，与上述基本相同。所不同的是日调节水电站在枯水期内一般总是担任电力系统的峰荷；在汛期内当必需容量 $N_{必}$（最大工作容量与备用容量之和）全部担任基荷后还有弃水时才考虑设置重复容量。图 8.3-13 表示必需容量补充单位千瓦的年利用小时数为 $h_{必}$，超过必需容量 $N_{必}$ 额外增加的 $N_{重}$，才是日调节水电站的重复容量。其相应的单位重复容量的经济年利用小时数 $h_{经济}$，也是根据式（8.3-17）确定的。

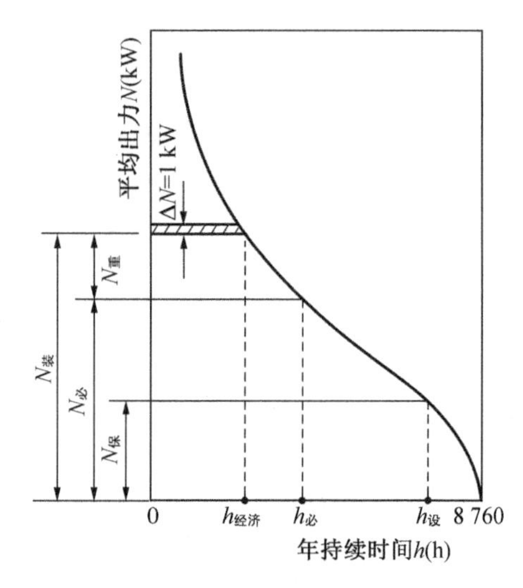

图 8.3-13　日调节水电站重复容量的选定

8.3.3.5　年调节水电站的重复容量

年调节水电站，尤其是不完全年调节水电站（有时称季调节水电站），在汛期内有时也有较多的弃水。通过动能经济分析，有时设置一定的重复容量可能也是合理的。首先对所有水文年资料进行径流调节，统计各种弃水流量的多年平均的年持续时间（图 8.3-14），然后将弃水流量的年持续曲线，换算为弃水出力年持续曲线（图 8.3-15）。根据式（8.3-17）计算出 $h_{经济}$，选定应设置的重复容量，如图 8.3-15 所示。

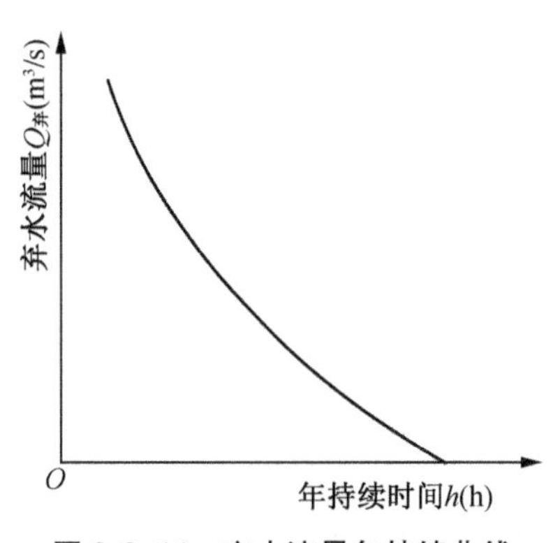

图 8.3-14　弃水流量年持续曲线

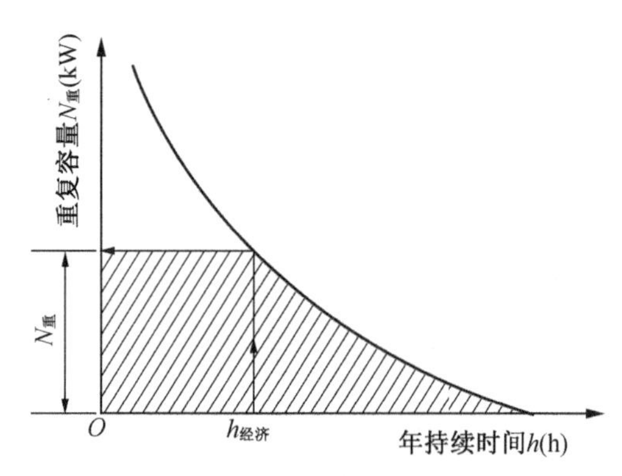

图 8.3-15　弃水出力年持续曲线

8.3.4　水电站装机容量的选择

水电站装机容量的选择，直接关系到水电站的规模、资金的利用与水能资源的合理开发等问题。装机容量如选择得过大，资金受到积压；如选得过小，水能资源就不能得到充分合理的利用。因此，装机容量的选择是一个重要的动能经济问题。

系统中的各种电站，必须共同满足电力系统在设计水平年对容量和电量的要求。因此水电站装机容量的选择，与系统中火电站和其他电站装机容量的确定有着十分密切的关系。下面分述水电站装机容量选择的方法与步骤。

(1) 收集基本资料，其中包括水库径流调节和水能计算成果，电力系统供电范围及其设计水平年的负荷资料，系统中已建与拟建的水、火电站资料及其动能经济指标，水工建筑物及机电设备等资料；

(2) 确定水电站的最大工作容量 $N''_{水、工}$；

(3) 确定水电站的备用容量 $N_{水、备}$，其中包括负荷备用容量 $N_{负}$、事故备用容量 $N_{事}$、检修备用容量 $N_{检}$；

(4) 确定水电站的重复容量 $N_{重}$；

(5) 选择水电站装机容量。

上述水电站最大工作容量、备用容量与重复容量之和，大致等于水电站的装机容量；再参考制造厂家生产的机组系列，根据水电站的水头与出力变化范围，大致定出机组的型式、台数、单位容量等；然后进行系统容量平衡，其目的主要检查初选的装机容量及其机组，能否满足设计水平年系统对电站容量及其他方面的要求。

在进行系统容量平衡时，主要检查下列问题：①系统负荷是否能被各种电站所承担，在哪些时间内由于何种原因使电站容量受阻而影响系统正常供电；②在全年各个时段内，是否都留有足够的负荷备用容量担任系统的调频任务，是否已在水、火电站之间进行合理分配；③在全年各个时段内，是否都留有足够的事故备用容量，如何在水、火电站之间进行合理分配，水电站水库有无足够备用蓄水量保证事故用水；④在年负荷低落时期，是否能安排所有的机组进行一次计划检修，要注意在汛期内适当多安排火电机组检修，而使水电机组尽量多利用弃水量，增发季节性电能；⑤水库的综合利用要求是否能得到满足，例如在灌溉季节，水电站下泄流量是否能满足下游地区灌溉要求，是否能满足下游航运要求的水深等。如有矛盾，应分清主次，合理安排。

图 8.3-16 为电力系统在设计水平年的容量平衡图。

在电力系统容量平衡图上有三条基本控制线。

(1) 系统最大负荷年变化线①，在此控制线以下，各类电站安排的最大工作

容量 $N''_{系、工}$ 要能满足系统最大负荷要求；

(2) 系统要求的可用容量控制线②，在此控制线以下，各类电站安排必需容量 $N''_{系、必}$，其中包括最大工作容量 $N''_{系、工}$、负荷备用容量 $N_{负}$ 和事故备用容量 $N_{事}$，均要求能满足系统要求；

(3) 系统装机容量控制线，即图 8.3-16 最上面的水平线③。在此水平线以下，系统装机容量 $N_{系、装}$ 包括水、火电站全部装机容量，要求能达到电力系统的安全、经济、可靠的要求。在水平线③与阶梯线②之间，表示系统各月的空闲容量和处在计划检修中的容量，以及由于各种原因而无法投入运行的受阻容量。

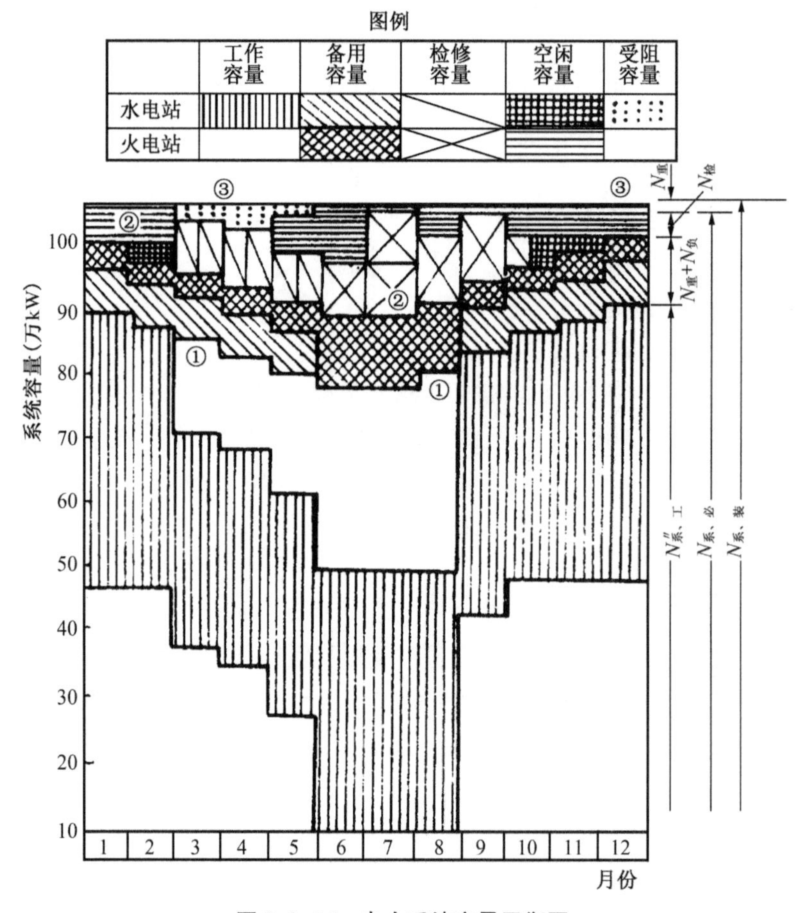

图 8.3-16 电力系统容量平衡图

上面多次提到的设计水平年，系指拟建水电站第一台机组投入系统运行后的第 5 年至第 10 年。由于不能超长期预报河道中的来水量，所有水电站的出力变化无法预知，因此规划阶段在绘制设计水平年的电力系统容量平衡图时，至少应研究两个典型年度，即设计枯水年和设计中(平)水年。设计枯水年反映在较不利的水文条件下，拟建水电站的装机容量与其他电站是否能保证电力系统的正常运行要求。设计中水年的容量平衡图，表示水电站在一般水文条件下的运行情况，是一种比较常见的系统容量平衡状态。对低水头水电站尚需做出丰水年的容量平衡图，以检查机组在汛期由于下游水位上涨造成水头不足而发生容量受阻的情况。必要时对大型水电站尚需做出设计保证率以外的特枯年份的容量平衡图，以检查在水电站出力不足情况下电力系统正常工作遭受破坏的程度，同时研究相应补救的措施。

根据上述电力系统的容量平衡图，可以最后定出水电站的装机容量。但在下列情况下尚需进行动能经济比较，研究预留机组的合理性。

(1) 在水能资源缺乏而系统负荷增长较快的地区，要求本水电站承担远景更多的尖峰负荷；

(2) 远景在河道上游将有调节性能较好的水库投入工作，可以增加本电站保证出力等动能效益；

(3) 在设计水平年的供电范围内，如水电站的径流利用程度不高，估计远景电力系统的供电范围扩大后，可以提高本电站的水量利用率。

水电站预留机组，只是预留发电厂房内机组的位置、预留进水口及引水系统的位置，尽可能减少投资积压损失，但采取预留机组措施，可以为远景扩大装机容量创造极为有利的条件。

第 9 章

综合利用水库调节计算

综合利用水库调节计算是涉及两种或两种以上重要水利任务的水库调节计算，其核心任务是在满足各部门要求的基础上，进一步协调各部门之间的关系，合理拟定水库规模和调度方式，以最大化发挥水库的综合效益。综合利用水库调节计算，根据开发任务的主次关系、河流水文特性、工程自然条件，协调各水利任务之间的关系，拟定库容及水量分配原则与方案，为水库特征指标的确定提供依据。按照工程目的，以防洪目的进行的径流调节为洪水调节，以兴利目的进行的径流调节为兴利调节。

9.1 设计保证率及其意义

9.1.1 设计保证率的含义

水利水电部门正常工作的保证程度称为工作保证率。工作保证率有不同的表示形式，一种是按照正常相对年数计算的“年保证率”，它是指多年期间正常工作年数占运行总年数的百分比，即

$$P=\frac{\text{正常工作年数}}{\text{运行总年数}}\times 100\%=\frac{\text{运行总年数}-\text{工作遭破坏年数}}{\text{运行总年数}}\times 100\% \tag{9.1-1}$$

这种表示保证率的方式是不够准确的，因不论破坏程度和历时如何，凡不能维持正常工作的年份，均同样计入破坏年数之中。

另一种工作保证率表示形式是按照正常工作相对历时计算的“历时保证率”，指多年期间正常工作历时（日、旬或月）占总历时的百分比，即：

$$P'=\frac{\text{正常工作历时（日、旬或月）}}{\text{运行总历时（日、旬或月）}}\times 100\% \tag{9.1-2}$$

年保证率与历时保证率之间的换算式为：

$$P=\frac{1-(1-P')}{m}\times 100\% \tag{9.1-3}$$

式中：m 为破坏年份的破坏历时与运行总历时之比，可近似按枯水年份供水期持续时间与全年时间的比值来确定。

采用哪种形式计算工作保证率，视用水特性、水库调节性能及设计要求等因素而定。蓄水式电站、灌溉用水等，一般可采用年保证率；径流式电站、航运用水和其他不进行径流调节的部门，其工作多按日计算，故采用历时保证率。

在枯水年虽用水部门供水减少，但可挖掘潜力或采取其他措施补救，效益不一定会下降。例如，当水电站由于不利水文条件其正常工作遭到破坏时，特别是在破坏并不严重的情况下，可通过动用电力系统内的空闲容量来维持系统的正常工作。这也说明电力系统工作保证率与水电站工作保证率并不完全是一回事，前者大于或等于后者。

河川径流过程，每年不同，年际水量亦不相同，若要求遇特别枯水年份仍保证兴利部门的正常用水，往往需要修建规模较大的水库工程和其他有关水利基础设施，这在技术上可能有困难，经济方面也不一定合理。因此，一般允许水库适当减少供水量。也就是说，要为拟建的水利水电工程选定一个合理的工作保证率，显然该选定的工作保证率势必成为水利水电工程规划、设计时的重要依据，称设计保证率（$P_{设}$）。

9.1.2　设计保证率的选择

水利水电工程设计保证率的选择是一个复杂的技术经济问题。设计保证率选得太低，正常工作遭受破坏的概率将加大，破坏所带来的国民经济损失及其他不良后果加重；相反，设计保证率定得过高，虽可减轻破坏带来的损失，但工程投资和其他费用将增加，或者不得不减少工程的效益。可见，设计保证率应通过技术经济计算，并考虑其他影响，综合分析确定。但由于破坏损失及其他后果涉及许多因素，情况复杂，并难以全部用货币准确表达，使计算非常困难，尚需继续深入研究。目前，水利水电工程设计保证率主要根据生产实践经验，参照规程推荐的数据，综合分析后确定。

1. 水电站的设计保证率

水电站的设计保证率，应根据用电区的电力电量需求特性、水电比重及整体调节能力，设计水电站的河川径流特性、水库调节性能、装机规模及其在电力系统中的作用，以及设计保证率意外时段处理降低程度和保证系统用电可能采取的措施等因素进行分析，宜按85%～95%选取，水电比重大的系统取较高值，比重小的系统取较低值。应综合考虑以下原则。

(1) 当系统内有多座水电站时，应按水电站群统一选择设计保证率。

(2) 年调节和多年调节水电站宜采用年保证率，年调节以下水电站可采用历时保证率。

(3) 选择设计保证率时，应使设计保证率以外特枯水年份水电站(群)的不足出力与电量，可用系统其他电源全部事故备用容量的50%弥补，否则应提高设计保证率。

(4) 对于同时向两个及以上电力系统供电的水电站，其设计保证率应按保证率要求高的系统选取。

2. 灌溉设计保证率

灌溉设计保证率指设计灌溉用水量的保证程度。通常根据灌区水土资源情况、作物组成、气象与水文条件、水库调节性能、国家对当地农业生产的要求，以及地区工程建设和经济条件等因素分析确定。

一般来说，南方水源丰富地区的灌溉设计保证率比北方高；大型工程的比中小型工程的高；自流灌溉的比提水灌溉的高；远期规划工程的比近期工程的高。设计时可根据具体条件，参照《灌溉与排水工程设计标准》(GB 50288—2018)选值。

灌溉设计保证率可根据水文气象、水土资源、作物组成、灌区规模、灌溉方式及经济效益等因素取值。

表9.1-1 灌溉设计保证率

灌溉方式	地区	作物种类	灌溉设计保证率(%)
地面灌溉	干旱地区或水源紧缺地区	以旱作为主	50～75
		以水稻为主	70～80
	半干旱、半湿润地区或水源不稳定地区	以旱作为主	70～80
		以水稻为主	75～85
	湿润地区或水源丰富地区	以旱作为主	75～85
		以水稻为主	80～95
	各类地区	牧草和林地	50～75
喷灌、微灌	各类地区	各类作物	85～95

注：①作为经济效益较高或灌区规模较小的地区，宜选用表中较大值；作物经济效益较低或灌区规模较大的地区，宜选用表中较小值。

②引洪淤灌系统的灌溉设计保证率可取30%～50%。

3. 供水设计保证率

工业及城市供水若遭破坏,将直接影响人民生活和造成生产上的严重损失,故采用较高的设计保证率,一般按年保证率取值的范围为 95%～99%,大城市和重要工矿区取较高值。对于由两个以上水源供水的城市和工矿企业,在确定可靠性时,常按以下原则考虑:任一水源停水时,其余水源除应满足消防和生产紧急用水外,要保证供应一定数量的生活用水。

9.1.3　设计代表期

在水利水电工程规划设计过程中,为了对多方案比较,需要进行大量的水利水能计算,根据长系列水文资料进行计算,当然可获得较精确的结果,但工作量较大。在实际工作中可采用简化方法,即从水文资料中选择若干典型年份或典型的多年径流系列作为设计代表期进行计算,其成果精度一般也能满足规划设计的要求。

9.1.3.1　设计代表年

在水利水电规划设计中,常选择有代表性的枯水年、中水年(也称平水年)和丰水年作为设计典型年,分别称为设计枯水年、设计中水年和设计丰水年。以设计枯水年的效益计算成果代表恰好满足设计保证率要求的工程兴利情况;设计中水年代表中等来水条件下的平均兴利情况;设计丰水年则代表多水条件下的兴利情况。据此,一般可由 $P_{设}$(设计保证率)、50%及$(1-P_{设})$三种频率,在年水量频率曲线上分别确定设计枯水年、设计中水年、设计丰水年的年水量。至于水量年过程,对设计枯水年要考虑不利的年内分配;设计中水年、设计丰水年可分别采用多年平均和来水较丰年份平均的年内分配。

各设计代表年的年径流整编要以调节年度为准,即由丰水期水库开始蓄水统计到次年再度蓄水前为止。径流式水电站的设计代表年的径流资料,要给出日平均流量过程线,也可直接绘制天然来水日平均流量频率曲线,供设计使用。

对于年调节水电站,满足设计保证率要求的关键在于设计枯水年的供水期。因此,可根据水文资料和用水要求,划分各年一致的供水期,计算各年供水期天然水量并绘出供水期水量的频率曲线,由设计保证率即可在曲线上查出供水期水量保证值及相应的年份。这就是按枯水季水量选定设计枯水年的方法。

由于径流年内分配不稳定,各年供水期起讫时间不一致,采取统一的时间不够恰当,因此,可根据初定的调节库容,用式 $Q_{调}=(W_{供}+V_{兴})/T_{供}$试算求出逐年供水期的调节流量,绘出调节流量频率曲线,然后按设计保证率定出调节流量保证值及与它相应的年份,便可选出设计枯水年。这种按调节流量选定设计枯水年的方法综合考虑了来水和水库调节的影响,比较合理,但工作量较大。

9.1.3.2 年径流系列

多年调节水库的调节周期长达若干年，应选择包括多年的径流系列进行水利水能计算。设计多年径流系列是从长系列资料中选出的有代表性的短系列。

(1) 设计枯水系列

对于多年调节，由于水文资料的限制，能获得的完整调节周期数是不多的，难以应用枯水系列频率分析法选择设计枯水系列。通常采用扣除允许破坏年数的方法加以确定，即先按下式计算设计保证率条件下正常工作允许破坏的年数 $T_{破}$：

$$T_{破} = n - P_{设}(n+1) \tag{9.1-4}$$

式中：n 为水文系列总年数。

然后，在实测资料中选出最严重的连续枯水年组，并从该年组最末一年起逆时序扣除允许破坏年数 $T_{破}$，余下的即为所选的设计枯水系列。这时，还需注意以下两点：①用设计枯水系列调节计算结果对其他枯水年组进行校核，若另有正常工作遭破坏的时段，则要从 $T_{破}$ 中扣除，得出新的允许破坏年数，并用它重新确定设计枯水系列；②有时需校核破坏年份供水量和电站出力能否满足最低要求，若不能满足，则水库应在允许破坏时段前预留部分蓄水量。

(2) 设计中水系列

为探求水库运用的多年平均状况，一般取 10～15 年作为代表期，称设计中水系列，选择时要求：①系列连续径流资料至少要有一个以上完整的调节循环；②系列年径流均值应等于或接近于多年平均值；③系列应包括枯水年、中水年、丰水年，它们的比例关系与长系列大体相当，使设计中水年系列的年径流变差系数 C_v 与长系列的相近。

当电力系统中有若干电站联合运行并进行补偿调节时，最好按长系列进行计算，或以补偿电站为主，选出统一的设计代表系列。

目前，随着计算机技术的发展，采用电算方法进行长系列水利水能计算，能很快得到成果。因此，可根据具体工程情况及各设计阶段对计算精度的要求，确定采用设计代表期或长系列进行数值计算。

9.2 水库特性

9.2.1 水库面积特性和容积特性

根据水库所在位置和形成条件，水库通常分为山谷水库、平原水库和地下水库 3 类。山谷水库多是利用拦河坝横断河谷，拦截河川径流，抬高水位形成。平原水库则为利用天然湖泊、洼淀、河道，通过修筑围堤和控制闸等建筑物形成的水库。地下水库是由地下储水层中的孔隙、裂隙和天然的溶洞或通过修建地下截水墙拦截地下水形成的水库。通常用水库面积特性和容积特性定量表示山谷水库和平原水库的形体特征。

1. 水库面积特性

水库面积特性是水库水位与水面面积的关系曲线。库区内某一水位高程的等高线和坝轴线所包围的面积，即为该水位的水库水面面积。根据 1/5 000～1/50 000 比例尺的地形图，用求积仪法、方格法、图解法或光电扫描等方法，求出不同水库水位的水库水面面积，绘出水库面积特性曲线。绘图时，高程间距可以取 1 m、2 m、5 m。

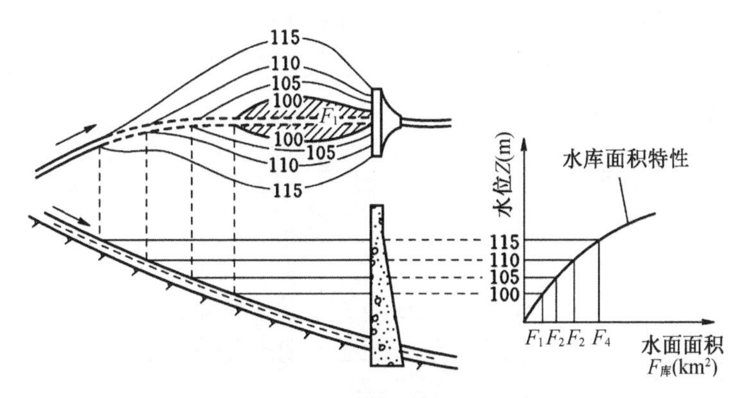

图 9.2-1　水库面积特性绘法示意图

水库面积特性曲线取决于水库河谷平面形状。显然，平原水库面积特性曲线比较平缓，表明增加坝高将迅速扩大淹没面积和加大水面蒸发，所以平原地区一般不宜建高坝。

2. 水库容积特性

水库容积特性是水库水位与容积的关系曲线，可直接由水库面积特性曲线推算绘制。两相邻等高线间的水层容积 ΔV，可按简化公式和较精确公式计算。

$$\Delta V=\frac{\Delta Z}{2}(F_1+F_2)$$

$$\Delta V=\frac{\Delta Z}{3}(F_1+\sqrt{F_1F_2}+F_2) \qquad (9.2-1)$$

式中：F_1、F_2 分别是相邻等高线各自包括的水库水面面积；ΔZ 为相邻等高线的高程差。

从库底逐层向上累加，就可求出每一水位 Z 的水库容积，从而绘制水库容积特性曲线。计算过程中假定流速为 0，水库水面是水平的，故称上述所得库容为静库容。

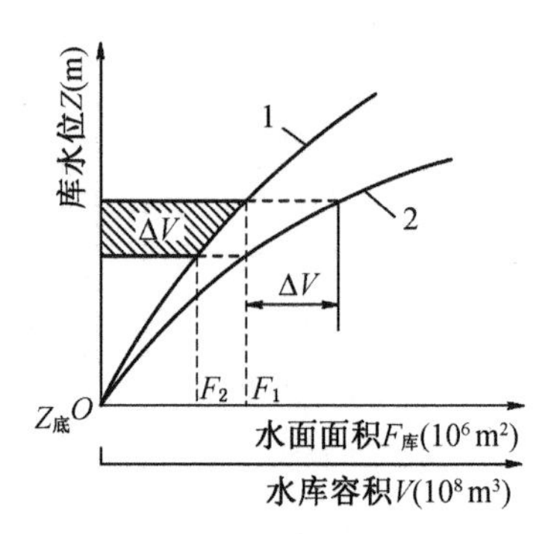

图 9.2-2 水库库容特性与面积特性图

当入库水流有一定流速时，库中水面由坝址起沿程上溯呈回水曲线，越靠上游水面越上翘，直至进库端与天然水面相交为止。因此，每一坝前水位所对应的实际库容包括静库容和静库容以上的楔形库容，成为动库容。动库容的大小不仅取决于坝前水位，还与入库流量、出库流量有关。以入库流量为参数的坝前水位与相应动库容的关系曲线，为动库容曲线。

当需详细研究水库淹没、浸没等问题和梯级水库衔接情况时，应计及回水影响。对于多沙河流，应按相应设计水平年和最终稳定情况下的淤积量和淤积形态，修正库容特性曲线。

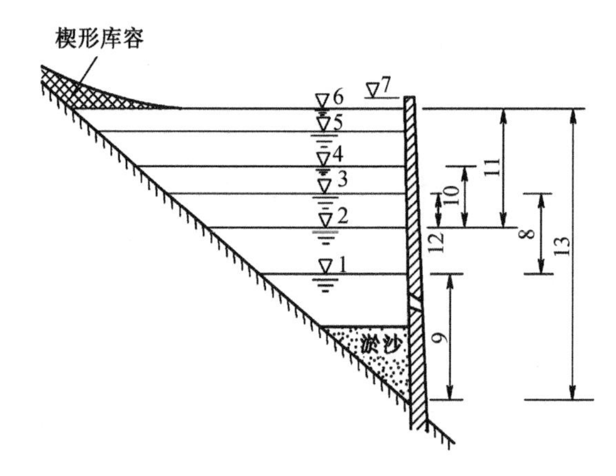

1—死水位；2—防洪汛限水位；3—正常蓄水位；4—防洪高水位；5—设计洪水位；6—校核洪水位；7—坝顶高程；8—兴利库容；9—死库容；10—防洪库容；11—调洪库容；12—重叠库容；13—总库容

图 9.2-3 水库特征水位和特征库容示意图

9.2.2 水库的特征水位和特征库容

水库工程为完成不同任务，在不同时期和各种水文情况下需控制达到或允许消落的各种库水位，统称特征水位。相应于水库特征水位以下或两特征水位之间的水库容积，称特征库容。确定水库特征水位和特征库容是水利水电工程规划、设计的主要任务之一。

1. 死水位($Z_{死}$)和死库容($V_{死}$)

在正常运用的情况下,允许水库消落的最低水位称死水位。死水位以下的水库容积称死库容或垫底库容。死库容一般用于容纳水库泥沙、抬高坝前水位和库内水深。在正常运用中,死库容不参与径流调节,也不放空,只有在特殊情况下,如排洪、检修和战备需要等,才考虑泄放其中的蓄水。

2. 正常蓄水位($Z_{蓄}$)和兴利库容($V_{兴}$)

水库在正常运用情况下,为满足设计兴利要求而在开始供水时应蓄到的高水位,称正常蓄水位,又称正常高水位或设计兴利水位。它决定水库的规模、效益和调节方式,在很大程度上决定水工建筑物的尺寸、型式和水库淹没损失。当采用无闸门控制的泄洪建筑物时,它与泄洪堰顶高程齐平;当采用闸门控制的泄洪建筑物时,它是闸门关闭时允许长期维持的最高蓄水位,也是挡水建筑物稳定计算的主要依据。

正常蓄水位与死水位间的库容,称兴利库容或调节库容,用以调节径流,提高枯水时的供水量或水电站出力。

正常蓄水位与死水位的高程差,称水库消落深度或工作深度。

3. 防洪限制水位($Z_{限}$)

水库在汛期允许兴利蓄水的上限水位,称防洪限制水位。它是水库汛期防洪运用时的起调水位。当汛期不同时段的洪水特性有明显差异时,可考虑分期采用不同的防洪限制水位。

防洪限制水位的拟定关系到水库防洪与兴利的结合问题,具体研究时要兼顾防洪与兴利两方面要求。

4. 防洪高水位($Z_{防}$)和防洪库容($V_{洪}$)

当遇下游防护对象的设计标准洪水时,水库为控制下泄流量而拦蓄洪水,这时在坝前(上游侧)达到的最高水位称防洪高水位。只有当水库承担下游防洪任务时,才需确定这一水位。此水位可采用相应下游防洪标准的各种典型洪水,按拟定的防洪调度方式,自防洪限制水位开始进行水库调洪计算求得。防洪高水位和防洪限制水位之间的库容,称为防洪库容,用以拦蓄洪水,满足下游防护对象的防洪要求。当汛期各时段具有不同的防洪限制水位时,防洪库容指最低的防洪限制水位与防洪高水位之间的库容。

当防洪限制水位低于正常蓄水位时,防洪库容与兴利库容的重叠部分,称重叠库容或共用库容($V_{共}$)。此库容在汛期腾空作为防洪库容或调洪库容的一部分,汛末充蓄,作为兴利库容的一部分,以增加供水期的保证供水量或水电站的保证出力。在水库设计中,根据水库及水文特性,有防洪库容和兴利库容完全重叠、部分重叠、不重叠(防洪限制水位与正常蓄水位处于同一高程)三种形式。在中国南方河流上修建的水库，多采用前两种形式，以达到防洪和兴利的最佳组合。图 9.2-3 所示为部分重叠的情况。

5. 设计洪水位（$Z_{设洪}$）和拦洪库容（$V_{拦}$）

水库遇大坝设计洪水时，在坝前达到的最高水位称设计洪水位。它是正常运用情况下允许达到的最高库水位，也是挡水建筑物稳定计算的主要依据。其可采用相应大坝设计标准的各种典型洪水，按拟定的调洪方式，自防洪限制水位开始进行调洪计算求得。防洪限制水位与设计洪水位之间的库容称拦洪库容（$V_{拦}$）。

6. 校核洪水位（$Z_{设洪}$）和调洪库容（$V_{调洪}$）

水库遇大坝校核洪水时，在坝前达到的最高水位称校核洪水位。它是水库非常运用情况下允许达到的临时性最高洪水位，是确定坝顶高程及进行大坝安全校核的主要依据。可采用相应大坝校核标准的各种典型洪水，按拟定的调洪方式，自防洪限制水位开始进行调洪计算求得。校核洪水位与防洪限制水位之间的库容称为调洪库容，用以拦蓄洪水，确保大坝安全。当汛期各时段分别拟定不同的防洪限制水位时，这一库容指最低的防洪限制水位至校核洪水位之间的库容。

7. 总库容（$V_{总}$）和有效库容（$V_{效}$）

校核洪水位以下的全部库容称总库容，即

$$V_{总}=V_{死}+V_{兴}+V_{调洪}-V_{共} \tag{9.2-2}$$

总库容是表示水库工程规模的代表性指标，可作为划分水库等级、确定工程安全标准的重要依据。

校核洪水位与死水位之间的库容，称有效库容，即

$$V_{效}=V_{总}-V_{死}=V_{兴}+V_{调洪}-V_{共} \tag{9.2-3}$$

9.3 水库兴利调节的作用及分类

9.3.1 兴利调节的作用

河川径流在一年之内或者在年际之间的丰枯变化都是很大的。河川径流的剧烈变化，给人类带来很多不利后果：汛期大洪水容易造成灾害，枯水期水少，不能满足兴利部门用水需要。因此，无论是为了消除或减轻洪水灾害，还是为了满

足兴利需要，都要求采取措施，对天然径流进行控制和调节。这种控制和调节天然径流的方法就叫径流调节。

径流调节，主要是指在河流上修建水库来控制和重新分配天然径流。当丰水期来水量多时，可将多余水量蓄存在水库里，待枯水季缺水时水库供出水量，以补天然来水量之不足。对河川径流的重新分配，不仅包括时间上的分配，也包括空间上的分配，如南水北调就是把长江的水引到华北地区。径流调节又分为兴利调节和洪水调节。为兴利而提高枯水径流的水量调节称为兴利调节；另一种是利用水库拦蓄洪水、削减洪峰流量，以消除或减轻下游洪涝灾害，这种径流调节称为洪水调节。利用水库调节径流，是河流综合治理和水资源综合开发利用的一个重要技术措施。通过有效的径流调节，才能更好地减轻洪水和干旱灾害，更有效地利用水资源，发挥其在国民经济建设中的重大作用。此外，人类对于地面和地下径流的自然过程所进行的一切有意识的改造或干涉，如水利工程以及农业、林业的水土改良设施等，都起着调节径流的作用。

9.3.2 兴利调节的分类

径流调节总体上分为两大类，即兴利调节和洪水调节。因兴利调节来水与用水之间矛盾的具体表现形式并不相同，需要做进一步的划分，以便在调节计算中掌握其特点。

1. 按调节周期划分

按调节周期分，即按水库一次蓄泄循环（兴利库容从库空到蓄满再到库空）的时间来分，包括无调节、日调节、周调节、年调节和多年调节等。

（1）日调节。在一昼夜内，河中天然流量一般几乎保持不变（只在洪水涨落时变化较大）而用户的需水要求往往变化较大。如图9.3-1(a)所示，水平线Q表示河中天然流量，曲线q为负荷要求发电引用流量的过程线。对照来水和用水可知，在一昼夜里某些时段内来水有余（如图上横线所示），可蓄存在水库里；而在其他时段内来水不足（如图上竖线所示），水库放水补给。这种径流调节，水库中的水位在一昼夜内完成一个循环，即调节周期为24 h，叫日调节。

日调节的特点是将一天内均匀的来水按用水部门的日内需水过程进行调节，以满足用水的需要。日调节所需要的水库调节库容不大，一般小于枯水日来水量的一半。

（2）周调节。在枯水季节里，河中天然流量在一周内的变化也是很小的，而用水部门由于假日休息，用水量减少，因此，可利用水库将周内假日的多余水量蓄存起来，在其他工作日用。如周内休息日电力负荷较小，发电用水也少，这时可将多余水量存入水库，用于高负荷日发电。这种调节称周调节，它的调节周

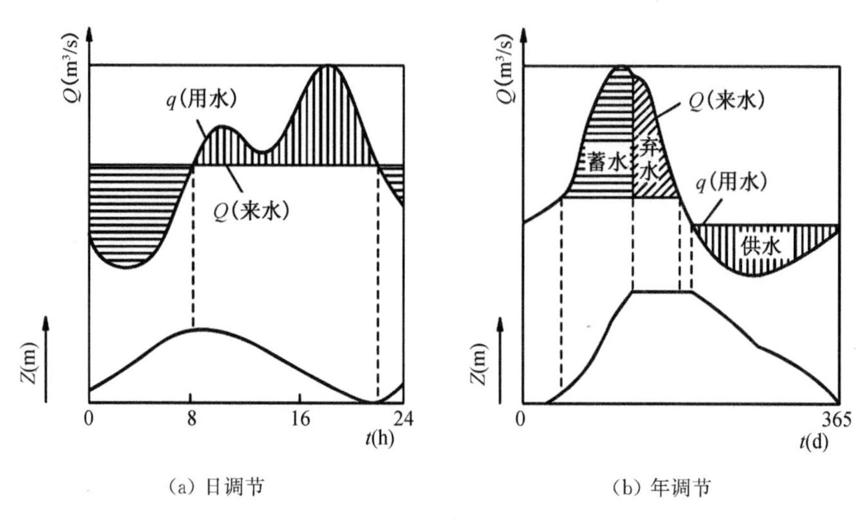

(a) 日调节　　(b) 年调节

图 9.3-1　径流调节示意图

期为一周。它所需的调节库容不超过两天的来水量。周调节水库一般也同时进行日调节,这时水库水位除了一周内的涨落大循环外,还有日变化。

(3) 年调节。在一年内,河中天然流量有明显的季节变化,洪水期流量很大,枯水期流量很小,一些用水部门如发电、航运、生活用水等年内需求比较均匀。因此,可利用水库将洪水期内的一部分(或全部)多余水量蓄起来,到枯水期放出以补充天然来水不足。这种对年内丰、枯季的径流进行重新分配的调节就称为年调节。它的调节周期为1年。

图 9.3-1(b)为年调节示意图。图 9.3-1(b)表明,只需一部分多余水量将水库蓄满(图中横线所示),其余的多余水量(斜线部分)为弃水,只能由溢洪道弃走。图中竖影线部分表示由水库放出的水量,以补足枯水季天然水量的不足,其总水量相当于水库的调节库容。

在年调节中,水库容积较小只能蓄存洪水期的一部分多余水量而产生弃水的调节叫不完全年调节。库容较大能将年内多余水量按用水需求重新分配而不发生弃水的调节叫完全年调节。但必须指出,这种划分是相对的,因为一个库容已定的水库,在某些枯水年份能进行完全年调节,而当遇到水量较丰的年份就只能进行不完全年调节。

年调节所需的水库容积相当大,一般当水库调节库容达到坝址处河流多年平均年水量的25%~30%时,即可进行完全年调节。年调节水库一般都同时可进行周调节和日调节。年调节是最常见的一种调节类型。

(4) 多年调节。当水库容积很大,根据来水与用水条件,丰水年份蓄存的多余水量,并不是在该年内用完,而是用以补充枯水年份的水量不足,这种能进行年与年之间的水量重新分配的调节，叫作多年调节。这时水库往往要经过几个丰水年才能蓄满，所蓄水量分配在几个连续枯水年份里用完。因此，多年调节水库的调节周期长达若干年，而且不是一个常数。多年调节水库，同时也进行年调节、周调节和日调节。

某一水库属何种调节类型，可用水库库容系数来初步判断。水库库容系数为水库调节库容与多年平均年水量的比值，即 $\beta=\frac{V_n}{W_0}$。具体可参照下列经验参数：

① $\beta<2\%\sim3\%$ 属日调节；

② $3\%\sim5\%<\beta<25\%\sim30\%$ 多属年调节；

③ $\beta\geqslant30\%\sim50\%$ 多属多年调节。

2. 按两水库相对位置和调节方式划分

(1) 补偿调节和缓冲调节。当水电站依靠远离的在上游的水库来调节流量，且有区间入流，这时上游水库的放水不是直接按照用水要求泄放，而是按区间来水大小给予补偿，即水库放水加上区间来水恰好等于用水。这种调节方式叫作补偿调节。以水力发电为例，由于上游水库放水流到水电站的时间较长，补偿难以做到及时、准确，可在电站处建一水库进行修正，起到缓冲作用，称为缓冲调节。

(2) 梯级调节。布置在同一条河流上，由上而下如阶梯的水库群，水库之间存在着水量的直接联系(对水电站来说有时还有水头的影响，称为水力联系)，对其调节，称为梯级调节。其特点是上级水库的调节直接影响到下游各级水库的调节。在进行下级水库的调节计算时，必须考虑到流入下级水库的来水量由两部分组成：即经过上级水库调节和用水后而下泄的水量与上下两级水库间的区间来水量。梯级调节计算一般自上而下逐级进行。当上级调节性能好、下级水库调节性能差时，可考虑上级水库对下级水库进行补偿调节，以提高梯级总的调节水量。

(3) 径流电力补偿调节。位于不同河流上但属同一电力系统联合供电的水电站群，可以根据它们各自调节性能的差别，通过电力联系来进行相互之间的径流补偿调节，使系统中水电站群的总保证出力和发电量最大。这种通过电力联系的补偿调节称为径流电力补偿调节。

(4) 反调节。在河流的综合利用中，为合理解决各部门间的用水矛盾，例如发电厂与下游灌溉或航运在用水量的时间分配上均有矛盾：发电用水年内比较均匀，而灌溉则属季节性用水；发电进行日调节时，下泄流量和下游水位的剧烈变化对航运不利等，可在水电站下游建水库，对发电放水进行重新调节，以满足灌溉或航运用水量在时间分配上的需要。这种下游水库对上游水库放水的重新调节,就称为反调节或称为再调节。

9.4 兴利调节计算的时历列表法

9.4.1 根据水库用水过程确定水库兴利库容

根据用水要求确定兴利库容是水库规划设计时的重要内容。由于用水要求为已知,根据天然径流资料(入库水量)不难定出水库补充放水的起止时间。逐时段进行水量平衡算出不足水量(个别时段可能有余水),再累加各时段的不足水量(注意扣除局部回蓄水量),便可得出该入库径流条件下为满足既定用水要求所需的兴利库容。显然,为满足同一用水过程对不同的天然径流资料求出的兴利库容值是不相同的。

按照对径流资料的不同取舍,水库兴利调节时历法可分为长系列法和代表年(期、系、列等)法。其中,长系列法是针对实测径流资料(年调节不少于20～30年,多年调节至少30～50年)算出所需兴利库容值,然后按由小到大顺序排列并计算、绘制兴利库容频率曲线。然后根据设计保证率即可在该库容频率曲线上定出欲求的水库兴利库容;代表年法是以设计代表年的径流代替长系列径流进行调节计算的简化方法,其精度取决于所选设计代表年的代表性好坏,而具体调节计算方法则与长系列法相同。

某一调节年度需要的兴利库容的大小,决定于该年来水过程和用水过程的配合情况,其值应等于该年需要水库供水的起止时间内的最大累积缺水量。当水库运用情况(即蓄供水情况)比较简单时,根据余缺水量能较容易地判断确定兴利库容的大小。

水库运用分为一次运用情况和二次运用情况。一次运用情况即年内蓄、供水各一次。这种情况下,兴利库容等于供水期总缺水量。水库只要在蓄水期末蓄满$V_{兴}$,就能保证供水期用水。二次运用情况即水库供水期间出现局部回蓄。这种情况下,可根据两个缺水期缺水量与局部回蓄期余水量的大小来判断兴利库容。

以年调节水库为例,说明根据用水过程确定兴利库容的时历列表法中的代表年法。计算时段单位为月。

1. 一次运用情况

(1) 不计水量损失的年调节计算

某坝址处的多年平均年径流量为1 104.6×10^6 m^3,多年平均流量为

35 m^3/s。设计枯水年的天然来水量过程及各部门综合用水过程分别计入表 9.4-1 第(2)、第(3)栏和第(4)、第(5)栏。径流资料均按调节年度给出，本例年调节水库的调节年度系由当年 7 月初到次年的 6 月末。其中 7～9 月为丰水期，10 月初到次年 6 月末为枯水期。

计算一般从供水期开始，数据列入表 9.4-1。10 月天然来水量为 23.67×10^6 m^3，兴利部门综合用水量为 24.99×10^6 m^3，用水量大于来水量，要求水库供水，10 月不足水量为 1.32×10^6 m^3，将该值填入表 9.4-1 中第(7)栏，即(7)＝(5)－(3)。依次算出供水期各月不足水量。将 10 月到次年 6 月的 9 个月的不足水量累加起来，即求出设计枯水年供水期总不足水量为 152.29×10^6 m^3，填入第(7)栏合计项内。显然水库必须在丰水期存储 152.29×10^6 m^3 水量，才能补足供水期天然来水之不足，故水库兴利库容使各部门用水得到满足的保证程度是与设计保证率一致的。

在丰水期，7 月天然径流量为 132.82×10^6 m^3，兴利部门综合用水量等于 78.90×10^6 m^3，多余用水量为 185.42×10^6 m^3，由于 7 月末在兴利库容中已蓄水量为 53.92×10^6 m^3，只剩下 98.37×10^6 m^3 库容待蓄，故 8 月来水除将兴利库容 $V_{兴}$ 蓄满外，尚有弃水 87.05×10^6 m^3，填入第(8)栏。9 月来水量为 65.75×10^6 m^3，这时 $V_{兴}$ 已蓄满，天然来水量虽大于兴利部门需水，但仍小于最大用水流量，为减少弃水，水库按天然来水供水。

表 9.4-1　水库年调节时历列表法计算(未计水库水量损失)

单位：流量 m^3/s、水量 10^6 m^3

时段(月)		天然来水		各部门综合用水		多余或不足水量		弃水		时段末兴利库容蓄水量	出库总流量
		流量	水量	流量	水量	多余	不足	流量	水量		
(1)		(2)	(3)	(4)	(5)	(6)	(7)	(8)	(9)	(10)	(11)
丰水期	7	50.5	132.82	30	78.9	53.92		0		53.92	30
	8	100.5	264.32	30	78.9	185.42		87.05	33.1	152.29	63.1
	9	25	65.75	25	65.75					152.29	25
枯水期	10	9	23.67	9.5	24.99		1.32			150.97	9.5
	11	7.5	19.73	9.5	24.99		5.26			145.71	9.5
	12	4	10.52	9.5	24.99		14.47			131.24	9.5
	1	2.6	6.84	9.5	24.99		18.15			113.09	9.5
	2	1	2.63	9.5	24.99		22.36			90.73	9.5

续表

时段(月)		天然来水		各部门综合用水		多余或不足水量		弃水		时段末兴利库容蓄水量	出库总流量
		流量	水量	流量	水量	多余	不足	流量	水量		
枯水期	3	10	26.3	15	39.45		13.15			77.58	15
	4	8	21.04	15	39.45		18.41			59.17	15
	5	4.5	11.84	15	39.45		27.61			31.56	15
	6	3	7.89	15	39.45		31.56			0	15
合计		225.60	593.35	192.5	506.3	239.34	152.29				
平均		18.80	49.45	16.04	42.19						

注：$\sum(3)-\sum(5)=\sum(8)$，可用以校核计算；
$\sum(6)-\sum(7)=\sum(8)$，可用以校核计算。

分别累计第(6)、第(7)两栏，并扣除弃水(逐月计算时以水库蓄水为正，供水为负)，即得兴利库容内蓄水量变化情况，填入(10)栏。此算例表明，水库6月末放空至死水位，7月初开始蓄水，8月库水位升达正常蓄水位并没有弃水，9月维持满蓄，10月初水库开始供水直至次年6月末为止，这时兴利库容正好放空，准备迎蓄来年丰水期多余水量。水库兴利库容由空到满，又再放空，正好是一个调节年度。表9.4-1中第(11)栏[第(4)、第(9)两栏之和]给出了各时段出库总流量，它就是各时段下游可供应用的流量值，同时，由它确定下游水位。

图9.4-1绘出了水库蓄水年变化过程，图中标明水库死库容为50×10^6 m³，兴利库容为152.29×10^6 m³。已知坝址处多年平均年径流量$w_{年}$为1104.60×10^6 m³，则库容系数为0.138。

(2) 考虑水量损失的年调节计算

此算例的各月损失水层深度见

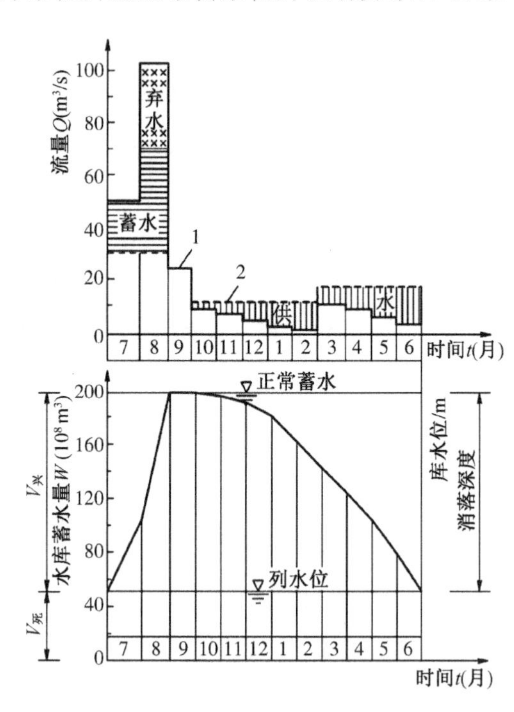

1—设计枯水年来水过程；2—综合用水过程

图9.4-1　某水库径流年调节过程图

表 9.4-2。表中蒸发损失是根据当地水面蒸发资料和多年平均陆面蒸发等值线图求得。渗漏损失的数据是由库区水文地质调查报告提供的。

表 9.4-2　某水库蒸发和渗透损失深度　　单位：mm

时段	(1)	1 月	2 月	3 月	4 月	5 月	6 月	7 月	8 月	9 月	10 月	11 月	12 月	全年
蒸发损失	(2)	15	30	80	110	150	150	130	115	90	75	35	20	1 000
渗漏损失	(3)	60	60	60	60	60	60	60	60	60	60	60	60	720
总损失	(4)	75	90	140	170	210	210	190	175	150	135	95	80	1 720

由于各月蒸发、渗漏损失与当月库水面面积有关。故计算时应先定出每月库水面面积。一种办法是先暂不计水量损失，采用如同表 9.4-1 相同的方法进行水量平衡，从而求出所需兴利库容。全部计算列入表 9.4-3 中。表中第(5)栏为时段末水库蓄水量，即前述表 9.4-1 第(10)栏加上死库容(本例为 $50\times10^6\ m^3$)。第(6)栏时段平均蓄水量即第(5)栏月初和月末蓄水量的平均值。第(7)栏时段内平均水面面积，由第(6)栏平均蓄水量在水库面积特性上查定。第(9)栏等于(7)栏乘上第(8)栏。第(10)栏指毛用水量，即计入水量损失后的用水量，第(10)栏等于第(4)栏加第(9)栏。而后逐时段进行水量平衡，将第(3)栏减第(10)栏的正值计入第(11)栏，负值计入第(12)栏。累计整个供水期不足水量，即求得所需兴利库容，本例 $V_{兴}=168.20\times10^6\ m^3$，比不计水量损失情况增加 $15.91\times10^6\ m^3$，此增值等于供水期水量损失之和。应该指出，表 9.4-3 仍有近似值，这是由于计算水量损失时采用了不计水量损失时的水面面积值。为修正这种误差，可在第一次计算的基础上，按同法再算一次。

上述时历列表法计算也可由供水期末开始，采用逆时序进行逐月试算。年调节水库供水期末(本例为 6 月末)的水位应为死水位，这时，先假定月初水位，根据月末死水位及假定的月初水位算出该月平均水位，从而由水库面积特性曲线查定相应的平均蓄水量及其相应水位，若此水位与假定的月初水位相符，说明原假定是正确的，否则重新假定，试算到相符为止。依次对供水期倒数第 2 个月(本例为 5 月)进行试算。逐项类推，便可求出供水期初的水位(即正常蓄水位)，该水位和死水位之间的库容即为所求的兴利库容。

在中、小型水库的设计工作中，为简化计算，可按下述方法考虑水量损失：首先不计水量损失算出兴利库容，取此库容之半加上死库容，作为水库全年平均蓄水量，从水库特性曲线中查定相应的全年平均水位及平均水面面积，据此求出年损失水量，并平均分配至 12 个月。不计损失时的兴利库容加上供水期总损失水量，

表 9.4-3 计入水量损失的年调节列表计算

单位：流量 m^3/s、水量 10^6 m^3

时段(月)		天然来水量	未计入水量损失情况				水量损失		计入水量损失情况				
			用水量	期末蓄水量	平均蓄水量	平均水面面积	损失水量深度	水量损失值	毛用水量	多余水量	不足水量	期末蓄水量	弃水量
(1)	(2)	(3)	(4)	(5)	(6)	(7)	(8)	(9)	(10)	(11)	(12)	(13)	
				期末死库容								(期初)	
				50.00								50.00	
丰水期	7	132.82	78.9	103.92	76.96	9.6	0.190	1.824	80.72	52.1		102.10	
	8	264.32	78.9	202.29	153.1	15.2	0.175	2.660	81.56	182.76		218.20	66.66
	9	65.75	63.11	202.29	202.29	17.6	0.150	2.640	65.75			218.20	
枯水期	10	23.67	24.99	200.97	201.63	17.0	0.135	2.295	27.29		3.62	214.58	
	11	19.73	24.99	195.71	198.34	16.4	0.095	1.558	26.55		6.82	207.76	
	12	10.52	24.99	181.24	188.48	16.2	0.080	1.296	26.29		15.77	191.99	
	1	6.84	24.99	163.09	172.66	16.0	0.075	1.200	26.19		19.35	172.64	
	2	2.63	24.99	140.73	151.91	15.2	0.090	1.363	26.35		23.72	148.92	
	3	26.3	39.45	127.58	134.15	14.2	0.140	1.994	41.44		15.14	133.78	
	4	21.04	39.45	109.17	118.38	13.0	0.170	2.210	41.66		20.62	113.16	
	5	11.84	39.45	81.56	95.36	11.0	0.210	2.310	41.76		29.92	83.24	
	6	7.89	39.45	50.00	65.78	8.0	0.210	1.680	41.13		33.24	50.00	
合计		593.35						23.030	526.69	234.86	168.200		66.66

即为考虑水量损失后的兴利库容近似解。现仍沿用前述表 9.4-1 的算例，对应于全年蓄水量 $126.20\times10^{6}\ m^{3}$ 的水库水面面积为 $13.7\times10^{6}\ m^{2}$（见图 9.4-1），则年损失水量 $(1\ 720\times13.7\times10^{6})/1\ 000=23.6\times10^{6}\ m^{3}$，每月损失水量约 $1.97\times10^{6}\ m^{3}$，供水期 9 个月总损失水量为 $17.7\times10^{6}\ m^{3}$。因此，计入水量损失后所需兴利库容为 $(152.29+17.70)\times10^{6}=170\times10^{6}\ m^{3}$。

计算结果表明，简化法获值较大。一方面由于表 9.4-3 仅为一次近似计算，算值稍偏小；另一方面在简化计算中水量损失按年内均匀分配考虑，又使结果稍偏大，因为实际上冬季水量损失比夏季小些。通过以上算例，可归纳出以下几点。

(1) 径流来水过程与用水过程差别愈大，则所需兴利库容愈大。

(2) 在一次充蓄条件下，累计整个供水期总不足水量和损失水量之和，即得兴利库容。任意改变供水期各月用水量，只要整个供水期总用水量不变，其不足水量是不会改变的，所求兴利库容也将保持不变，只是各月的库容水量有所变动而已。因此，为简化计算，可用供水期各月用水量的均值代替各月实际用水量，即假定整个供水期为均匀供水，称这种径流调节计算为等流量调节。

(3) 上述算例中，供水期总调节水量为 $(5\times24.99+4\times39.45)\times10^{6}=282.75\times10^{6}\ m^{3}$，除以供水期秒数可得相应调节流量为 $11.9\ m^{3}/s$。通常将设计枯水年供水期调节流量（多年调节时为设计枯水系列调节流量）与多年平均流量的比值称为调节系数 α，用以度量径流调节的程度。上述算例的 $\alpha=Q_{调}/Q=11.9/35.0=0.34$。

2. 二次运用情况

二次运用情况分以下两种情况。

(1) 如果余水量 V_3 同时小于缺水量 V_2 和 V_4[图 9.4-2(a)]，则水库供水期间的最大累计缺水量为其总缺水量 $V_2+V_4-V_3$，该值即为 $V_{兴}$ 值。

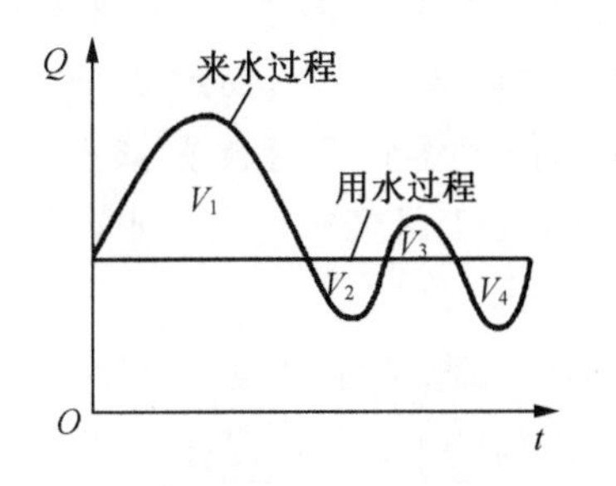

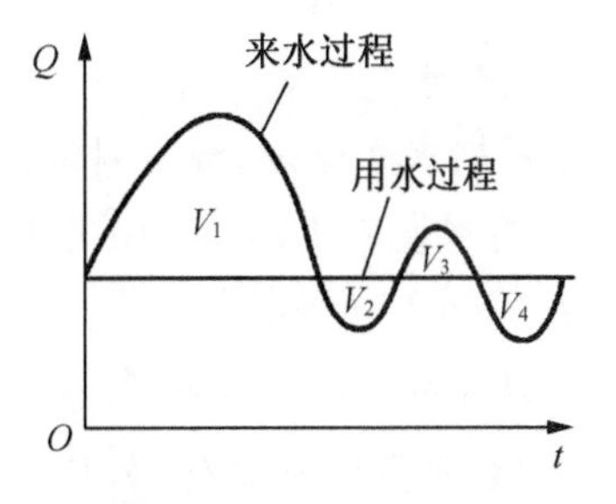

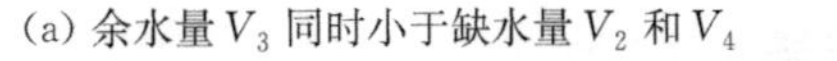

(a) 余水量 V_3 同时小于缺水量 V_2 和 V_4　　(b) V_3 不同时小于 V_2 和 V_4

图 9.4-2　水库二次运用

(2) 如果 V_3 不同时小于 V_2 和 V_4，则取 V_2 和 V_4 两个缺水量中的较大者作为 $V_{兴}$。如图 9.4-2(b) 中，$V_4>V_3>V_2$，最大累积缺水量为 V_4（其值大于总缺水量

$V_2+V_4-V_3$)，为保证该年供水不破坏，应取$V_{兴}=V_4$。

对更复杂的水库运用情况，用上述方法判断$V_{兴}$比较困难，可用如下方法确定$V_{兴}$：从年度末库容对应的时刻起，逆时序逐时段累计缺水量值，即遇缺水加，遇余水减，出现负值时按零计，最后取累计缺水量的最大值作为$V_{兴}$。水库蓄泄过程的推求应按拟定的水库蓄泄水方式进行。灌溉水库规划设计时，常假定水库按如下简单方式进行操作：遇余水则蓄，蓄满$V_{兴}$仍有余水则弃，遇缺水则供。因此，推求水库蓄泄过程时，以兴利库容作为水库蓄水的上限控制值，从调节年度初库容时刻开始，顺时序逐时段进行水量平衡计算，遇余水加，遇缺水减，直到年度末水库放空，由此求得各时段初(末)水库的蓄水量和各时段弃水量。计算中采用的时段水量平衡方程为

$$W_{来}-W_{用}-W_{弃}=V_{末}-V_{初} \tag{9.4-1}$$

式中：$V_{初}$、$V_{末}$为时段初、末水库蓄水量。

(1) 不考虑水量损失的年调节计算。已知某水库某调节年度来水和用水过程如表9.4-4所示，试用列表法进行年调节计算，确定该年所需兴利库容和水库的蓄泄过程。本例以月为计算时段，计算过程如下。

① 计算各月余、缺水量：根据表9.4-4中第(2)、第(3)栏所列各月来、用水量，计算各月来用水量差。差值为正即为余水量，填入第(4)栏；差值为负即为缺水量，填入第(5)栏。

② 确定兴利库容：根据第(4)、第(5)的余、缺水量进行判断可知，本例属于水库二次运用的第一种情况，即V_3小于V_2和V_4，故$V_{兴}=V_2+V_4-V_3=2\ 810+4\ 750-2\ 030=5\ 530$(万$m^3$)。

③ 推求水库蓄水量变化过程和弃水过程：计算从4月初开始，此刻库空，水库蓄水量(不包括死库容的水量)为零。按遇余则蓄，蓄满则弃，余缺则供的操作方式，4月的余水全部蓄于库中；5月的余水除蓄满$V_{兴}$外，尚余2 090万m^3，作为弃水；6月初水库已满，故6月的余水全部作为弃水；7月、8月缺水，水库按缺水量供水，蓄水量减少；9月、10月有余水回蓄；11月到次年3月水库供水，蓄水量逐月减少，到3月底水库放空。

④ 计算完毕应进行校核，以防计算错误。校核方法是检查全年总水量是否平衡。按水量平衡原理应有$\sum W_{来}-\sum W_{用}=\sum W_{余}-\sum W_{缺}=\sum W_{弃}$。本例中，经校核总水量平衡，说明计算无错。

(2) 考虑水量损失的年调节计算。上例计算中，没有考虑水库的水量损失，计算结果比较粗糙，这种处理一般只能用于水库初步规划阶段。在水库设计阶段，特别是对水量损失较大的水库，兴利调节计算中必须计入水量损失。

表 9.4-4　某水库年调节计算表(不计损失)　单位：万 m³

时间	来水量 $W_{来}$	用水量 $W_{用}$	$W_{来}-W_{用}$		水库需水量	弃水量	说明
			余水	缺水			
(1)	(2)	(3)	(4)	(5)	(6)	(7)	(8)
4 月	6 320	1 550	4 770		0		蓄满后弃水
5 月	4 400	1 550	2 850		4 770	2 090	
6 月	2 750	1 240	1 510		5 530	1 510	
7 月	1 410	2 410		1 000	5 530		供水
8 月	870	2 680		1 810	4 530		
9 月	3 860	2 100	1 760		2 720		需水
10 月	2 100	1 830	270		4 480		
11 月	660	1 830		1 170	4 750		供水库空
12 月	480	1 600		1 120	3 580		
1 月	670	1 600		930	2 460		
2 月	380	1 600		1 220	1 530		
3 月	1 290	1 600		310	310		
合计	25 190	21 590	11 160	7 560	40 190	3 600	
校核	25 190 − 21 590 = 11 160 − 7 560 = 3 600						

9.4.2 根据兴利库容确定调节流量

具有一定调节库容的水库，能将天然枯水径流提高到什么程度，也是水库规划设计中经常碰到的问题。例如在多方案比较时常需推求各方案在供水期能获得的可用水量(调节流量 $Q_{调}$)，进而分析每个方案的效益，为方案比较提供依据；对于选定方案则需进一步进行较为精确的计算，以便求出最终效益指标。

这时，由于调节流量为未知值，不能直接认定蓄水期和供水期。只能先假定若干调节流量方案，对每个方案采用上述方法求出各自需要的兴利库容，并一一对应地点绘成 $Q_{调}-V_{兴}$ 曲线查定所求的调节流量 $Q_{调}$(图 9.4-3)。

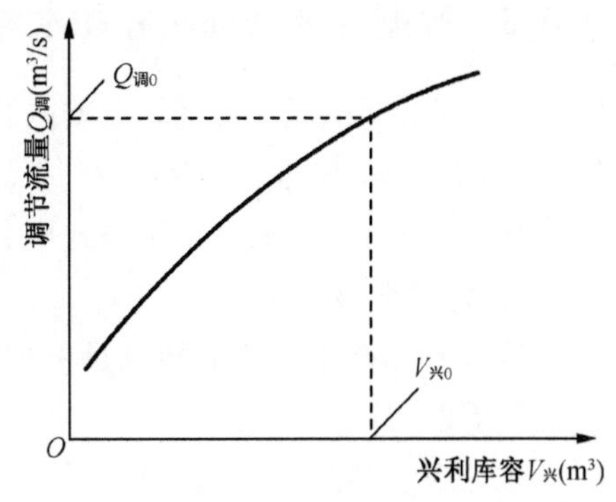

图 9.4-3　调节流量与兴利库容关系曲线图

对于年调节水库，也可直接用下式计算：

$$Q_{调}=(W_{设供}-W_{损供}+V_{兴})/T_{供} \tag{9.4-2}$$

式中：$W_{设供}$为设计枯水年供水期来水总量，m^3；$W_{损供}$为设计枯水年供水期水量损失，m^3；$T_{供}$为设计枯水年供水期历时，s。

应用上述计算式时要注意以下两个问题。

(1) 水库调节性能问题。首先应判明水库确属年调节，如前所述，一般库容系数$(3\%\sim5\%)<\beta<(25\%\sim30\%)$时为年调节水库，$\beta\geq(30\%\sim50\%)$为多年调节，这些经验数据可作为初步判定水库调节性能的参考。通常还以对设计枯水年按等流量进行完全年调节所需兴利库容$V_{完}$为界限，当实际兴利库容大于$V_{完}$时，水库可进行多年调节，否则为年调节。显然，令各月用水量均等于设计枯水年平均月水量，对设计枯水年进行时历列表计算，即能求出$V_{完}$值。按其含义，$V_{完}$也可直接用下式计算：

$$V_{完}=Q_{设年}T_{枯}-W_{设枯} \tag{9.4-3}$$

式中：$Q_{设年}$为设计枯水年平均天然流量，m^3/s；$W_{设枯}$为设计枯水年枯水期来水总量，m^3；$T_{枯}$为设计枯水年枯水期历时，s。

(2) 划定蓄、供水期的问题。计算供水期调节流量时，需正确划分蓄、供水期。前面已经提到，径流调节供水期指天然来水小于用水，需由水库放水补充的时期。水库在调节年度内一次充蓄、一次供水的情况下，供水期开始时刻应是天然流量开始小于调节流量之时，而终止时刻则应是天然流量开始大于调节流量时。可见，供水期长短是相对的，调节流量愈大，要求供水的时间愈长。但在此处，调节流量是未知值，故不能很快地定出供水期，通常需试算，先假定供水期，待求出调节流量后进行核对，如不正确则重新假定后再算。

9.4.3 根据既定兴利库容和水库操作方案推求水库运用过程

所谓推求水库运用过程，主要内容为确定库水位、下泄量和弃水等的时历过程，并进而计算、核定工程的工作保证率。在既定库容条件下，水库运用过程与水库操作方式有关，水库操作方式可分为定流量和定出力两种类型。

1. 定流量操作

这种水库操作方式的特点是设想各时段调节流量为已知值。当各时段调节流量相等时，称等流量操作。

水库对于灌溉、给水和航运等部门的供水，多根据需水过程按定流量操作。在初步计算时也可简化为等流量操作。这时，可分时段直接进行水量平衡，推求

表9.4-5 某水库年调节计算表(计入损失)

单位：万 m^3

月份	来水量	未计入水量损失				水量损失				计入水量损失				
		用水量	需水量	平均需水量	平均水面积	蒸发损失深	蒸发损失量	渗漏损失量	总损失量	毛用水量	$W_{来}-W_{毛}$ 余水	$W_{来}-W_{毛}$ 缺水	蓄水量	弃水量
(1)	(2)	(3)	(4)	(5)	(6)	(7)	(8)	(9)	(10)	(11)	(12)	(13)	(14)	(15)
			死库容										死库容	
4	6 320	1 550	1 200	3 585	4.43	30	13	36	49	1 599	4 731	1 200		1 414
5	4 400	1 550	5 970	6 350	5.54	41	23	64	87	1 637	2 763		1 200	1 417
6	2 750	1 240	6 730	6 730	5.69	45	26	67	93	1 333	1 417		5 921	
7	1 410	2 410	6 730	6 230	5.49	71	39	62	101	2 511		1 101	7 270	
8	870	2 680	5 730	4 825	4.93	69	34	48	82	2 762		1 892	7 270	
9	3 860	2 100	3 920	4 800	4.92	54	27	48	7	2 175	1 685		6 169	
10	2 100	1 830	5 680	5 815	5.33	37	20	58	78	1 908	192		4 277	
11	660	1 830	5 950	5 365	5.15	25	13	54	67	1 897		1 237	5 962	
12	480	1 600	4 780	4 220	4.69	17	8	42	50	1 650		1 170	6 154	
1	670	1 600	3 660	3 195	4.28	15	6	32	38	1 638		968	4 917	
2	380	1 600	2 730	2 120	3.85	15	6	21	27	1 627		1 247	3 747	
3	1 290	21 590	1 510	1 355	3.54	23	8	14	22	1 622		332	2 779	
合计	25 190						223	546	769	22 359	10 778	7 947		2 837
校核	$\sum(2)-\sum(3)-\sum(10)-\sum(15)=0$													

出水库运用过程。显然，对于既定兴利库容和操作方案来讲，入库径流不同，水库运用过程亦不同。以年调节水库为例，若供水期由正蓄水位开始推算，当遇特枯年份，库水位很快消落到死水位，后一段时间只能靠天然径流供水，用水部门的正常工作将遭破坏。而且，在该种年份的丰水期，兴利库容也可能蓄不满，则供水期缺水情况就更加严重。相反，在丰水年份，供水期库水位不必降到死水位便能保证兴利部门的正常用水，而在丰水期则水库可能提前蓄满并有弃水。显而易见，针对长水文系列进行径流调节计算，即可统计得出工程正常工作的保证程度。而对于设计代表期（日、年、系列）进行定流量操作计算，便得出具有相应特定含义的水库运用过程。

2. 定出力操作

为满足用电要求，水电站调节水量要与负荷变化相适应，这时，水库应按定出力操作。定出力操作又有两种方式。第一种是供水期以 $V_{兴}$ 满蓄为起算点，蓄水期以 $V_{兴}$ 放空为起算点，分别顺时序算到各自的期末。其计算结果表明水电站按定出力运行水库在各种来水情况下的蓄、放水过程。类似于定流量操作，针对长水文系列进行定出力顺时序计算，可统计得出水电站正常工作的保证程度。第二种是供水期以期末 $V_{兴}$ 放空为起算点，蓄水期以期末 $V_{兴}$ 满蓄为起算点，分别逆时序计算到各自的期初。其计算结果表明水电站按定出力运行且保证 $V_{兴}$ 在供水期末正好放空、蓄水期末正好蓄满，各种来水年份各时段水库必须具有的蓄水量。

由于水电站出力与流量和水头两个因素有关，而流量和水头彼此又相互影响，定出力调节常采用逐次逼近的试算法。表 9.4-6 给出顺时序一个时段的试算数例。如上所述，计算总是从水库某一特定蓄水情况（蓄满或库空）开始，即第(11)栏起算数据为确定值。表中第(4)栏指电站按第(2)栏定出力运行时段水量平衡，求得水库蓄水量变化并定出时段平均库水位[第(16)栏]。根据假定的发电流量并计算时段内通过其他途径泄往下游的流量，查出同时段下游平均水位，填入第(17)栏。同时段上、下游平均水位差即为该时段水电站的平均水头，填入第(18)栏。将第(4)栏的假设流量值和第(18)栏的水头值代入公式 $N'=AQ$ 电开（本算例出力系数 A 取值 8.0），求得出力值并填入第(19)栏。比较第(2)栏的 N 值和第(19)栏的 N 值，若两者相等，表示假设的值无误，否则另行假定重算，直至 N 和 N 相符为止。本算例第一次试算 $N'=16.0\times10^3$ kW，与要求出力 $N=15.0\times10^3$ kW 不符，而第二次试算求得 $N=15.09\times10^3$ kW，与要求值很接近。算完一个时段后继续下个时段的试算，直至期末。在计算过程中，上时段末水库蓄水量就是下个时段初的水库蓄水量。

根据列表计算结果，即可点绘出水库蓄水量或库水位[表 9.4-6 中第(12)栏或第(16)栏]过程线、兴利用水[表10.10中第(4)栏、第(5)栏]过程线和弃水流量[表9.4-6第(13)栏]过程线等。

表9.4-6　定出力操作水库调节计算(顺时序)

时间(月)		(1)	某月			
水电站月平均出力 $N(10^3$ kW)		(2)	15			
月平均流量(m^3/s)		(3)	30			
水电站引用流量(m^3/s)		(4)	40	(假定)	37.5	
其他部门用水流量(m^3/s)		(5)	0		0	
水库水量损失(m^3/s)		(6)	0		0	
入库存入或放出的流量($10^6 m^3$)	多余流量	(7)				
	不足流量	(8)	10		75	
入库存入或放出的流量($10^6 m^3$)	多余水量	(9)			19.7	
	不足水量	(10)	26.3		126	106.3
时段初蓄水量($10^6 m^3$)		(11)	126		106.3	
时段末蓄水量($10^6 m^3$)		(12)	99.7		0	
弃水量($10^6 m^3$)		(13)	0		201	199.4
期初上游水位(m)		(14)	201		199.4	
期末上游水位(m)		(15)	199		200.2	
上游平均水位(m)		(16)	200		149.9	
下游平均水位(m)		(17)	150		50.3	
平均水头(m)		(18)	50		15.09	
校核出力值 $N(10^3$ kW)		(19)	16			

注：1. 已知正常蓄水位为201.0 m，相应的库容126×10^6 m^3；

2. 出力计算公式为$N = AQ_{电}\overline{H} = 8Q_{电}\overline{H}$。

定出力逆时序计算仍可按表9.4-6格式进行。这时，由于起算点控制条件不同，供水期初库水位不一定是正常蓄水位，蓄水期初兴利库容也不一定正好放空。针对若干典型天然径流进行定出力逆时序操作，绘出水库蓄水量(或库水位)变化曲线组，它是制作水库调度图的重要依据之一。

9.5 兴利调节计算的时历图解法

9.5.1 水量累积曲线和水量差积曲线

图解法是利用水量累积曲线或水量差积曲线进行计算的一种方法。因此，在讨论图解法之前，先介绍两条曲线的绘制及特性。

1. 水量累积曲线

图解法的计算原理与列表法相同，都是以水量平衡为原则，通过天然来水量和兴利部门用水(可计入水量损失)之间的对比求得供需平衡。

来水或用水随时间变化的关系可用流量过程线表示，也可用水量累积曲线表示。这两种曲线均以时间为横坐标，如图 9.5-1 所示。在流量过程线上，纵坐标表示相应时刻的流量值，而水量累积曲线上纵坐标则表示从计算起始时刻 t_0(坐标原点)到相应时刻之间的总水量，则水量累积曲线是流量过程线的积分曲线，而流量过程线则是水量累积曲线的一次导数线，表示两者关系的数学式为

$$W = \int_{t_0}^{t} Q \mathrm{d}t$$

$$Q = \mathrm{d}W/\mathrm{d}t \tag{9.5-1}$$

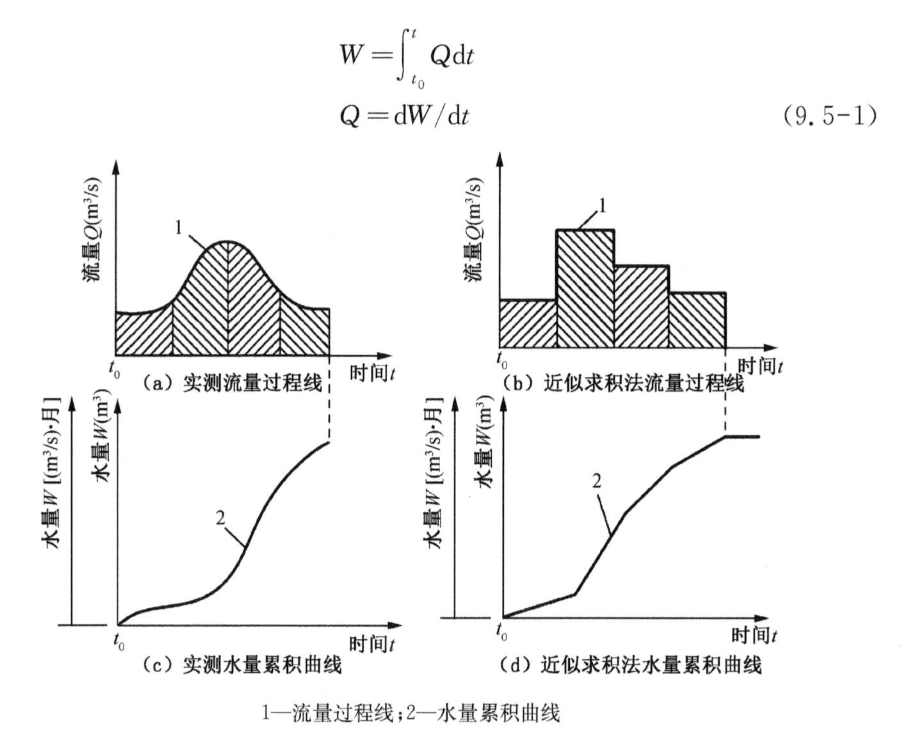

1—流量过程线；2—水量累积曲线

图 9.5-1 流量过程线和水量累积曲线图

在绘制累计曲线时，为简化计算，可采用近似求积法，即将流量过程历时分成若干时段 Δt，求各时段平均流量 $\overline{Q}$，并用它代替时段内变化的流量，则上式可改写为：

$$W = \sum \Delta W = \sum_{t_0}^{t} \overline{Q} \Delta_t \tag{9.5-2}$$

Δt 的长短可视天然流量变化情况、计算精度要求及调节周期长短而定，在长周期调节计算中，一般采用1个月、半个月或10天。

显然，针对流量过程资料即能绘出水量累积曲线，计算步骤见表9.5-1。计算时段取1个月(即 $\Delta t = 2.63 \times 10^6$ s)，表中第(5)栏就是从某年7月初起，逐月累计来水量增值 ΔW 而得出各月末的累积水量值。若以月份[表中第(2)栏]为横坐标，各月末相应的第(5)栏 $\sum \Delta W$ 值为纵坐标，便可绘出水量累积曲线[图9.5-1(d)]。

为了便于计算和绘图，常以[(m^3/s) · 月]为水量的计算单位。其含义是 $1m^3/s$ 的流量历时1个月的水量，即

$$1[(m^3/s) \cdot 月] = 1 \times 3\,600 \times 24 \times (365 \div 12) = 2.63 \times 10^6 (m^3) \tag{9.5-3}$$

表9.5-1中的第(5)栏和第(7)栏就是以[(m^3/s) · 月]为单位的各月水量增值 ΔW 和水量累积值 W。按表中第(2)栏和第(7)栏对应数据点绘成的水量累积曲线，其纵坐标即以[(m^3/s) · 月]为单位。

表9.5-1 水量累积曲线计算表

时间		月平均流量	水量增值		水量累积值	
年	月		$10^6 m^3$	(m^3/s) · 月	$10^6 m^3$	(m^3/s) · 月
(1)	(2)	(3)	(4)	(5)	(6)	(7)
					0(月初)	0(月初)
某年	7	Q7	Q7×2.63	Q7	Q7×2.63	Q7
	8	Q8	Q8×2.63	Q8	(Q7+Q8)×2.63	Q7+Q8
	9	Q9	Q9×2.63	Q9	(Q7+Q8+Q9)×2.63	Q7+Q8+Q9
	10	Q10	Q10×2.63	Q10	(Q7+Q8+Q9+Q10)×2.63	Q7+Q8+Q9+Q10

归纳起来，水量累积曲线的主要特性如下。

(1) 水量累积曲线是一条随时间不断上升的曲线。

(2) 曲线上任意两点 A、B 的纵坐标差 ΔW_{AB} 表示 t_A 至 t_B 期间(即 Δt_{AB})的

水量(见图 9.5-2)。

(3) 连接曲线上任意两点 A、B 形成割线 AB,该割线的斜率正好表示 Δt_{AB} 时段内的平均流量。

(4) 曲线上任意一点的切线斜率代表该时刻的瞬时流量(A 点)。

2. 水量差积曲线

由于水量累积曲线是一条随时间不断上升的曲线,当计算历时较长时,图形将在纵向有大幅度延伸,使绘制和使用均不方便,若改用很小的水量比尺,又会大大降低图解精度。同时,由于受到有效数字或值域的限制,水量累积曲线也不便于采用计算机实现,因此在工程设计中常用水量差积曲线(简称差积曲线)代替水量累积曲线。

将每个时段的流量值减去一任意常流量(用 Q_0 表示,通常取接近于平均流量的整数值)后求各时段差量 $Q(t)-Q_0$ 的累积值,以水量 W,即 $\sum_{i=1}^{t}[Q(i)-Q_0]\Delta t$ 为纵坐标,以时间为横坐标,绘制差积曲线,如图 9.5-3 所示。

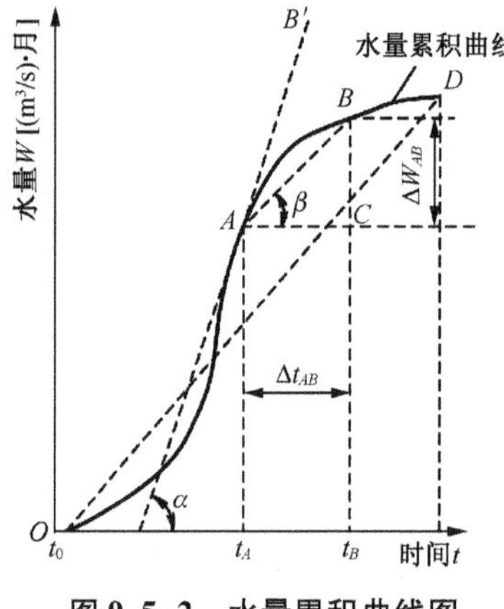

图 9.5-2 水量累积曲线图

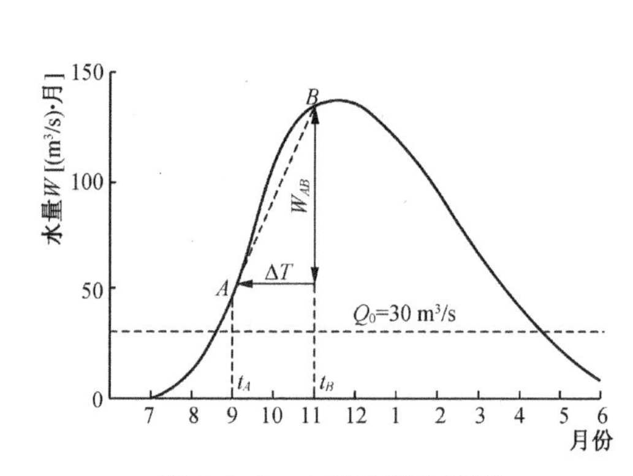

图 9.5-3 水量差积曲线图

水量差积曲线的主要性质如下。

(1) 水量差积曲线有升有降,当 $Q(t)>Q_0$ 时,曲线上升;当 $Q(t)<Q_0$ 时,曲线下降。当 Q 等于或接近于绘图历时的平均流量时,曲线将围绕横轴上下摆动。

(2) 差积曲线上任意两点纵坐标之差值等于这两点对应时段的水量与 Q_0 在同时段内水量之差。在图 9.5-3 中取 A、B 两点,则两点的纵坐标之差:

$$
\begin{aligned}
W_{AB} &= W(t_B)-W(t_A) \\
&= \sum_{0}^{t_B}[Q(t)-Q_0]\Delta t-\sum_{0}^{t_A}[Q(t)-Q_0]\Delta t=\sum_{t_A}^{t_B}Q(t)\Delta t-\sum_{t_A}^{t_B}Q_0\Delta t
\end{aligned}
\tag{9.5-4}
$$

(3) 差积曲线上任意两点 A、B 形成割线 AB 的斜率为该两点之间的平均流量与 Q_0 的差值。

(4) 性质(2)和(3)在曲线平移时保持不变。

3. 计算步骤

(1) 利用差积曲线求水库兴利库容的步骤。

① 分别作来水和用水(需水)的差积曲线,如图 9.5-4 所示。

② 平移用水差积曲线与来水差积曲线外切于 M 点,根据差积曲线的性质,该点左边来水差积曲线的斜率大于需水差积曲线的斜率,是余水期;而右边刚好相反,属亏水期,M 点是蓄水期末,供水期初,为余水期与亏水期的分界点,如图 9.5-4 所示。

③ 平移用水差积曲线与来水差积曲线在 M 点的右下方切于 N 点,根据差积曲线的性质,N 点是供水期末,蓄水期初,为亏水期和余水期的分界点。则这两条平行线的垂线截距即为兴利库容。图 9.5-4 中阴影部分为水库按照早蓄方案蓄水时的蓄水过程。

当常流量 Q_0 取为用水(可以是变动用水)时,差积曲线的形状如图 9.5-5 所示,此时用水差积曲线就为水平线。当水库为一次运用时,兴利库容就为年末谷点与年内峰点的纵标之差;当水库为两次运用时,先按照差积曲线求兴利库容的一般步骤,计算出库容 V_1,如果右下切点为年内所有谷点的最低点,则当年兴利库容 $V_{兴}=V_1$;如果年内有比右下切点更低的谷点,则以此谷点为右下切点,回溯求左上切点,得出库容 V_2,则当年兴利库容 $V_{兴}=\max\{V_1, V_2\}$。

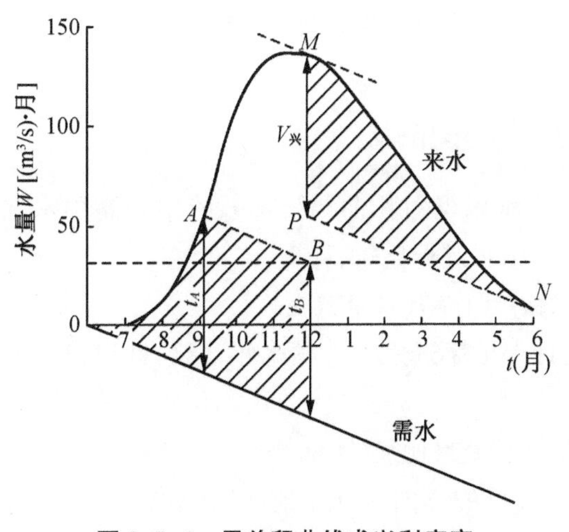

图 9.5-4　用差积曲线求兴利库容

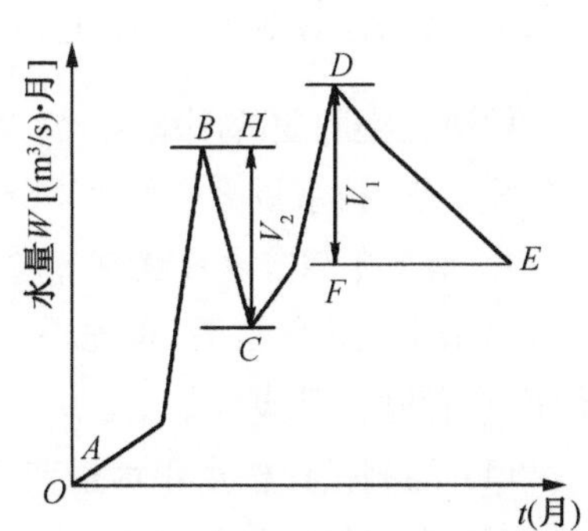

图 9.5-5　用差积曲线求兴利库容
(Q_0 取为用水时)

（2）由兴利库容求调节流量的计算步骤。

① 绘制来水差积曲线（Q 取接近于平均流量的整数值），如图 9.5-6 所示。

② 将来水差积曲线向上或向下平移兴利库容相应值。

③ 作两条差积曲线的公切线（左边与下线相切，右边与上线相切），若有多条公切线，则选斜率最小的。图 9.5-6 的公切线为 MN，其斜率为 k_{MN}。

④ 调节流量 $Q_{调} = k_{MN} + Q_0$。

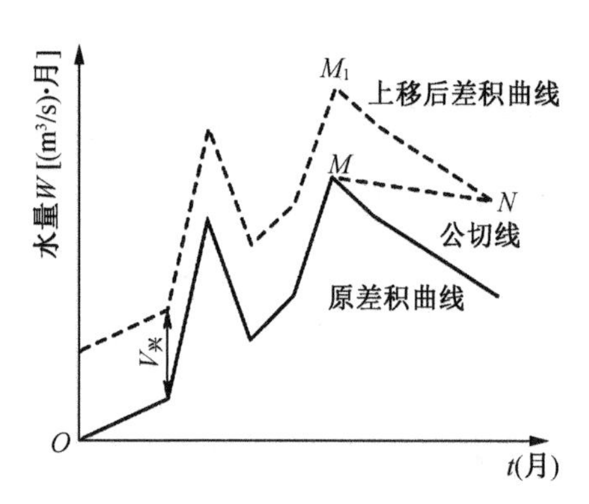

图 9.5-6　用差积曲线求调节流量

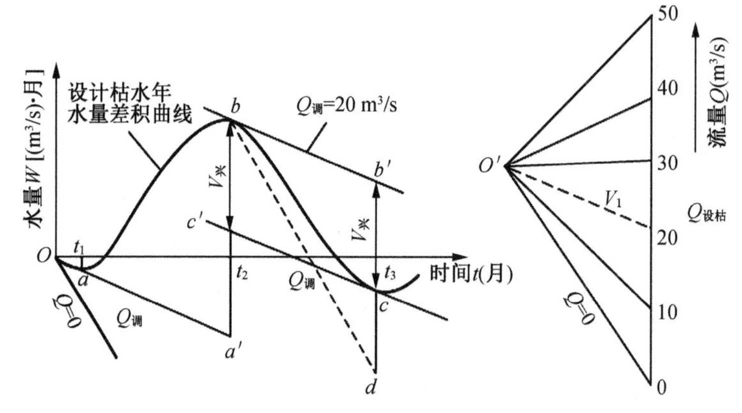

图 9.5-7　确定年调节水库兴利库容图解法（代表年法）

9.5.2　根据用水要求确定兴利库容的图解法

解决这类问题的图解途径，是在来水水量差积曲线坐标系统中绘制用水水量差积曲线，按水量平衡原理对来水和用水进行比较、计算。

1. 确定年调节水库兴利库容的图解法（不计水量损失）

当采用代表年法时，首先根据设计保证率选定设计枯水年，然后针对设计枯水年进行图解，其步骤如下。

（1）绘制设计枯水年水量差积曲线及流量比尺（图 9.5-7）。

（2）在流量比尺上定出已知调节流量的方向线（$Q_{调}$ 射线），绘出平行于 $Q_{调}$ 射线并与天然水量差积曲线相切的平行线组。

（3）供水期（bc 段）上、下切线间的纵距，按水量比尺量取，即等于所求的

水库兴利库容 $V_{兴}$。图 9.5-7 中给出的例子为：当 $Q_{调}=20\ m^3/s$ 时，年调节水库兴利库容 $V=b'cmw=bc'mw$ [(m^3/s)·月]。它的正确性是不难证明的，作图方法本身确定了图 9.5-7 中 a 点（t_1 时刻）、b 点（t_2 时刻）和 c 点（t_3 时刻）处天然流量均等于调节流量 $Q_{调}$。而在 b 点前和 c 点后天然流量均大于调节流量，不需水库补充供水，b 点后和 c 点前的时间内，天然流量小于调节流量，为水库供水期。过 b 点作平行于零流量线的辅助线 bd，由差积曲线特性可知：纵距 cd 按水量比尺等于供水期天然来水量。同时，在坐标系统中，bb' 也是一条流量为 $Q_{调}$ 的水量差积曲线，即水库出流量差积曲线，则 $b'dmw$ [(m^3/s)月]为供水期总需水量。水库兴利库容应等于供水期总需水量与同期天然来水量之差，即

$$V_{兴}=(b'd-cd)mw=b'cmw\ [(m^3/s)\cdot 月] \tag{9.5-5}$$

十分明显，上切线 bb' 和天然来水量差积曲线间的纵距表示各时段需由水库补充的水量，而切线 bb' 和 cc' 间纵距为兴利库容 $V_{兴}$，它减去水库供水量即为水库蓄水量（条件使供水期初兴利库容蓄满）。因此，天然水量差积曲线与下切线 cc' 之间的纵距表示供水期水库蓄水量变化过程。例如 t_2 时 $V_{兴}$ 蓄满为供水期起始时刻，t_3 时 $V_{兴}$ 放空。

应该注意，图中 aa' 和 bb' 虽也是与 $Q_{调}$ 射线同斜率且切于天然水量差积曲线的两条平行线，但其间纵距 ba' 却不表示水库必备的兴利库容。这是因为 t_1 至 t_2 为水库蓄水期，故 ba' 表示多余水量而并非不足水量。因此采用调节流量平行切线法确定兴利库容时，首先应正确地定出供水期，要注意供水期内水库局部回蓄问题，不要把局部回蓄当作供水期结束；然后遵循由上切线（在供水期初）顺时序计量到相邻下切线（在供水期末）的规则。

上述介绍的是等流量调节情况。实际上，对于变动的用水流量也可按整个供水期需用流量的平均值进行等流量调节，这对确定兴利库容并无影响。但是，当要求确定枯水期水库蓄水量变化过程时，则变动的用水流量不能按等流量处理。这时，水库出流量差积曲线不再是一条直线。当采用径流调节长系列时历法时，首先针对长系列实测径流资料，用与上述代表期法相同的步骤和方法进行图解，求出各年所需的兴利库容。再按由大到小顺序排列，计算、绘制兴利库容经验频率曲线。最后，根据设计保证率 P 由兴利库容频率曲线查定所求的兴利库容[图 9.5-8(a)]。

显然，改变 $Q_{调}$ 将得出不同的 V。针对每一个 $Q_{调}$ 方案进行长系列时历图解，将求得各自特定的兴利库容经验频率曲线，如图 9.5-8(b)所示。

2. 确定多年调节水库兴利库容的图解法（不计水量损失）

利用水量差积曲线求解多年调节水库兴利库容的图解法，比时历列表法更

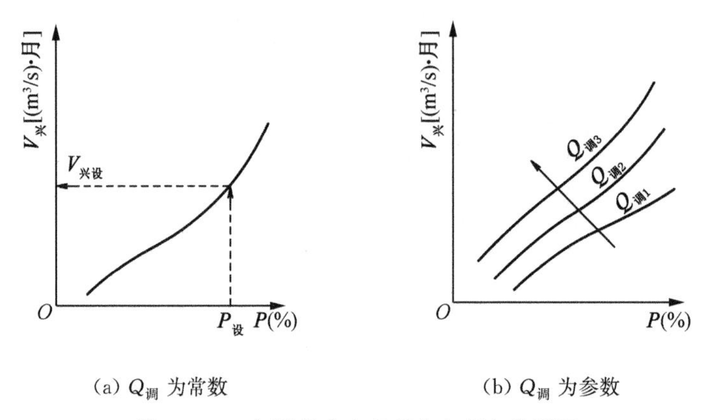

(a) $Q_{调}$ 为常数　　　　(b) $Q_{调}$ 为参数

图 9.5-8　年调节水库兴利库容频率曲线图

加简明，在具有长期实测径流资料(30～50 年以上)的条件下，是水库工程规划设计中常用的方法。针对设计枯水系列进行多年调节的图解方法，与上述年调节代表期法相似，其步骤如下。

(1) 绘制设计枯水系列水量差积曲线及其流量比尺。

(2) 按照公式 $T_{破}=n-P_{设}(n+1)$ 计算在设计保证率条件下的允许破坏年数。图 9.5-9 示例具有 30 年水文资料，即 $n=30$，若 $P_{设}=94\%$，则 $T_{破}=30-0.94\times 31\approx 1$(年)。

(3) 选出最严重的连续枯水年系列，并自此系列末期扣除 $T_{破}$，以划定设计枯水系列。如图 9.5-9 所示，由于 $T_{破}=1$ 年，在最严重枯水系列里找出允许被破坏的年份为 1961—1962 年，则 1955—1961 年即为设计枯水系列。

(4) 根据需要与可能，确定在正常工作遭破坏年份的最低用水流量 $Q_{破}$，$Q_{破}<Q_{调}$。

(5) 在最严重枯水系列末期(最后一年)作天然水量差积曲线的切线，使其斜率等于 $Q_{破}$(图中 ss')。差积曲线与切线 ss' 间纵距表示正常工作遭破坏年份水库蓄水量变化情况，如图 9.5-9 中竖阴影线表示，其中 $gs'mw$ [(m^3/s) · 月]表示应在破坏年份前一年枯水期末预留的蓄水量(只有这样才能保证破坏年份内能按照 $Q_{破}$ 放水)，从而得出特定的点位置。

(6) 自点 s 作斜率等于 $Q_{调}$ 的线段 $s's''$。同时在设计枯水系列起始时刻作差积曲线的切线 hh'，其斜率也等于 $Q_{调}$，切点为 h。$s's''$ 与 hh' 间的纵距便表示该多年调节水库应具备的兴利库容，即 $V=hs''mw$ [(m^3/s) · 月]。

(7) 当长系列水文资料中有两个以上的严重枯水年系列而难于确定设计枯水系列时，则应按上述步骤分别对各枯水年系列进行图解，取所需兴利库容中的最大值，以策安全。显然，多年调节的调节周期和兴利库容值均随调节流量的改变而改变。多年调节水库调节流量的变动范围为：大于设计枯水年进

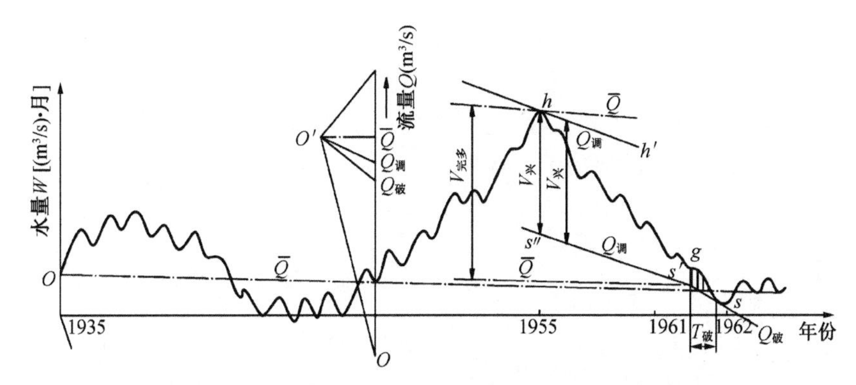

图 9.5-9　确定多年调节水库兴利库容调节图解法(代表年法)

行等流量完全年调节时的调节流量(即 $Q_{设}$)，小于整个水文系列的平均流量。在图 9.5-9 中用点划线示出确定完全多年调节(按设计保证率)兴利库容 $V_{完多}$ 的图解方法。

也可对长系列水文资料，运用推调节流量平行切线的方法，求出各种年份和年组所需的兴利库容，而后对各兴利库容值进行频率计算，按设计保证率确定必需的兴利库容。在图 9.5-10 中仅取 10 年为例，说明确定多年调节兴利库容的长系列径流调节时历图解方法。首先绘出与天然水量差积曲线相切，斜率等于调节流量 $Q_{调}$ 的多条平行切线。画该平行切线组的规则是：凡天然水量差积曲线各年低谷处的切线都绘出来，而各年峰部的切线，只有不与前一年差积曲线相交的才有效，若相交则不必绘出(图 9.5-10 中第 3 年、第 4 年、第 5 年及第 10 年)。然后将每年天然来水量与调节水量比较。不难看出，在第 1 年、第 2 年、第 6 年、第 7 年、第 8 年、第 9 年等 6 个年度里，当年水量即能满足兴利要求，确定兴利库容的图解法与年调节时相同。如图 9.5-10 所示，由上、下 $Q_{调}$ 切线间纵距定出各年所需兴利库容为 V_1、V_2、V_6、V_7、V_8 及 V_9。对于年平均流量小于 $Q_{调}$ 的枯水年份，如第 3 年、第 4 年、第 5 年、第 10 年等，各年丰水期水库蓄水量均较少(如图 9.5-10 中阴影线所示)，必须连同它前面的丰水年份进行跨年度调节，才有可能满足兴利要求。例如第 10 年连同前面来水较丰的第 9 年，两年总来水量超过两倍要求的用水量，即 $Q_{10}+Q_9>2Q_{调}$。这一点可由图中第 10 年末 $Q_{调}$ 切线延长线与差积曲线交点 a 落在第 9 年丰水期来说明。于是，可把这两年看成一个调节周期，仍用绘制调节流量平行切线法，求得该调节周期的必需兴利库容 V_{10}。再看第 3 年，也是来水不足，且与前一年组合在一块的来水总量仍小于两倍需水量，必须再与更前 1 年组合。第 1 年、第 2 年和第 3 年 3 年总来水量已超过 3 倍调节水量，即 $Q_1+Q_2+Q_3>3Q_{调}$。对这样 3 年为 1 个周期的调节，也可用平行切线法求出必需的兴利库容 V_3 来。同理，对于第 4 年和第 5 年，则分别应由4年和5年组成调节周期进行调节，这样才能满足用水要求，由图解确定其兴利库容分别为V_4和V_5。由图9.5-10(a)可见，在这10年的水文系列中，从第2年至第5年连续出现4个枯水年，它们成为枯水年系列。显然，枯水年系列在多年调节计算中起着重要的作用。

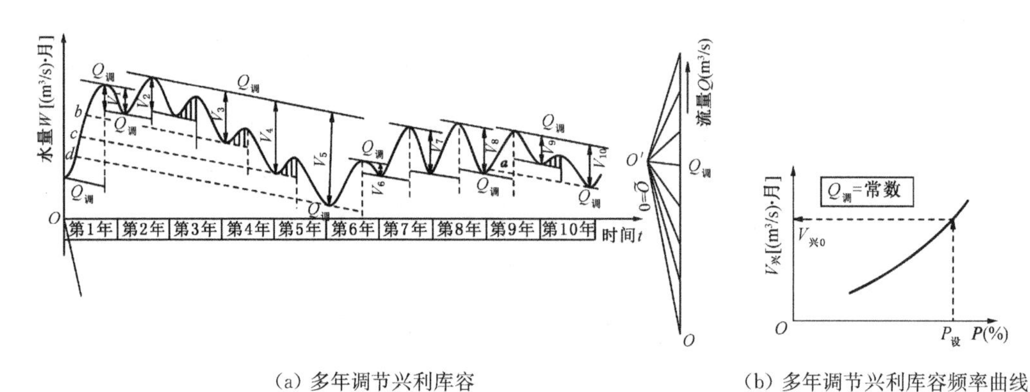

(a) 多年调节兴利库容　　(b) 多年调节兴利库容频率曲线

图9.5-10　确定多年调节水库兴利库容的图解法(长系列法)

在求出各种年份和年组所需的兴利库容V_1、V_2、V_3、…、V_{10}之后，按由小到大顺序排列，计算各兴利库容值的频率，并绘制兴利库容频率曲线，根据P便可在该曲线上查定所需多年调节水库的兴利库容$V_{兴}$[图9.5-10(b)]。

3. 计入水库水量损失确定兴利库容的图解法

图解法对水库水量损失的考虑，与时历列表法的思路和方法基本相同。常将计算期(年调节指供水期；多年调节指枯水系列)分为若干时段，由不计损失时的蓄水情况初定各时段的水量损失值。以供水终止时刻放空兴利库容为控制，逆时序操作并逐步逼近地求出较精确的解答。为简化计算，常采用计入水量损失的近似方法。即根据不计水量损失求得的兴利库容定出水库在计算期的平均蓄水量和平均水面面积，从而求出计算期总水量损失并折算成损失流量。用既定的调节流量加上损失流量得出毛调节流量，再根据毛调节流量在天然水量差积曲线上进行图解，便可求出计入水库水量损失后的兴利库容近似解。

9.5.3 根据兴利库容确定调节流量的图解法

如同前述，采用时历列表法解决这类问题需进行试算，而图解法可直接给出答案。

1. 确定年调节水库调节流量的图解法

当采用代表期法时，针对设计枯水年进行图解的步骤如下。

(1) 在设计枯水年水量差积曲线下方绘制与之平行的满库线，两者间纵距等

于已知的兴利库容 $V_{兴}$(图 9.5-11)。

(2) 绘制枯水期天然水量差积曲线和满库线的公切线 ab。

(3) 根据公切线的方向,在流量比尺上定出相应的流量值,它就是已知兴利库容所能获得的符合设计保证率要求的调节流量。切点 a 和 b 分别定出按等流量调节时水库供水期的起讫日期。

(4) 当计入水库水量损失时,先求平均损失流量,从上面求出的调节流量中扣除损失流量,即得净调节流量(有一定近似性)。

在设计保证率一定时,调节流量值将随兴利库容的增减而增减;当改变 P 时,只需分别对各个相应的设计枯水年,用同样的方法进行图解,便可绘出一组以 P 为参数的兴利库容与调节流量的关系曲线(图 9.5-12)。

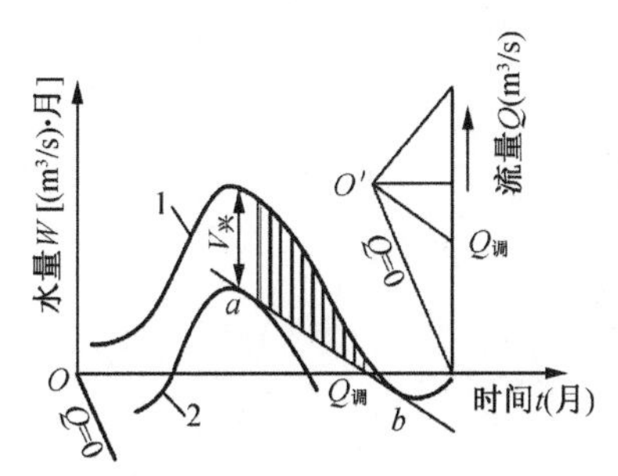

1—设计枯水年水量差积曲线;2—满库线

图 9.5-11　确定调节流量的图解法

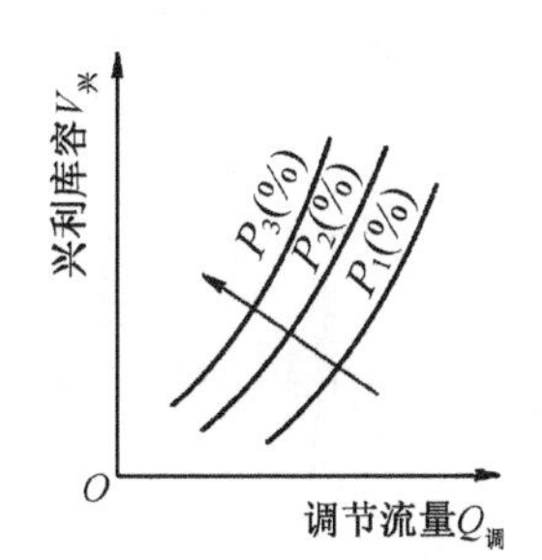

图 9.5-12　$P_{设}$ 为参数的 $V_{兴}$-$Q_{调}$ 曲线组

可按上述步骤对长径流系列进行图解(即长系列法),求出各种来水年份的调节流量($V_{兴}$=常数)。将这些调节流量值按大小顺序排列,进行频率计算并绘制调节流量频率曲线。根据规定的 $P_{设}$,便可在该频率曲线上查定所求的调节流量值,如图 9.5-13(a)所示。对若干兴利库容方案,用相同方法进行图解,就能绘

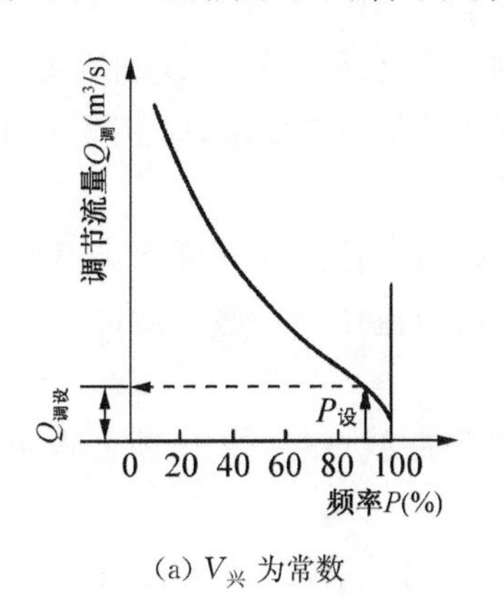

(a) $V_{兴}$ 为常数

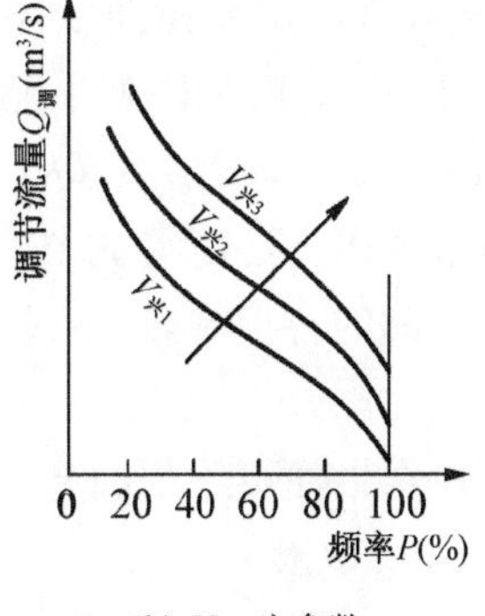

(b) $V_{兴}$ 为参数

图 9.5-13　年调节水库调节流量频率曲线图

出一组调节流量频率曲线，如图 9.5-13(b)所示。

2. 确定多年调节水库调节流量的图解法

图 9.5-14 中给出从长水文系列中选出的最枯枯水年组。若使枯水年组中各年均正常工作，则将由天然水量差积曲线和满库线的公切线 ss'' 方向确定调节流量 $Q_{调}$。实际上，根据水文系列的年限和设计保证率，可算出正常工作允许破坏年数，据此在图中确定 s 点位置。自 s 点作满库线的切线 $s's''$，可按其方向在流量比尺上定出调节流量 $Q_{调}$。

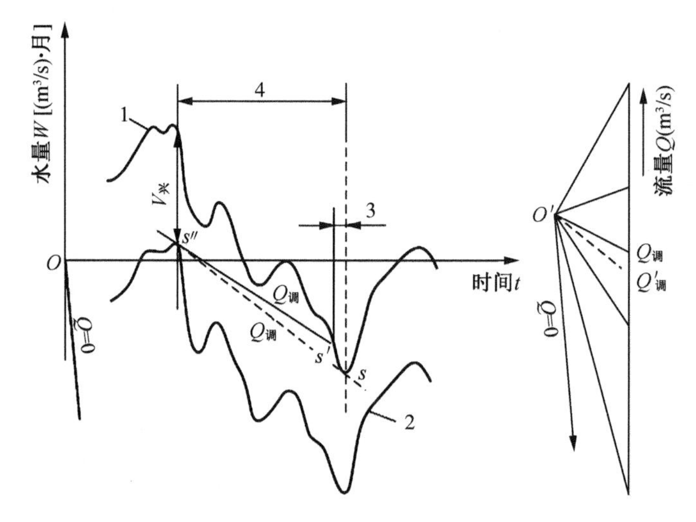

1—天然水量差积曲线；2—满库线；3—允许破坏的时间；4—最枯枯水年组

图 9.5-14　确定多年调节水库调节流量的图解法(代表期法)

这类图解也可对长系列水文资料进行计算，如图 9.5-15 所示。表示用水情况的调节水量差积曲线，基本上由天然水量差积曲线和满库线的公切线组成。但应注意，该调节水量差积曲线不应超越天然水量差积曲线和满库线的范围。例如图 9.5-15 中 T 时期内就不能再拘泥于公切线的做法，而应改为两种不同调节流量的用水方式(即 $Q_{调7}$ 和 $Q_{调8}$)。

以上这种作图方法所得调节方案，就好似一根细线绷紧在天然水量差积曲线与满库线之间的各控制点上(要尽量使调节流量均衡些)，所以又被形象地称为“绷线法”。

根据图解结果便可绘制调节流量的频率曲线，然后按 P 即可查定相应的调节流量[图 9.5-13(a)]。

综合上述讨论，可将 $V_{兴}$、$Q_{调}$ 和 $P_{设}$ 三者的关系归纳为以下几点。

(1) $V_{兴}$一定时，P 越高，可能获得的供水期 $Q_{调}$ 越小，反之则大(图 9.5-13)。

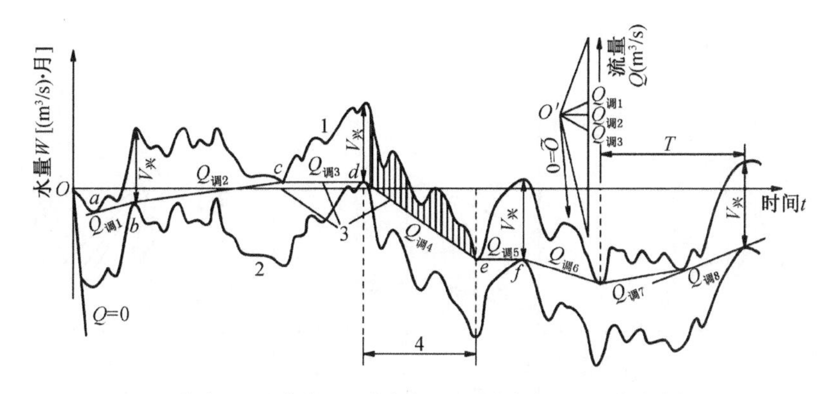

1—天然水量差积曲线；2—满库线；3—调节方案；4—最枯枯水年组

图 9.5-15 确定多年调节水库调节流量的图解法(长系列法)

(2) $Q_{调}$ 一定时，要求的 P 越高，所需的 V 也越大，反之则小[图 9.5-8 和图 9.5-10(b)]。

(3) $P_{设}$ 一定时，$V_{兴}$ 越大，供水期 $Q_{调}$ 也越大(图 9.5-12)。

显然，若将图 9.5-8、图 9.5-10 和图 9.5-13 上的关系曲线绘在一起，则构成 $V_{兴}$、$Q_{调}$ 和 $P_{设}$ 三者的综合关系图。这种图在规划设计阶段，特别是对多方案的分析比较，应用起来很方便。

9.5.4 根据水库兴利库容和操作方案，推求水库运用过程

利用水库调节径流时，在丰水期或丰水年应尽可能地加大用水量，使弃水减至最少。对于灌溉用水，由于丰水期雨量较充沛，需用水量相对较少。对于水力发电，充分利用丰水期多余水量增加季节性电能，是十分重要的。因此，在保证蓄水期末蓄满兴利库容的前提下，在水电站最大过水能力(用 Q_T 表示)的限度内，丰水期径流调节的一般准则是充分利用天然来水量。在枯水期，借助于兴利库容的蓄水量，合理操作水库，以便有效地提高枯水径流，满足各兴利部门的要求。下面以年调节水电站为例，介绍确定水库运用过程的图解方法。

1. 等流量调节时的水库运用过程

为便于确定水库蓄水过程，特别是具体确定兴利库容蓄满的时刻，先在天然水量差积曲线下绘制满库线。若水库在供水期按等流量操作，则作天然水量差积曲线和满库线的公切线[图 9.5-16(a_1)上的 cc' 线]，它的斜率即表示供水期水库可能提供的调节流量 $Q_{调1}$。在丰水期，则作天然水量差积曲线的切线 aa' 和 $a''m$，使它们的斜率在流量比尺上对应于水电站的最大过流能力 Q_T。切线 aa' 与满库线交于 a' 点(t_2 时刻)，说明水库到 t_2 时刻恰好蓄满。$a''m$ 线与天然水量差

积曲线切于 m 点(t_3 时刻)。

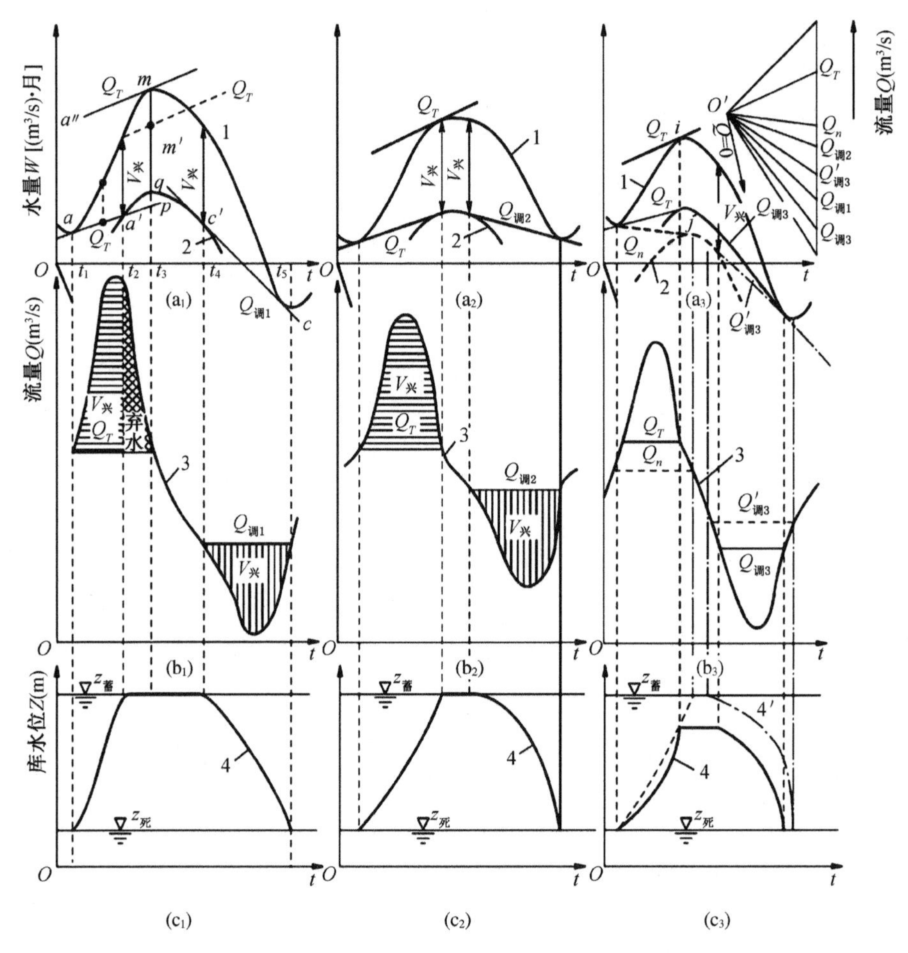

1—天然水量差积曲线;2—满库线;3—天然流量过程线;4—库水位变化过程线

图 9.5-16　年调节水库运用过程图解(等流量调节)

显然,t_3 时刻即天然来水流量 $Q_{天}$ 大于和小于 Q_T 的分界点,这就定出了丰水期的放水情况。总起来讲是:在 $t_1 \sim t_2$ 期间,放水流量为 Q_T,因为 $Q_{天} > Q_T$,故水库不断蓄水,到 t_2 时刻将 $V_{兴}$ 蓄满;$t_2 \sim t_3$ 期间,$Q_{天}$ 仍大于 Q_T,天然流量中大于 Q_T 的那一部分流量被弃往下游,总弃水量等于 $qpmw$[$(\mathrm{m^3/s})$ · 月];$t_3 \sim t_4$ 期间,$Q_{天} < Q_T$,但仍大于 $Q_{调1}$,水电站按天然来水流量运行,$V_{兴}$ 保持蓄满,以利提高枯水流量。而 $t_4 \sim t_5$ 期间,水库供水,水电站用水流量等于 $Q_{调1}$,至 t_5 时刻,水库水位降到死水位。

综上所述,$aa'qc'c$ 就是该年内水库放水水量差积曲线。任何时刻兴利库容内的蓄水量将由天然水量差积曲线与放水水量差积曲线间的纵距表示。根据各时段库内蓄水量,可绘出库内蓄水量变化过程。借助于水库容积特性,可将不同时刻的水库蓄水量换算成相应的库水位,从而绘成库水位变化过程线[图 9.5-16(c_1)]。在图 9.5-16(b_1)中,根据水库操作方案,给出水库蓄水、供水、不蓄不供及弃水等情况。整个图 9.5-16 清晰地表示出水库全年运用过程。显然,天然来水不同,则水库运用过程也不相同。实际工作中常选择若干代表年份进行计算,以期较全面地反映实际情况。图 9.5-16(a_2)中所示年份的特点是来水较均,丰水期以 Q_T 运行,$V_{兴}$可保证蓄满而并无弃水,供水期具有较大的 $Q_{调2}$。图 9.5-16(a_3)所示年份为枯水年,丰水期若仍以 Q_T 发电,则 $V_{兴}$不能蓄满,其最大蓄水量为 $ijmw$ [$(m^3/s)\cdot$月],枯水期可用水量较少,调节流量仅为 $Q_{调3}$。为了在这年内能蓄满 $V_{兴}$ 以提高供水期调节流量,则在丰水期应降低用水,其用水流量值 Q_n 由天然水量差积曲线与满库线的公切线方向确定[在图 9.5-16(a_3)中,以虚线表示],显然 $Q_n < Q_T$。由于 $V_{兴}$ 蓄满,使供水期能获得较大的调节流量 $Q'_{调3}$(即$Q'_{调3} > Q_{调3}$)。

通常用水量利用系数 K 利用表示天然径流利用程度,即

$$K_{利用}=\frac{利用水量}{全年总水量}=\frac{全年总水量-弃水量}{全年总水量}\times 100\% \qquad (9.5\text{-}6)$$

对于无弃水年份,$K_{利用}=100\%$。对于综合利用水库,放水时间应同时考虑若干兴利部门的要求,大多属于变流量调节。如图 9.5-17 所示,为满足下游航运要求,通航期间($t_1 \sim t_2$)水库放水流量不能小于$Q_{航}$。这时,供水期水库的操作方式就由前述按公切线斜率作等流量调节改变为折线 $c'c''c$ 放水方案。其中

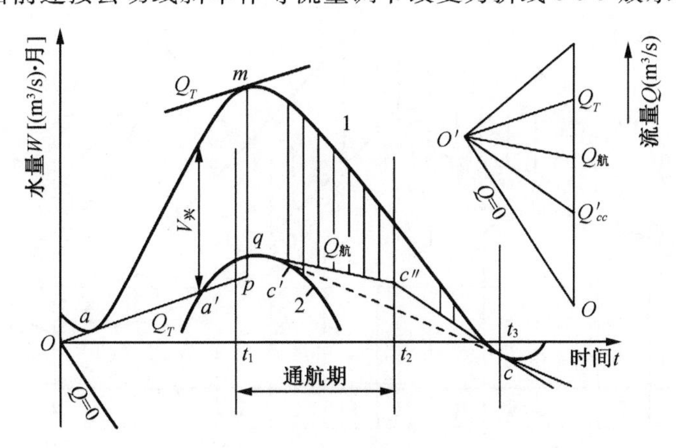

1— 设计枯水年水量差积曲线;2— 满库线

图 9.5-17　变流量调节图

$c'c$ 线段斜率代表 $Q_{航}$ 并与满库线相切与 c，而全年的放水水量差积曲线为 $aa'qc'c''c$。这样，就满足了整个通航期的要求。当然，实际综合利用水库的操作方式可能远比图 9.5-17 中给出的例子复杂，但图解的方法并无原则区别。

2. 定出力调节时的水库运用过程

采用时历列表试算的方法，不难求出定出力条件下的水库运用过程，而利用水量差积曲线进行这类课题的试算也是很方便的。在图 9.5-17 中给出定出力逆时序试算图解的例子。若需进行顺时序计算，方法基本相同，但要改变起算点，即供水期以开始供水时刻为起算时间，该时刻水库兴利库容为满蓄；而蓄水期则以水库开始蓄水的时刻为起算时间，该时刻兴利库容放空。在图 9.5-18 的逆时序作图试算中，先假设供水期最末月份（图中为 5 月）的调节流量 Q_5，并按其相应斜率作天然水量差积曲线的切线（切点为 S_0）。该月水库平均蓄水量 W_5 即可由图查定，从而根据水库容积特性得出上游月平均水位，并求得水电站月平均水头 1。再按公式 $N=AQ_5H_5$(kW) 计算该月平均出力。如果算出的 N 值与已知的 5 月固定出力值相等，则表示假设的 Q_5 无误，否则，另行假设调节流量值再算，直到符合为止。5 月调节流量经试算确定后，则 4 月底（即 5 月初）水库蓄水量便可在图中固定下来，也就是说放水量差积曲线 4 月底的位置可以确定（图中 S_1 点）。依次类推，即能求出整个供水期的放水量差积曲线，如图中折线 $S_0S_1S_2S_3S_4S_5S_6S_7$。蓄水期的定出力逆时序调节计算时以蓄水期末兴利库容蓄满为前提的。如图 9.5-18 所示，由蓄水期末（即 10 月底）的 a_0 点开始，采用与

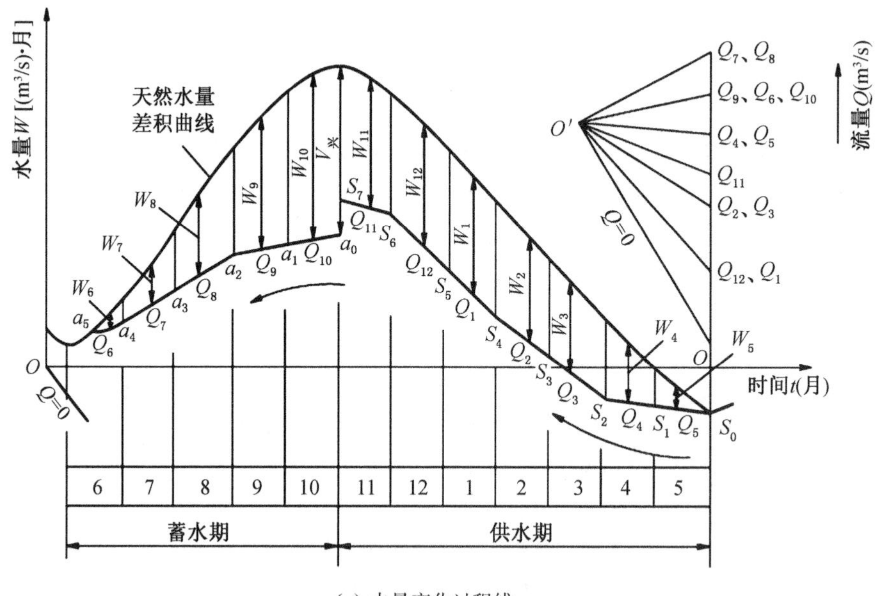

(a) 水量变化过程线

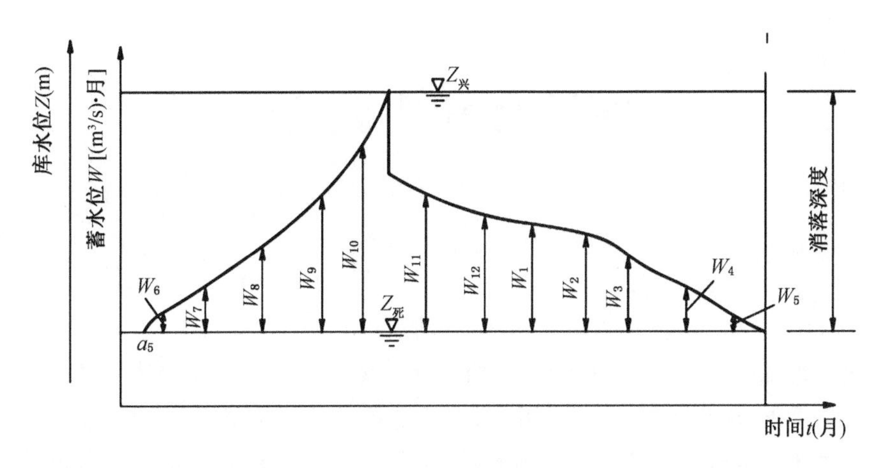

(b) 库水位

图 9.5-18　定出力调节图解示意图(逆势序试算)

供水期相同的作图试算方法，即可依次确定 a_1、a_2、a_3、a_4、a_5 诸点，从而绘出蓄水期放水量差积曲线，如图中折线 $a_0a_1a_2a_3a_4a_5$。显然，图中天然水量差积曲线与全年放水量差积曲线间的纵距，表示水库中蓄水量的变化过程，据此可作出库水位变化过程线[图 9.5-18(b)]。

关于时历法的特点和适用情况，可归纳为以下几点。

(1) 概念直观，方法简便。

(2) 计算结果直接提供水库各种调节要素(如供水量、蓄水量、库水位、弃水量、损失水量等)的全部过程。

(3) 要求具备较长和有一定代表性的径流系列及其他资料，如水库特性资料。

(4) 列表法和图解法又都可分为长系列法和代表期法，其中长系列法适用于对计算精度要求较高的情况。

(5) 适用于用水量随来水情况、水库工作特性及用户要求而变化的调节计算，特别是水能计算、水库灌溉调节计算以及综合利用水库调节计算，对于这类复杂情况的计算，采用时历列表法尤为方便。

(6) 对固定供水方式和多方案比较时的兴利调节，多采用图解法。

第 10 章

水库综合利用调度

在水库管理中，综合利用水库的多功能性至关重要。这些水库不仅要应对防洪等安全需求，还需满足灌溉、发电、供水、航运、养殖和旅游等多重目标。各部门间的用水需求既相互依存又充满矛盾。因此，如何平衡这些需求，实现水库资源的最大化利用，是亟待解决的关键问题。

本章将深入探讨防洪与兴利、发电与灌溉之间的协调策略，以及水库对生态与环境的影响。同时，针对多沙河流等特殊情况下的水库调度也将进行详细分析。通过科学合理的调度和管理，确保水库在保障安全的同时，充分发挥其综合效益，为社会的可持续发展提供有力支持。

10.1 防洪与兴利结合的水库调度

担负有下游防洪任务和兴利(发电、灌溉等)任务的水库，调度的原则是在确保大坝安全的前提下，用防洪库容来优先满足下游防洪要求，并充分发挥兴利效益。在这一原则指导下，拟订防洪与兴利结合的运行方案。

10.1.1 防洪库容与兴利库容的结合形式

1. 防洪库容与兴利库容完全分开

这种形式即防洪限制水位和正常蓄水位重合，防洪库容位于兴利库容之上，如图 10.1-1(a)所示。

2. 防洪库容与兴利库容部分重叠

这种形式即防洪限制水位在正常蓄水位和死水位之间，防洪高水位在正常蓄水位之上，如图 10.1-1(b)所示。

3. 防洪库容与兴利库容完全结合

防洪库容和兴利库容全部重叠是最常见的，即防洪高水位与正常蓄水位相同，防洪限制水位与死水位相同，如图 10.1-1(c)所示。

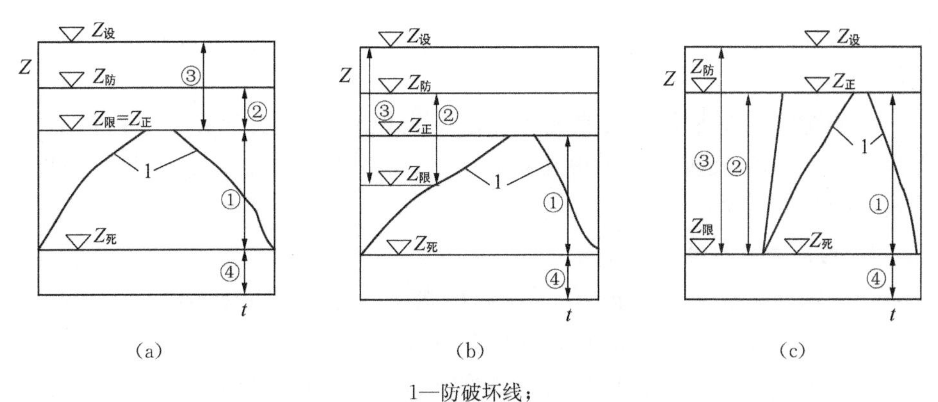

1—防破坏线；
①—兴利库容；②—防洪库容；③—调洪库容；④—死库容

图 10.1-1　防洪库容与兴利库容的结合形式

此外，还有防洪库容是兴利库容的一部分和兴利库容是防洪库容的一部分两种情况。前者是防洪高水位与正常蓄水位重合，防洪限制水位在死水位与正常蓄水位之间。后者是防洪限制水位与死水位重合，防洪高水位在正常蓄水位之上。

三种形式中的第一种，由于全年都预留有满足防洪要求的防洪库容，防洪调度并不干扰兴利的蓄水时间和蓄水方式，因而水库调度简便、安全。但其缺点是由于汛期水位往往低于正常蓄水位，实际运行水位与正常蓄水位之间的库容可用于防洪，因而专设防洪库容并未得到充分利用。所以，这种形式只在降雨成因和洪水季节无明显规律、流域面积较小的山区河流水库，或者是因条件限制，泄洪设备无闸门控制的中、小型水库才采用。至于后两种形式，都是在汛期才留有足够的防洪库容，并且都有防洪与兴利共用的库容，正好弥补了第一种形式的不足。但也正是有共用库容，所以需要研究同时满足防洪与兴利要求的调度问题。前已述及，我国大部分的河流是雨源型河流，洪水在年内分配上都有明显的季节性，如长江中游主汛期为 6—9 月，黄河中下游主汛期为 7—9 月。因此，水库只需在主汛期预留足够的防洪库容，以调节可能发生的洪水，而汛后可利用余水充蓄部分或全部防洪库容，从而提高兴利效益。所以，对于降雨成因和洪水季节有明显规律的水库，应尽量选择防洪库容和兴利库容相结合的形式。

10.1.2　防洪与兴利结合的水库调度措施

在防洪与兴利结合的水库调度中，采取的措施确实需要综合考虑水库的安全、防洪要求和兴利效益。

1. 分期防洪调度

对于洪水季节性强、分期明显的水库，可以采用分期防洪调度。这需要根据历史洪水资料，结合气象、水文预报，合理划分汛期时段，并设置相应的分期防洪限制水位。

分期防洪限制水位的设置要确保水库大坝的安全，并满足下游防洪需求。在汛期不同时段，根据洪水预报和实时水情，适时调整水库水位，以最大限度发挥水库的防洪和兴利功能。

2. 利用专用防洪库容兴利

在确保防洪安全的前提下，可以利用水库的专用防洪库容进行兴利调度。这需要在制订水库调度计划时，充分考虑防洪和兴利的需求，合理安排水库蓄水和放水时机。例如，在汛前或汛末，当防洪压力较小、来水较丰时，可以适当提高水库水位，增加兴利库容，为灌溉、发电等兴利活动提供充足的水源。

3. 利用部分兴利库容防洪

在防洪关键时刻，如果专用防洪库容不足以应对洪水，可以考虑利用部分兴利库容进行防洪。这需要在确保大坝安全和下游防洪安全的前提下，根据洪水预报和实时水情，合理调整水库水位。

需要注意的是，在利用兴利库容进行防洪时，要尽量减少对兴利活动的影响，确保兴利效益的最大化。

4. 预蓄预泄措施

预蓄预泄是防洪调度中的一种重要措施。在洪水来临前，通过提前蓄水增加水库库容，以便在洪水到来时有足够的调节能力；在洪水过后或汛末，通过提前放水降低水库水位，为下一轮洪水或兴利活动做好准备。

在实施预蓄预泄措施时，需要根据洪水预报和实时水情，合理确定蓄水和放水的时机和量，以确保防洪和兴利效益的最大化。

5. 库区防洪控制水位

对于库区有重要防护对象的水库，可以设置库区防洪控制水位。这需要根据库区的地形、地貌、地质条件以及防护对象的重要性等因素，综合分析确定防洪控制水位。

在设置库区防洪控制水位时，要充分考虑其对水库防洪任务的影响，并兼顾防洪和兴利要求，确保水库的安全和兴利效益的最大化。

6. 加强水库调度管理

为了确保防洪与兴利结合的水库调度效果，需要加强水库调度管理。这包括加强水库监测、预报、预警系统建设，提高水库调度的科学性和准确性；加强水库调度人员的培训和管理，提高其业务水平和责任心；加强水库调度与下游防洪、兴利部门的沟通协调，确保调度计划的顺利实施。

通过以上措施的实施，可以在确保水库大坝安全的前提下，最大限度地发挥水库的防洪和兴利功能，实现防洪与兴利的有机结合。

10.2 发电与灌溉结合的水库调度

针对兼有发电和灌溉双重兴利任务的综合利用水库，处理发电与灌溉关系的关键在于平衡两者的需求。对于以发电为主兼顾灌溉的水库，应优先确保发电效益，同时合理安排灌溉用水；对于以灌溉为主兼顾发电的水库，应优先保障灌溉需求，并合理利用剩余水量进行发电。调度方式应基于水库实际情况，综合考虑水资源量、需水量、蓄水能力和天气变化等因素，制定合理的蓄水和放水计划，以实现发电和灌溉效益的最大化。同时，加强监测和预警系统建设，提高调度决策的科学性和准确性。

10.2.1 发电与灌溉结合的水库的供水原则和调度要求

10.2.1.1 供水原则

对于兼有发电和灌溉双重兴利任务的综合利用水库，其供水原则需根据发电和灌溉的不同设计保证率来制定。在灌溉设计保证率以内的年份，应优先保证灌溉正常供水，同时尽量提高发电量；在两者设计保证率之间的年份，灌溉需降低供水，而发电仍需维持保证电能供水；在发电设计保证率以外的特枯年份，两者均应降低供水。这种供水方式称为两级调节，旨在根据兴利任务的主次和引水方式来平衡发电和灌溉的用水需求。

10.2.1.2 调度要求

1. 灌溉引水方式对水库调度的要求

库内引水：灌溉用水与发电用水难以结合，需在水量分配和库水位控制上作出权衡。在灌溉季节，库区水位需维持在渠首引水高程以上，以确保灌溉引水。

坝下引水：发电与灌溉用水可结合，发电尾水可用于灌溉。此时，灌溉渠首引水位取决于下游尾水位。在灌溉用水高峰季节，需合理调配水量，确保灌溉和发电的需求均得到满足。

2. 兴利任务主次对水库调度的要求

以灌溉(供水)为主的水库：在非灌溉季节和库内引灌的灌溉季节，应优先保证灌溉供水，电站可适时停运。在坝下引水灌溉时，可利用发电尾水进行灌溉，同时需关注灌溉高峰时段的供水需求。

以发电为主的水库：在灌溉用水占比较小且库内引水时，灌溉用水可视为限制条件；在坝下引水灌溉时，应充分利用发电尾水，并在灌溉高峰时段减小发电流量变幅，以满足灌溉取水要求。

发电和灌溉并重的水库：需按两级调节原则分配水量，确保两者需求均得到满足。在丰水年和丰水季，应在保证正常供水和蓄水的前提下，尽量利用余水多发电。

10.2.2　发电与灌溉结合的水库调度图的绘制

10.2.2.1　自库内引水灌溉的年调节水库两级调度图的绘制

发电和灌溉结合的水库调度图，通常称为两级调节调度图。两级调节调度图的组成与分区和单一兴利水库的调度图相类似，所不同的是防破坏线由两级调节上、下调配线代替。现着重介绍自库内引水灌溉的年调节水库两级调度图的绘制方法。

1. 上、下调配线的绘制

(1) 绘制相应发电设计保证率 P_1 和灌溉设计保证率 P_2 的年水量平衡图，如图 10.2-1 所示。其中，图 10.2-1(a)为相应 P_1 年份的需水量图。这种年份，电站按保证电能工作正常供水，而灌溉需水量按需水过程乘以一定百分比(如70%～80%)求得，两者之和为总需水过程。与采用年水量相应频率为 P_1 的典型年来水过程进行水量平衡计算，求得所需调节库容为 V_1。图 10.2-1(b)为相应 P_2 年份的需水量图。这种年份，电站仍按保证电能工作正常供水，而灌溉也是按需水过程正常供水。两者之和为总需水过程。与采用年水量相应频率为 P_2 的典型年来水过程进行水量平衡计算，求得所需调节库容为 V_2。

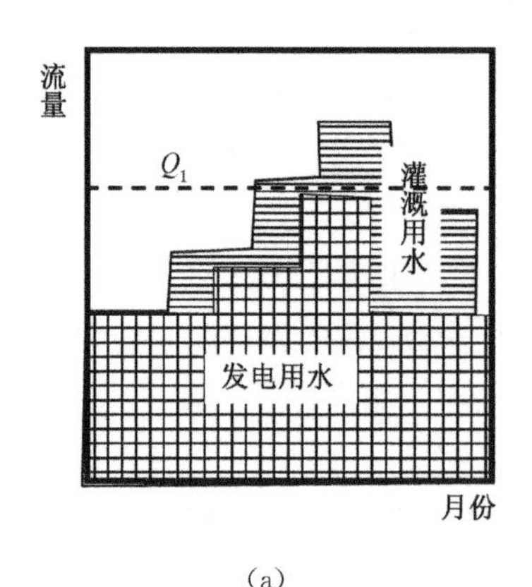

(a)

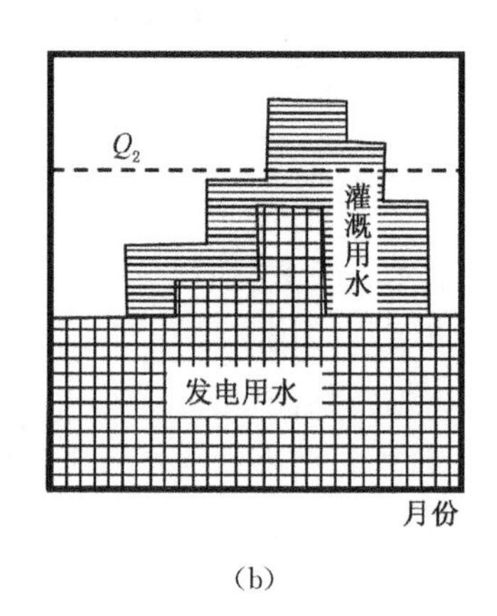

(b)

图 10.2-1　两级调节供需水量平衡示意图

(2) 绘制上、下基本调度线。根据上述两级调水供需水量平衡图，分 $V_1 > V_2$ 和 $V_1 < V_2$ 两种情况进行绘制。

若 $V_1 > V_2$，即高保证率低供水所需库容大于低保证率高供水所需库容，则水库的兴利库容应等于 V_1。以相应于 P_1 的年水量过程为来水过程，图 10.2-1(a)的发电正常供水与折扣后的灌溉需水量之和为用水过程，自供水期末死水位开始进行逆时序调节计算，要求于蓄水期初消落至死水位，所得的库水位过程线即为两级调节的下调配线，见图 10.2-2(a)中的 1 线。然后，以相应于 P_2 的年水量过程为来水过程，图 10.2-2(b)的发电与灌溉均正常供水的总需水量之和为用水过程，自供水期末，起始水位为自正常蓄水位以下相应 V_2 的水位，进行逆时序调节计算，而蓄水期则由此水位开始做顺时序调节计算，所得的库水位过程线即为两级调节的上调配线，见图 10.2-2(a)中的 2 线。

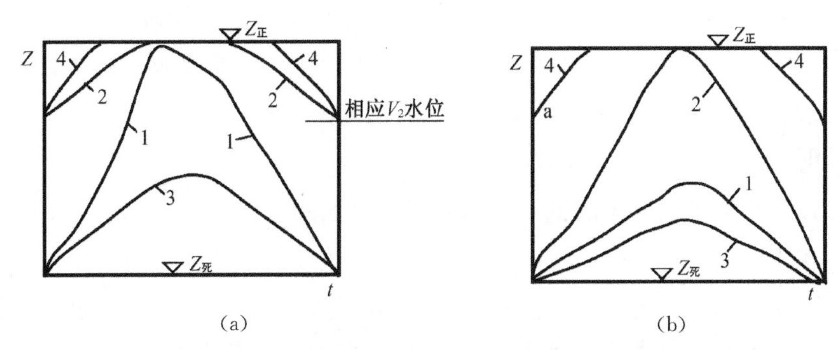

1—下调配线；2—上调配线；3—限制供水线；4—防弃水线

图 10.2-2　两级调节水库调度图

若 $V_2 > V_1$，即低保证率高供水所需库容大于高保证率低供水所需库容，则水库的兴利库容应等于 V_2。调节计算方法与上面的类同，仅是上、下调配线的起始和终止水位均为死水位。上、下调配线如图 10.2-2(b)中的 1 线、2 线。

如果天然来水年内变化较大，则可各选接近 P_1 和 P_2 的若干典型年份，分别按上述调节方法计算，然后取各自典型年组的外包线作为上、下调配线。

2. 限制供水线的绘制

两级调节调度的限制供水线的绘制与单一兴利水库相类似。可以相应于 P_1 年份的径流过程作为来水过程，以发电用水和灌溉用水均乘以一百分比作为用水过程，自死水位和供水期末进行逆时序调节计算，要求蓄水期初消落至死水位，所得的库水位过程即为限制供水线，也可按上述绘制下调配线典型年组的内包线作为限制供水线，见图 10.2-2(a)、(b)中的 3 线。

3. 防弃水线的绘制

两级调节水库的防弃水线的绘制与单一发电水库相同。仅在灌溉季节，水库供水量应为电站最大过水能力和灌溉需水量之和。此线见图 10.2-2(a)、(b)中的 4 线。显然，该线总是高于上调配线。但起点水位与终点水位在 $V_1 > V_2$ 情况时与上调配线重合，即对于 $V_1 > V_2$ 的情况，防弃水线调节计算的起点即为自正常蓄水位以下相应的水位，如图 10.2-2(a)所示。而对于 $V_2 > V_1$ 的情况，绘制防弃水线时，应选用年水量的保证率为 $(1 - P_2)$ 的典型年入库径流过程，自蓄水期末由正常蓄水位开始，逆时序调节计算，得到蓄水期初水位即图 10.2-2(b)中的 a 点，再由此水位起，逆时序调节计算至供水期初正常蓄水位，所得的库水位过程线即为防弃水线，见图 10.2-2(b)中的 4 线。

利用两级调节调度图，就可以由运行中的库水位来决定供水量，指导水库的运行。例如，当库水位位于上、下调配线之间时，发电按保证出力工作，灌溉按灌溉需水量正常供水，即水库按保证运行方式工作；当库水位位于限制供水线和下调配线之间时，减少灌溉供水量，但电站仍按保证运行方式工作；当库水位低于限制供水线时，发电与灌溉都降低供水量；当库水位位于防弃水线和上调配线之间时，灌溉一般仍保持正常供水，但电站加大出力工作；当库水位达到或超过防弃水线时，电站按其最大过水能力工作。

10.2.2.2 自坝下引水灌溉的年调节水库调度图的绘制

灌溉自坝下引水，灌溉用水可以与发电用水结合，因此其调度图的绘制可以简化。如果水库以灌溉为主兼顾发电，则可按灌溉需水过程以单一灌溉水库的方法，绘制加大供水线和限制供水线，再按单一发电水库方法绘制防弃水线。

如果水库以发电为主兼顾灌溉，一般可按单一发电水库方法绘制调度图。

如果水库以发电和灌溉并重，或以发电为主，灌溉所占比重较大，则可按绘制自库内引灌的两级调节调度图的类似方法绘制，但时段供水量应取该时段发电用水量和灌溉用水量两者中的大者，其他相同。

10.2.2.3 多年调节水库两级调节调度图的绘制

兼有发电和灌溉双重任务的多年调节水库，由于年内径流调节由多年库容担任，故加大出力区应位于多年库容以上，而在多年库容中区分出高供水区和低供水区。在此基础上来绘制有关的调度线。

1. 上调配线(加大供水线)的绘制

选取年平均流量接近高供水 Q_2(即发电和灌溉均按正常供水)的典型年份，按 Q_2 供水，计算起点为供水期末多年库容蓄满点，采用一级调节方式逆时序进行调节计算，要求供水期初和蓄水期末达到正常蓄水位，蓄水期初正好消落到多年库容蓄满点，所得的库水位过程即为上调配线，见图 10.2-3 中的 1 线。

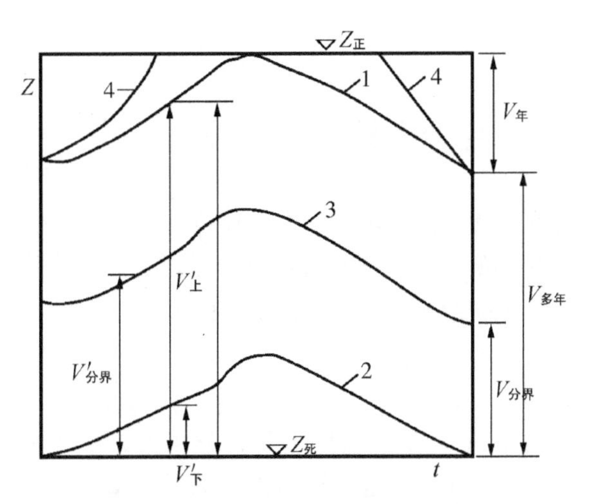

1—上调配线；2—下调配线；3—分界调度线；4—防弃水线

图 10.2-3　多年调节水库两级调节调度图

2. 下调配线（限制供水线）的绘制

选取年平均流量接近低供水 Q_1（即发电按保证出力工作，灌溉降低供水量）的典型年份，按 Q_1 供水，自供水期末死水位开始，采用一级调节方式进行逆时序调节计算，要求蓄水期初正好消落到死水位，所得的库水位过程即为下调配线，见图 10.2-3 中的 2 线。

3. 分界调度线的绘制

分界调度线是划分高供水和低供水两个运行区的调度线。

分界调度线的绘制，在简化计算时，可以用以下近似方法。

(1) 按下式求出分界多年库容 $V_{分界}$，即

$$V_{分界}=\frac{V_1}{V_1+V_2}V_{多年} \tag{10.2-1}$$

式中：V_1、V_2 为按高保证率低供水和低保证率高供水求得的一级调节多年库容；$V_{多年}$ 为两级调节多年库容。

(2) 求年内各时段的分界库容，即可按 $V_{分界}$ 占 $V_{多年}$ 的比重，在上、下调配线间直线内插求得，如图 10.2-3 所示，第 i 时段的分界库容 $V'_{分界}$ 为

$$V'_{分界}=\frac{V_{分界}}{V_{多年}}(V'_上-V'_下)+V'_下 \tag{10.2-2}$$

10.3 水库的生态与环境调度

随着水库建设的不断推进，其对于生态环境的影响愈发受到关注。为减轻这些影响，生态与环境调度作为一种重要的管理策略被提出并应用。生态调度注重生态补偿，而环境调度则聚焦于水质的改善。

10.3.1 生态调度

生态调度是水库管理中的重要组成部分，它主要关注水库工程建设对生态系统造成的不利影响，并试图通过调整河流水文过程来减轻这些影响。生态调度的核心在于生态补偿，即通过调整水库的调度方式，为生态系统提供必要的生态流量，以维持生态系统的健康与稳定。

在实际操作中，生态调度需要考虑水生生物对最小流量的需求，以及维持生态或净化河道水质所需的流量。通过调整水库的蓄放水过程，确保生态系统获得足够的生态流量，从而减轻水库工程对生态系统的胁迫。此外，生态调度还需要考虑生态系统的自然节律和生态过程，确保调度方案与生态系统的自然节律相协调。

10.3.2 环境调度

环境调度的主要目标是改善水质。在保证工程和防洪安全的前提下，通过多蓄水、增加流域水资源供给量、保持河流生态与环境需水量等方式，为污染物稀释、自净创造有利的水文、水力条件。通过调整水库的调度方式，可以减少污染物在水库中的积累，提高水体的自净能力，进而改善水质。

此外，环境调度还可以通过湖库联合调度等方式，进一步优化区域水体环境。通过协调不同水库之间的调度，可以实现水资源的优化配置和高效利用，减少水资源浪费和污染物的排放，从而提高整个区域的水环境质量。

10.3.3 特殊需求下的水库调度

1. 水产养殖

水库养鱼作为淡水渔业的重要组成部分，不仅为我国渔业经济做出了巨大贡献，还在维护生态平衡、保护水环境等方面发挥着积极作用。目前，我国可供养鱼的水库水面约有 3 000 万亩，占淡水可养鱼面积的 40%左右，显示了水库养鱼巨大的潜力和价值。

水库的调度和管理对于鱼类的生长繁殖至关重要。水位的稳定和库水的交换量是水库调度中需要特别关注的两个因素。首先，水位的稳定直接关系到鱼类饵料的分布和库岸带水生植物、底栖动物的栖息环境。频繁的水位升降会导致饵料面积变化过大，破坏水生生物的栖息环境，从而影响鱼类的索饵和生长。特别是水位的骤降，可能使在草上产卵的鱼类失去产卵附着物，导致卵子死亡，进而影响种群数量。其次，库水的交换量也对鱼类生长有重要影响。库水交换次数过多或交换数量过大，会导致大量有机物质和营养盐类流失，从而影响鱼类的生长与生存。因此，在水库调度过程中，需要综合考虑渔业生产的特殊需求，确保水位的稳定和库水交换量的适宜。此外，对于水库下游河段的鱼类繁殖，水库调度也需要提供必要的条件。一些鱼类在活水中繁殖，需要一定的涨水条件。然而，春末夏初的繁殖期恰好是水库蓄洪的时期。为了平衡防洪与鱼类繁殖的需求，水库在这个时期应尽量为下游制造一个涨水过程，以满足鱼类的繁殖条件。同时，对于洄游性鱼类，水库调度还需要考虑如何为其创造一个有利的过坝条件，以确保其顺利完成生命周期。

为实现水库养鱼与生态调度的和谐共生，需要从以下几个方面采取措施。

(1) 加强水库调度与渔业生产的协调。在水库调度过程中，应充分考虑渔业生产的特殊需求，确保水位的稳定和库水交换量的适宜。同时，渔业部门也应积极参与水库调度的决策过程，提供科学依据和技术支持。

(2) 加强水库水质的监测与管理。通过定期监测水库水质，及时发现并处理可能对鱼类生长产生不利影响的问题。同时，加强水库周边环境的保护和管理，减少污染源对水库水质的影响。

(3) 推广生态养鱼技术。通过采用生态养鱼技术，如养殖滤食性鱼类、利用生物修复技术改善水质等，不仅可以提高鱼产量和品质，还可以促进水库生态系统的健康发展。

(4) 加强水库渔业资源的保护与利用。通过制定合理的渔业资源保护政策和管理措施，确保水库渔业资源的可持续利用。同时，加强渔业资源的监测和评估工作，为渔业生产提供科学依据和决策支持。

总之，水库养鱼与生态调度是相辅相成的两个方面。通过加强水库调度与渔业生产的协调、加强水库水质的监测与管理、推广生态养鱼技术以及加强渔业资源的保护与利用等措施，我们可以实现水库养鱼与生态调度的和谐共生，促进渔业经济的可持续发展和生态系统的健康稳定。

2. 环境保护

修建水库是国家基础设施建设的重要一环，它不仅为农业灌溉、水力发电、防洪减灾等带来了巨大的经济效益和社会效益，同时也对周围环境产生了深远的影响。这些影响既包括积极的方面，如提高水资源利用率、改善局部气候等，也包括消极的方面，需要我们高度关注并采取有效措施进行治理。

(1) 水库建设对环境的消极影响

水质恶化：库区遗留的无机物残渣增加了库水的混浊度，影响了光在水中的正常透射，从而干扰了水下无脊椎动物的索饵过程，破坏了原有的生态平衡。此外，库区原有地面植被和土中有机物淹没后在水中分解，消耗了水中的溶解氧，而水库深层水中的溶解氧又不易补充，导致深层泄放的水可能对下游水生生物造成不利影响。

水温分层：库容大、调节程度高的水库往往会出现水温分层现象。深层水温低、溶解氧含量少，显著缩小了鱼类的活动范围。特别是发电时从底层取水，春夏季泄放的冷水对下游灌溉和渔业生产不利。

水流变化：水库蓄水期间，泄放流量减少，降低了下游河道的稀释和冲污自净能力，导致水质恶化，对水生生物造成影响。

疾病媒介滋生：水库蓄水后，水面的扩大为蚊子等疾病媒介的生长提供了孳生地，增加了疾病传播的风险。

(2) 环境保护策略

为减轻水库建设对环境的消极影响，我们需要采取一系列环境保护策略。

水质管理：加强库区水质监测，及时清理无机物残渣，减少水质污染。同时，通过生态修复措施，如种植水生植物、放养滤食性鱼类等，提高了水体的自净能力。

分层取水与排水：针对水温分层问题，采取分层取水与排水措施，确保下游用水对水温的要求得到满足。

合理调度：在水库调度过程中，充分考虑下游河道生态需水，合理安排泄水时间和流量，减少对下游生态环境的影响。

疾病媒介控制：在蚊子等疾病媒介的繁殖季节，通过库水位的适当升降等物理方法，破坏其繁殖条件，降低疾病传播风险。

加强监测与评估：建立健全的环境监测体系，定期对水库及其周边环境进行监测和评估，及时发现并解决问题。

总之，水库建设在带来经济效益和社会效益的同时，也对环境产生了不可忽视的影响。我们需要充分认识这些影响，并采取有效措施进行治理和保护，实现经济效益与生态效益的双赢。

10.4 多沙河流水库调度

我国北方地区多沙河流河水中挟带的泥沙较多。建库以后，入库泥沙不断淤积，带来严重的水库泥沙问题。因此，多沙河流水库的排沙减淤是水库调度运用中应予重视的问题。

10.4.1 河流泥沙的基本知识

河流泥沙是指在水流的作用下，由河流携带并运输的岩土物质颗粒。这些泥沙主要来源于岩石风化后的岩土，以及暴雨侵蚀坡地和沟壑的岩土，经过水流输移到河流中。河流在输送泥沙的过程中，还会冲刷河床或河岸，进一步增加泥沙量。

河流中的泥沙按其在水流中的运动状态，可以分为推移质和悬移质两种类型。推移质是沿河床滚动、滑动或跳跃前进的较粗泥沙；而悬移质则是悬浮在水中，随水流一起前进的较细泥沙。悬移质中的较粗部分，常常被称为床沙质，是河床中大量存在的；而较细的部分，称为冲泻质，是河床中少有或没有的。推移质和悬移质虽然具有不同的运动状态，但它们之间是相互交错联系的。

水流挟沙力是指水流在一定的条件下能够挟带的泥沙数量，它是分析河流淤积、冲刷或平衡的重要依据。水流挟沙力分为推移质挟沙力和悬移质挟沙力两类。当水流挟带的泥沙量超过其挟沙能力时，河段将发生淤积；反之，则发生冲刷。

在多沙河流中，泥沙的年内分配情况与含沙量密切相关。在长江中下游以南汛期较长的河流，输沙量在汛期占年输沙量的70%左右；而在长江以北的河流，随着汛期的缩短，输沙量的集中程度增大，往往占年总量的80%以上。输沙量最小的月份一般为1月、2月或12月，所占年输沙量的比例很小。

对于多沙河流水库调度，水沙调度是为了减轻水库淤积和下游冲淤而进行的统一调度。它涉及对来水、来沙的调控，旨在延长水库寿命，减轻对水库建筑物和上下游环境的不利影响。在拟定水库水沙调度方式时，需要充分考虑水沙的地区组成、时程分布及泥沙级配等因素，根据水库特性和综合利用要求，制定切实可行的调水调沙方案。

总之，了解河流泥沙的基本知识和运动规律，对于多沙河流水库水沙调度具有重要意义。通过合理的调度和管理，可以最大限度地减少泥沙淤积对水库和河流生态环境的影响。

10.4.2 水库泥沙的冲淤现象和基本规律

10.4.2.1 水库泥沙的冲刷现象

水库泥沙的冲刷现象主要分为溯源冲刷、沿程冲刷和壅水冲刷三种。

1. 溯源冲刷：当库水位下降时，由于水位降低导致的向上游发展的冲刷现象。

库水位下降得越低，冲刷强度越大，向上游发展的速度越快，冲刷末端也会发展得更远。这种冲刷的形式与库水位的降落情况和前期淤积物的密实抗冲性有关。

2. 沿程冲刷：指不受库水位升降影响的库段，由于水沙条件改变而引起的冲刷。这种冲刷通常是由上游往下游发展的，与溯源冲刷在冲刷机制和形式上有所不同，但在库区冲刷中是互相影响、相辅相成的。

3. 壅水冲刷：在库水位较高而上游未来洪水的情况下，通过开启底孔闸门发生的冲刷。这种冲刷通常在底孔前形成一个范围有限的冲刷漏斗，漏斗发展完毕后冲刷也就终止。

10.4.2.2 水库泥沙冲淤的基本规律

1. 壅水淤积：通过淤积对河床组成、河床比降和河床断面形态进行调整，进而提高水流挟沙能力，达到新的输沙平衡。同样，冲刷也是通过对河槽的调整来适应变化了的水沙条件。冲淤的结果都是使河槽适应来水来沙条件，实现输沙平衡。这就是冲淤发展的第一个基本规律——冲淤平衡趋向性规律。

2. “淤积一大片，冲刷一条带”：由于挟带泥沙的浑水到哪里，哪里就会发生淤积，因此只要洪水漫滩，全断面上就会有淤积。特别是在多沙河流水库中，淤积在横断面上往往是平行淤高的，这就是“淤积一大片”的特点。当库水位下降且水库泄流能力足够大时，水流归槽，冲刷主要集中在河槽内，能拉出一条深槽，形成滩槽分明的横断面形态，这就是“冲刷一条带”的特点。

3. “死滩活槽”：这是指冲刷主要发生在主槽以内，因此主槽能冲淤交替。而滩地除能随主槽冲刷在临槽附近发生坍塌外，一般不能通过冲刷来降低滩面，所以滩地只淤不冲，滩面逐年淤高。这一规律形象地被称为“死滩活槽”。它说明，在合理的控制运用下，水库是可以通过冲刷来保持相对稳定的深槽的。

了解这些冲淤现象和基本规律对于水库的调度运用具有重要意义。通过合理控制水位和流量，可以最大限度地减少泥沙淤积对水库的影响，保持水库的有效库容和长期稳定运行。同时，这也需要水库管理者具备较高的技术水平和丰富的实践经验。

10.4.3 多泥沙河流水库调度方式和排沙措施

多沙河流水库为了控制泥沙淤积，在调节径流的同时，还必须进行泥沙调节。在很多情况下，泥沙调节已成为选择多沙河流水库运用方式的控制因素。目前，多沙河流水库水沙调节的运用方式、泥沙调度方式与排沙措施主要有以下几种。

10.4.3.1 水沙调节运用类型

多沙河流水库的运用方式，按水沙调节程度的不同，可分为蓄洪运用、蓄清排浑运用、缓洪运用三种。

1. 蓄洪运用

蓄洪运用又称拦洪蓄水运用。其特点是汛期拦蓄洪水，非汛期拦蓄基流。水库的蓄放水只考虑兴利部门的要求，年内只有蓄水和供水两个时期，而没有排沙期。根据汛期洪水调节程度的不同，又分为蓄洪拦沙和蓄洪排沙两种形式，前者汛期洪水全部拦蓄，泥沙也全部淤在库内；后者汛期仅拦蓄部分洪水，当库水位超过汛限水位时排泄部分洪水，并利用下泄洪水进行排沙。蓄洪运用方式，由于水库对入库泥沙的调节程度较低，因而泥沙淤积速率较快，只适用于库容相对较大、河流含沙量相对较小的水库。

2. 蓄清排浑运用

蓄清排浑运用的特点是非汛期拦蓄清水基流，汛期只拦蓄含沙量较低的洪水，洪水含沙量较高时则尽量排出库外。

蓄清排浑运用根据对泥沙调节的形式不同，又分为汛期滞洪运用、汛期控制低水位运用和汛期控制蓄洪运用三种类型。

（1）汛期滞洪运用

汛期滞洪运用是汛期水库空库迎汛，水库对洪水只起缓洪作用，洪水过后即泄空，利用泄空过程中所形成的溯源冲刷和沿程冲刷，将前期蓄水期和滞洪期的泥沙排出库外的运用方式。

（2）汛期控制低水位运用

汛期控制低水位运用是汛期不敞泄，但限制在某个一定的低水位（称排沙水位）下控制运用的方式。库水位超过该水位后的洪水排出库外，以排除大部分汛期泥沙，并尽量冲刷前期淤积泥沙。

（3）汛期控制蓄洪运用

汛期控制蓄洪运用是汛期对含沙量较高的洪水，采取降低水位控制运用，对含沙量较低的小洪水，则适当拦蓄，以提高兴利效益的运用方式。当水库泄流规模较大，汛期水沙十分集中，汛后基流又很小时，这种方式有利于解决蓄水与排沙的矛盾。

蓄清排浑运用方式是多沙河流水库常采用的运用方式，特别是我国北方地区干旱与半干旱地带的水库，水沙年内十分集中，采用这种方式，实践证明可以达到年内或多年内的冲淤基本平衡。

3. 缓洪运用

缓洪运用是由上述两种运用方式派生出来的一种运用方式，汛期与蓄清排浑运用相似，但无蓄水期。实际上它又分为自由滞洪运用和控制缓洪运用两种形式。

(1) 自由滞洪运用

自由滞洪运用是水库泄流设施无闸门控制,洪水入库后一般穿堂而过,水库不进行径流调节,只起自由缓滞作用的运用方式。水库大水年淤,平枯水年冲;汛期淤,非汛期冲;涨洪淤,落洪冲,冲淤基本平衡。

(2) 控制缓洪运用

控制缓洪运用是有控制地缓洪,用以解决河道非汛期无基流可蓄,而汛期虽有洪水可蓄但含沙量高,不适合完全蓄洪的矛盾。

10.4.3.2 水库的泥沙调度方式

1. 以兴利为主的水库的泥沙调度方式

泥沙调度以保持有效库容为主要目标的水库,宜在汛期或部分汛期控制水库水位调沙,也可按分级流量控制库水位调沙,或不控制库水位采用异重流或敞泄排沙等方式。以引水防沙为主要目标的低水头枢纽、引水式枢纽,宜采用按分级流量控制库水位调沙或敞泄排沙等方式。多沙河流水库初期运用的泥沙调度宜以拦沙为主;水库后期的泥沙调度宜以排沙或蓄清排浑、拦排结合为主。采用控制库水位调沙的水库应设置排沙水位,研究所在河流的水沙特性、库区形态和水库调节性能及综合利用要求等因素,综合分析确定水库排沙水位、排沙时间。兼有防洪任务的水库,排沙水位应结合防洪限制水位研究确定。防洪限制水位时的泄洪能力,应不小于2年一遇的洪峰流量。应根据水库泥沙调度的要求设置调沙库容。调沙库容应选择不利的入库水沙组合系列,结合水库泥沙调度方式通过冲淤计算确定。采用异重流排沙方式,应结合异重流形成和持续条件,提出相应的工程措施和水库运行规则。对于承担航运任务的水库,调度设计中应合理控制水库水位和下泄流量,注意解决泥沙碍航问题。

2. 以防洪、减淤为主的水库的泥沙调度方式

调水调沙的泥沙调度一般可分为两个大的时期:一是水库运用初期拦沙和调水调沙运用时期,二是水库拦沙完成后的蓄清排浑调水调沙的正常运用时期。

水库初期拦沙和调水调沙运用时期的泥沙调度方式,应研究该时期水库下游河道对水库运用和控制库区淤积形态及综合利用库容的要求,并统筹兼顾灌溉、发电等其他综合利用效益等因素。研究水库泥沙调度方式指标,综合拟定该时期的泥沙调度方案。

(1) 水库初始运用起调水位应根据库区地形、库容分布特点,考虑库区干支流淤积量、部位、形态(包括干、支流倒灌)及起调水位下蓄水拦沙库容占总库容的比例,水库下游河道减淤及冲刷影响,综合利用效益等因素,通过方案比较来拟订。

（2）调控流量和调控库容时，需综合考虑下游河道河势、工程险情、河道主槽过流能力、减淤效果、水库淤积发展及综合利用效益等因素，通过方案比较来拟订。

（3）调控库容要考虑调水调沙要求、保持有效库容要求、下游河道减淤及断面形态调整、综合利用效益等因素，通过方案比较来拟订。

水库正常运用时期蓄清排浑调水调沙运用的泥沙调度方式，要重点考虑保持长期有效库容和水库下游河道要继续减淤两个方面的要求，并统筹兼顾灌溉、发电等其他综合利用效益等因素。研究水库蓄清排浑调水调沙运用的泥沙调度指标和泥沙调度方式，保持水库长期有效库容以发挥综合利用效益。

3. 梯级水库的泥沙调度方式

梯级水库联合防沙运用时，应基于水沙特性和工程特点，拟定梯级运行组合方案，通过同步水文泥沙系列分析预测泥沙冲淤过程，选择合理的梯级泥沙调度方式。

梯级水库联合调水调沙运用时，应根据下游河道的减淤要求、水沙特性和工程特点，拟定梯级联合调水调沙方案，同样通过同步水文泥沙系列分析预测库区淤积、下游河道减淤效益及兴利指标，提出梯级联合调水调沙调度方式。

以上调度方式均旨在实现水库的长期稳定运行，同时使其综合效益最大化。在实际操作中，还需要根据具体的水库情况和环境变化进行调整和优化。

10.4.3.3　水库排沙措施

水库的排沙措施对于维持水库的有效库容和延长其使用寿命至关重要。排沙方式主要可分为水力排沙和动力排沙两大类。

1. 水力排沙

水力排沙是借助水流本身的输沙能力来排沙的一种方法。它通常与水库的运用方式密切相关，因为水流的输沙能力与水流流态直接相关，而水流流态又受到水库调度方式的影响。

滞洪排沙：滞洪排沙主要利用水库在汛期滞蓄洪水时形成的溯源冲刷和沿程冲刷来排沙。当水库泄空后，库区河床会发生强烈的冲刷，将淤积的泥沙冲刷出库。

异重流排沙：异重流排沙是利用含沙量较高的水流（异重流）在库区流动时，将沿途的泥沙带入下游的一种排沙方式。通过合理调度水库的泄流，可以引导异重流的形成和流向，从而有效地排除库区的泥沙。

浑水水库排沙：浑水水库排沙是在水库蓄水过程中，利用水库上游来水的含沙量较高，使水库内的水体呈现浑水状态，然后通过水库的泄流设施将浑水排出，同时带走泥沙。

泄空排沙：泄空排沙是在水库需要检修或降低水位时，通过开启水库的泄流设施，将水库内的水全部或部分泄出，利用泄流过程中形成的冲刷力将泥沙排出库外。

基流排沙：基流排沙是在水库非汛期，利用水库的基流（即稳定的、较小的流量）进行排沙。通过调整水库的基流，使水流在库区形成一定的冲刷力，将淤积的泥沙逐渐排出库外。

2. 动力排沙

动力排沙是采用机械或人工手段来清除水库淤积的泥沙。这种方式通常适用于水资源缺乏、无法采用水力排沙的地区或水库。

挖泥船清淤：挖泥船是一种专门用于清淤的机械设备，它通过船体上的挖掘装置将水库中的泥沙挖出，并通过输送管道将其运送到指定的地点。挖泥船清淤效率高，但成本也相对较高。

水力吸泥：水力吸泥是利用水力吸泥泵将水库中的泥沙和水一起吸入泵体，然后通过管道输送到指定的地点进行处理。这种方法适用于中小型水库和平原水库的清淤工作。

人工清淤：人工清淤是通过人工方式清除水库中的泥沙。这种方式通常适用于小型水库或特殊区域的清淤工作。虽然效率较低，但成本相对较低。

在实际应用中，应根据水库的具体情况选择合适的排沙方式。同时，还应注意保护水库生态环境和减少对下游河道的影响。

10.5 其他要求下的水库调度

综合利用水库在现代水利管理中扮演着至关重要的角色，其不仅需满足防洪、灌溉、发电、给水等传统的用水要求，往往还承担着航运、泥沙处理、生态维护等特殊任务。在调度运用水库时，必须全面考虑这些特殊要求，并通过科学调度，最大限度地满足各方面的需求，同时努力将潜在的不利影响转化为有利因素。

10.5.1 工业及城市供水的水库调度

随着我国工业化和城市化进程的加速，工业及城市生活用水需求不断增长，而水资源却日益紧张。因此，水库作为重要的水资源调蓄设施，在工业及城市供水方面的作用愈发凸显。目前相当多的大中型城市已经受到缺水的威胁，天津市在引滦入津工程完成以前便是突出的例子。这里将探讨工业及城市供水的水库调度特点及其调度图的绘制方法。

1. 工业及城市供水的特点

工业及城市供水具有显著的特点。首先，保证率要求极高，通常要求在 95% 以上（年保证率），甚至高达 98%、99%。这意味着水库必须确保在绝大多数年份都能满足供水需求。其次，供水过程在年内除受季节影响略有波动外，一般较为均匀。此外，工业及城市供水对水质要求严格，需要控制进入水库的污染源和泥沙。

针对工业用水，推广循环使用是节约用水、扩大效益的重要途径。通过循环利用水资源，可以大幅度减少实际用水量，提高水资源的利用效率。

2. 水库调度图的绘制

以供水为主要任务的水库调度图绘制方法与灌溉水库类似，但更注重保证率和供水过程的均匀性。调度图的主要目的是划分正常供水、降低供水与加大供水的界限。

绘制调度图的方法一般有时历法和统计法两种。时历法基于长系列径流资料，找出几个枯水段，以要求的供水过程进行反时序径流调节计算，求出各年各月蓄水量，然后取上包线得到防破坏线。再以某一降低供水过程进行类似计算，求出上包线作为限制供水线。统计法则首先划分出多年库容与年库容，根据年库容选择典型年计算蓄水过程，取外包线得到限制供水线，并加上多年库容得到防破坏线。

在绘制调度图时，需要注意以下几点。首先，由于径流系列可能不够长，而供水保证率要求很高，因此应当取已经出现的所有典型年进行计算，以确保调度图的准确性；其次，调度图应明确标出正常供水区、降低供水区和加大供水区的界限，并注明各区域的适用条件和操作要求；最后，调度图还应考虑水库的其他任务（如防洪、灌溉等）以及它们之间的协调关系。

以供水为主要任务的水库中的水电站，一般只在向下游供水时发电，即“以水定电”。当水库水位处于正常供水区以上时，可以加大发电或从其他方面扩大效益。但当水库水位处于限制供水线时，应及早采取措施减少用水量，以确保后期能够满足最小供水量的需求。

综上所述，工业及城市供水的水库调度需要充分考虑供水保证率、供水过程的均匀性和水质要求等特点。通过科学绘制调度图并合理操作水库设施，可以确保在大多数年份都能满足供水需求并提高水资源的利用效率。

10.5.2　航运的水库调度

1. 航运的水库调度的要求与原则

水库的调度对于航运有着直接而深远的影响。在水库上游，水库的蓄水作用有助于形成深水航道，提高通航能力；而在下游，通过水库的调节，可减小洪水流量、增大枯水流量，从而改善航运条件。然而，水库建设也会带来一些不利影响，如未建过船建筑物导致的航运中断、水电站日调节引起的水位波动等。因此，在有航运需求的水库调度中，需要遵循以下要求与原则。

（1）要求

在上游，应保持较长时间的高水位并避免航道淤积；在下游，水库泄量应不小于某一数值，且下游水位的变幅需控制在一定范围内，确保流速满足航运需求。

（2）原则

以流域或河段的综合利用规划及航运规划为依据，结合水库工程条件，充分发挥其航运作用。协调航运的近期与远期、上游与下游以及干流与支流等多方面的关系，确保航运的可持续发展。

2. 航运的水库调度内容、方式和措施

航运调度设计主要包括以下内容。

（1）拟定水库的通航水位与通航流量。这是确保航运安全畅通的基础，需要根据水库的实际情况和航运需求进行合理设定。

（2）提出对水库水位运用和水库泄流的控制要求。这需要根据水库的调节能力和航运需求，制定合理的水位运用和泄流控制方案。

（3）分析水库建成后泥沙冲淤对水库上、下游航道的影响。泥沙冲淤是影响航道畅通的重要因素之一，需要通过合理的调度措施来减轻其影响。

（4）必要时提出合理解决航道冲淤问题的水库调度方式。针对航道冲淤问题，需要制定针对性的调度措施，如调整泄流方式、增加清淤频次等。

航运调度方式主要包括固定下泄调度方式和变动下泄调度方式。固定下泄调度方式是指按照一定的下泄流量进行调度，适用于水流条件较为稳定的情况；变动下泄调度方式则是根据水流条件的变化调整下泄流量，以适应不同的航运需求。在选择调度方式时，需要综合考虑水库的调节能力、航运需求以及水流条件等因素。

在航运调度中，可以采取以下措施来确保航运的顺利进行。

（1）对于水电站日调节问题，应与系统调度协商，合理安排电站负荷，避免泄水过程中水位变化过于剧烈。同时，进行水电站下游日调节的不恒定流计算，以校验是否满足航运对水位、流速变化的要求。

（2）在日常兴利调度中，按照原水利规划的要求为航运补充水量。如果航运用水与其他用水相结合，应确保在放水时满足航运的最低要求。

（3）在洪水调度中，主要根据防洪要求进行泄水，但也要尽量照顾航运需求，避免泄量过大及变化过猛。特别是泄水流量在可能导致停航的流量以上时，应事先告知以避免损失。

(4) 尽可能在调度中考虑水库水位的消落对交通接续的影响。通过合理的调度措施，使船只能够到达合适的码头，减少因水位消落给库区人民生活带来的不便。

对于库尾航道的淤积问题，虽然解决起来较为困难，但仍需逐步摸索规律，找到有利于减少淤积的库水位及其他条件，并据此制定相应的调度措施。这将有助于减轻航道淤积对航运的影响，确保航运的畅通与安全。

10.5.3　防凌工作的水库调度

在一定的气候条件和特定的环境下，江河在封河时期和开河时期由于结冰和融化而产生的壅水汛情，被称为凌汛。这种自然现象对江河沿岸的设施及生态环境构成了严重威胁。为了减缓和免除凌汛带来的不利影响，利用水库进行防凌调度成了一种重要的手段。

1. 防凌调度的原则

水库防凌调度旨在通过水库的蓄水和放水操作，部分改变发生凌汛的某些因素，从而达到减缓和免除凌汛的目的。在进行水库防凌调度时，应遵循以下原则。

确保大坝安全：防凌调度设计应在确保大坝本身防凌安全的基础上，满足凌汛期不同阶段水库上、下游河道防凌调度要求，并兼顾水库其他综合利用要求。

联合调度：当有多个水库参与防凌调度时，应考虑水库群的联合防凌调度，以实现最佳的防凌效果。

充分考虑不利因素：防凌调度设计应充分考虑各种可能的不利因素，如极端气候、冰情变化等，以确保防凌安全。

冰凌洪水预报：一般情况下，水库防凌调度设计不直接考虑冰凌洪水预报，但应根据实际情况，结合气象、水情、冰情等信息，合理制定调度方案。

2. 防凌调度的运用方式

水库防凌调度的运用方式应根据水库所承担的防凌任务和水库大坝本身及上、下游河道的防凌要求来合理拟定。具体来说，可以分为以下几个方面。

大坝本身防凌调度：根据设计来水、来冰过程以及泄水建筑物的泄流规模，确定满足大坝防凌安全的设计排凌水位，并据此进行排凌运用。通过合理控制泄流量和泄流时间，确保大坝在凌汛期间的安全稳定。

上游河道防凌调度：根据水库末端冰凌壅水的影响程度，确定满足上游河道防凌调度要求的设计库区防凌控制水位。通过调整水库的蓄水量和泄流量，控制上游河道的冰凌壅水现象，避免对上游河道造成不利影响。

下游河道防凌调度：根据气象条件、上游来水情况以及下游河道的凌情，确定满足下游河道防凌调度要求的设计防凌限制水位。同时结合凌汛期不同阶段下游河道的冰下过流能力和防凌安全泄量控制泄流量。通过调整水库的泄流量和泄流时间，确保下游河道在凌汛期间的安全畅通。

3. 实例分析：黄河下游防凌调度

黄河下游是我国凌汛频发的地区之一。为了有效应对凌汛，黄河三门峡水库采取了以下防凌调度措施。

在每年的 11 月至 12 月期间，黄河三门峡水库进行防凌前蓄水，蓄水量达到 5 亿 m^3 至 7 亿 m^3。通过加大泄量，推迟下游河道的封冻时间，并抬高冰盖高度，从而增大冰盖下的过流能力。这有助于减少下游河道的冰凌壅水现象，保障河道的安全畅通。

在封河开始后至次年 1 月中旬期间，黄河三门峡水库逐步控制减少泄量。通过减少河道槽蓄并维持封河期流量均匀，避免引起局部融冰堵塞现象。这有助于保持河道的稳定状态，减轻凌汛带来的压力。

在开河期即次年 1 月中旬至 2 月底期间，黄河三门峡水库根据下游封冻最上端开河前的预报情况，开始关闸控制减少泄量，水库限泄 200～250 m^3/s。在条件许可时甚至进行断流操作，直至下游封冻段即将开通时再自由泄水。这种操作有助于避免下游河道因融冰而形成的洪水峰值对河道和沿岸设施造成损害。

4. 防凌调度图的编制

为了保障水库防凌安全并充分利用水资源，需要编制水库防凌调度图。该图以时间为横坐标、库水位为纵坐标，由防凌高水位线、防凌限制水位线、防凌调度线等组成防凌调度区。通过综合考虑凌汛期水库的发电、供水灌溉等综合利用要求以及实测典型年水文气象资料等因素，绘制出合理的防凌调度图。调度图编制完成后需要进行验证和修正以确保其合理性和准确性。

总之，水库防凌调度是一项复杂而精细的工作。通过遵循一定的原则、运用合理的调度方式并编制科学的调度图可以有效地应对凌汛带来的挑战，确保江河的安全畅通并充分利用水资源。

第 11 章

水库群联合调度

11.1 水库群联合调度目标

水库群联合调度是实现流域水资源综合利用效益最大化的重要手段。由于各水库拥有不同的开发任务，要实现整体效益的最大化，必须集成这些调度任务，并协调各种调度目标，形成一个能够指导调度决策选择的体系。

水库群联合调度涉及防洪、发电、航运、供水、生态等多个目标，这些目标往往不可公度，即它们之间的衡量标准不同，难以直接进行比较。为量化这些调度目标，可以利用效用理论，分别构建防洪价值函数、发电价值函数、航运价值函数、生态价值函数等。这些价值函数能够反映各目标在不同调度时段中的相对重要性，即它们所占总目标函数的权重。

在确定性环境下，利用效用理论定义的各目标属性的效用函数常被称为价值函数。对于水库群联合调度这样一个复杂的多目标决策问题，其价值函数的结构往往非常复杂，难以直接设定其关系式或值。因此，可以假设价值函数可以分解为各属性的加性形式。也就是说，如果防洪、发电、航运、供水等目标属性值在偏好上是相互独立的，那么水库群联合调度的价值就可以用加性价值函数来描述。这种加性价值函数认为联合调度的价值具有可分解性，即它可以由各目标属性价值的和来表示。

将调度目标以每一目标属性的价值函数来定义，是为了更好地描述实施调度任务后所带来的经济效益、社会效益和环境效益。这样，不仅能够量化各个目标的重要性，还能够清晰地看到调度决策对不同目标的影响。

在实际操作中，需要根据具体的水库群情况和调度需求，设定合适的价值函数和权重，以确保调度决策能够最大限度地实现流域水资源的综合利用效益。同时，还需要不断地对调度决策进行评估和调整，以适应变化的环境和需求。

11.1.1 防洪价值函数

(1) 防洪价值。水库群联合防洪调度的主要内容是研究流域梯级水库群共同承担其下游防洪任务时的防洪调度方式。需要根据上游大坝的设计标准及下游防护对象的防洪标准,研究如何由梯级水库群中各水库联合调控,以达到在保证梯级水库大坝安全前提下最大限度地满足下游防洪安全的要求,获得尽可能大的防洪效益。

水库群防洪调度的目标有:保护大坝安全和下游防洪保护区安全,减轻对上游易淹没地区的影响,使下游防洪保护区损失最小。对于梯级水库群联合调度的防洪价值,以减少洪灾损失为防洪效益来表示。

(2) 防洪价值函数。按防洪调度目标,坝体安全和上游淹没损失主要与水库最高洪水位、洪峰流量相关;水库下游淹没损失主要与河道行洪流量与分洪时间有关,统一用分洪量表示。

基于防洪价值是以防洪调度减少的洪灾损失来衡量的思想,对于由 m 个水库组成的水库群的联合防洪调度,则第 $i(i=1,2,\cdots,m)$ 个水库的防洪价值 B_{fi} 可描述为以下形式:

$$B_{fi}=L_{1i}(Z_{1i},\Delta t_{1i},W_{1i})-L_{2i}(Z_{2i},\Delta t_{2i},W_{2i}) \tag{11.1-1}$$

式中:L_{1i}, Z_{1i}, Δt_{1i}, W_{1i} 分别为水库 i 在未经联合防洪调度时的洪灾损失、水库坝前最高水位、水库坝前最高水位持续时间、分洪水量;L_{2i}, Z_{2i}, Δt_{2i}, W_{2i} 分别为水库在联合防洪调度时的洪灾损失、水库坝前最高水位、水库坝前最高水位持续时间、分洪水量。

因此,在流域遭遇一定频率洪水条件下,梯级水库群联合调度的防洪价值函数 可以描述为

$$B_f=\sum_{i=1}^{m}B_{fi} \tag{11.1-2}$$

11.1.2 发电价值函数

(1) 发电价值。水库的发电价值主要指的是水电站的发电效益,在电价一定的情况下,水库群发电价值主要体现在联合调度时提供给电力系统的保证出力和发电量。因此,将发电价值分为电量价值和容量价值两部分。

(2) 发电价值函数。发电价值函数 B_e 由电量价值函数 B_d 和容量价值函数 B_N 组成:

$$B_e = B_d + B_N \tag{11.1-3}$$

电量价值函数：电量价值是指水电站调度期内输送到电力系统的发电量产生的效益 B_d，这里以每个调度方案的发电量来衡量，即电量价值函数为

$$B_d = \sum_{i=1}^{m} \sum_{i=1}^{T} E_i(t) \tag{11.1-4}$$

式中：m 为水库群中水电站个数；T 为调度控制期内时段数；$E_i(t)$ 为第 i 个水电站 t 时段的发电量。

容量价值函数：容量价值是指水电站为满足电力系统负荷要求以及调峰、调频、事故备用而承担的工作容量产生的效益 B_N，这里以水库群联合调度方案的保证出力计算。

$$B_N = N_b^{cq} = \sum_{i=1}^{m} N_{bi} \tag{11.1-5}$$

式中：N_b^{cq} 为针对某一调度方案的系统保证出力；N_{bi} 为第 i 个水电站的保证出力。

11.1.3　航运价值函数

(1) 航运价值。航运价值体现在一定吨位的过坝船只能够顺利通航所持续的时间，或者在一定时间段内一定吨位的船只顺利通航的保证程度，还包括水库调度后上下游航道通航水流条件的保证程度。航道保证程度主要与相应航道等级的航运水深，航道流速、流态，水流纵、横向的比降，港区水位变幅等相关。因此，航运调度应当满足涉及范围内航道、港口和通航建筑物等航运设施的最高与最低通航水位、最大与最小通航流量、流速等安全运用的要求。以满足通航要求的保证率或船舶通过量作为评价航运的价值，可反映调度对航运的影响。

(2) 航运价值函数。假定水库群联合调度时航运的效益与满足通航要求的时间 T_h 成正比，且比例系数为 k_h，则航运价值函数 B_h 可描述为

$$B_h = k_h T_h \tag{11.1-6}$$

11.1.4　供水价值函数

(1) 供水及其价值函数。水库供水一般指灌溉供水和城市供水，其价值可用可供水量 W_g 和每单位水量产生的效益 C_g 来衡量，即

$$B_g = C_g W_g \tag{11.1-7}$$

式中：W_g 为调度期内灌溉供水和城市供水之和。

(2) 水库群供水价值函数。水库群联合调度以整个水库群作为水源，其供水能力价值可用总供水量 Wg 加上在调度期内（包括蓄水期）水库群可下泄的总水量表示。

设水库个数为 m，T 表示调度控制期内时段数，则

$$B_g = \sum_{i=1}^{m} \sum_{i=1}^{T} W_{ij} C_g \tag{11.1-8}$$

式中：W_{ij} 为调度期内第 i 个水库第 j 个时段的实际可供水量（或流量）；T 为调度期长度；m 为水库群中水库个数。

11.1.5 生态价值函数

(1) 生态价值。生态调度是目前水库调度研究的热点，它以满足流域水资源调度和河流生态健康为目标，通过合理统一的调度，使水库对河流生态系统的不利影响降到最低程度，同时利用水库能有效调节水量的功能，促进河流复合生态系统朝着有利于生物演替的方向发展。

(2) 生态价值函数。对于梯级水库联合调度主要考虑其生态需水量调度要求。生态需水量调度是以满足河流生态需水量为目的，保持河流适宜生态径流量、避免出现超标准事件。生态价值函数的建立应以联合调度所提供的生态需水量来衡量。特别是在枯水年份，由于来水量较小，而兴利用水所占比例较大，在一定程度上要满足生态需水的最小要求流量。假定生态效益与生态流量在一定范围内成正比的关系，建立如下的生态价值函数：

$$B_s = \sum_{i=1}^{m} K_s Q_{si} \tag{11.1-9}$$

式中：B_s 为获得的生态价值；Q_{si}. 为第 i 库引用的生态流量；m 为水库群中水库个数。

11.2 水库群多目标联合调度模型

在水库群多目标联合调度领域，随着水电能源的大规模开发和社会经济的快速发展，水电站的多目标综合运用的要求日益提高。然而，传统的水库群联合优化调度模型往往只针对单一目标（如发电效益或防洪效益）建立，在应对复杂的多目标、多约束问题时局限性较大。尤其是在水库群联合优化调度中，多个目

标（如防洪、发电、航运、供水、生态等）之间往往相互制约、冲突，使得找到一种使所有目标同时达到最优的调度方式变得几乎不可能。

近年来，随着多目标模糊群决策方法和基于智能进化算法的多目标模型求解方法的出现，为水库群多目标联合调度提供了新的思路。其中，进化算法（如 NSGA、NSGA-Ⅱ等）以其并行计算、节省时间的特点，特别适合多目标优化问题的求解。NSGA-Ⅱ算法作为进化算法中的一种，通过引入 Pareto 优化理论与技术手段，以及拥挤距离测度和精英个体保留策略，大大提升了求解效率和质量。

然而，在将 NSGA-Ⅱ算法应用于水库群联合调度多目标优化问题时，仍面临一些挑战。特别是针对复杂约束耦合的优化问题，单纯的应用 NSGA-Ⅱ算法可能存在收敛性差、计算效率低、非劣解分布散乱、难以处理复杂约束条件等问题。因此，需要针对实际工程问题的特点对算法进行处理和优化。

为有效处理水库调度中的约束条件，可以引入有效库容概念，并结合 Pareto 优化理论，研究并建立多目标优化调度模型。这种模型不仅考虑了各个目标之间的冲突和制约关系，还通过引入有效库容概念来更好地处理水库调度中的复杂约束条件。对比分析结果显示，基于有效库容概念的多目标优化调度模型具有优越性，能够为水库群联合优化调度提供技术支撑和新的参考依据。

综上，水库群多目标联合调度模型是一个复杂而重要的研究领域。通过引入多目标优化理论和智能进化算法等先进方法，可以有效解决传统模型在面临多目标、复杂约束问题时的不足，为水库群联合优化调度提供更加全面、有效的决策支持。

11.2.1　多目标优化问题数学基础

多目标优化问题（Multi-objective Optimization Problem，MOP）最早是由法国学者 V. Pareto 在 1896 年从政治经济学角度提出的，即把许多不可比的目标优化成一个目标最优。紧接着 Von. Neumann 和 Morgenstem 从对策论角度出发，提出多个决策彼此互相有矛盾的多目标决策问题。

首先，不失一般性，先对多目标优化问题进行描述。假定有 m 个优化目标 $f_1(x)$，$f_2(x)$，…，$f_m(x)$，则对应的多目标优化问题目标函数可以描述为

$$\text{Ob}: \max y = f(x) = [f_1(x), f_2(x), \cdots, f_m(x)] \tag{11.2-1}$$

其中，$x=(x_1, x_2, \cdots, x_n)$ 为多目标优化问题对应的决策变量，同时它也要满足对应的约束条件：

$$\text{St}: g_i(x) \geqslant 0 \quad i=1, 2, \cdots, l \tag{11.2-2}$$

$$h_j(x)=0 \quad j=1, 2, \cdots, k \tag{11.2-3}$$

式中：$g(x)$，$h(x)$ 分别表示决策变量对应的不等式约束条件和等式约束条件。

在多目标问题优化过程中，一般不存在能够保证多个目标同时达到最优的单一解。多目标优化问题中各目标往往处于冲突状态，经常的情况是甲目标最优，则乙目标可能稍差，即有得有失，因而不存在使所有目标同时达到最优的解。因此多目标优化问题只能获得一组相对满意的均衡解，通常被称为Pareto最优解。这一组解之间不存在相互支配关系，多目标优化问题相关概念的对应定义如下。

定义1：Pareto支配。假设 x，y 为MOP问题的两个均衡解，当且仅当下列条件成立时

$$\forall i \in \{1, 2, \cdots, k\}, f_l(x) \geqslant f_i(y) \text{ 且 } \exists i \in \{1, 2, \cdots, k\}, f_l(x) > f_i(y) \tag{11.2-4}$$

称解 x 支配解 y，可记为 $x > y$。那么，x 就被称为非支配解（non-dominated），而 y 则被称为支配解（dominated），“$>$”表示支配关系符号。如果上述条件不满足，则称 x 与 y 不相关，可表示为 $x \sim y$。

定义2：Pareto最优解。如果解 x^* 满足以下条件：

$$\neg \exists x^i \in X: x^* > x^i \tag{11.2-5}$$

则称 x^* 为Pareto最优解。

定义3：Pareto最优解集。多目标优化问题所有多目标最优解的集合则称为Pareto最优解集（Pareto Optimal Set），假设 P_s 为多目标优化问题的Pareto最优解集，它可表示为

$$P_s=\{x^* \mid \neg \exists x' \in X: x^* > x^i\} \tag{11.2-6}$$

定义4：Pareto最优前沿。多目标优化问题所有多目标最优解对应的目标值在可行域空间所形成的区域称为Pareto最优前沿（Pareto front）。设 F 为多目标优化问题的Pareto最优前沿，则可以表示为

$$PF=\{f(x)=[f_1(x)f_2(x), \cdots, f_m(x)] \mid x \in P_s\} \tag{11.2-7}$$

假设多目标优化问题是二维的，则其解空间也是二维的表现形式。目标二维解空间Pareto支配关系如图11.2-1所示。

从图11.2-1中可以看出，在多目标优化问题的求解过程中，会求出很多可行解，这些解组成的区域称为可行域。其中可行域中最外侧的可行解连成的曲

线为多目标优化问题的最优前沿，对应曲线上的黑色实点则表示优化问题的 Pareto 非劣解集，区域内其他的圈点则表示多目标优化问题的劣解集。以非劣解 A、劣解 B 和 C 为例，对于非劣解 A 来讲，它支配位于其左下方的劣解 B，而劣解 B 又支配其左下方的劣解 C。但是非劣解 A 与其他劣解集中的非劣解即最优前沿上的解相互之间非劣，它们之间至少有一个优化目标值优于其他解。

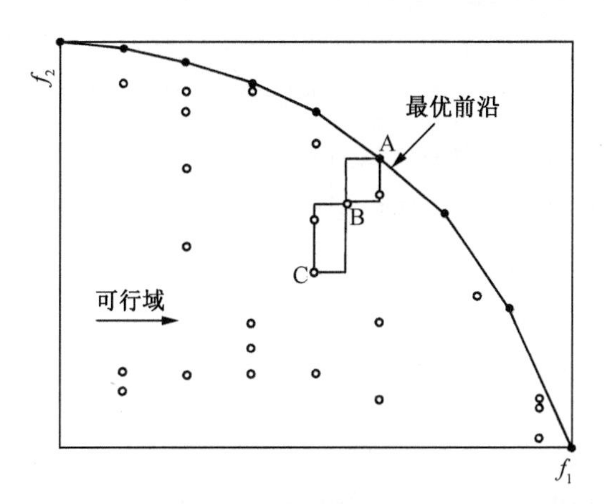

图 11.2-1　目标二维解空间 Pareto 支配关系示意图

11.2.2　多目标优化调度模型

水库调度目标主要有防洪与兴利效益，而防洪中又牵扯到多个保护对象及调度目标。同理，兴利调度中也有多个兴利对象，例如，以兴利效益为例建立以枯水期发电量最大和时段最小出力最大为目标的多目标模型，建立多目标优化调度模型，结合有效库容的划分，运用 NSGA-Ⅱ算法进行求解，从而获得一组关于发电量和时段最小出力的非劣调度方案集，为决策者提供有效技术支撑。

1. 目标函数

(1) 枯水期总发电量最大

$$\max f_1 = \max F = \max \sum_{t=1}^{T} AO_t H_t M_t \tag{11.2-8}$$

式中：F 为电站总发电量；H_t 为电站时段 t 的水头；O_t 为电站在 t 时段的发电引用流量；A 为电站的综合出力系数；T 为时段数；M_t 为时段长度。

(2) 时段最小出力最大

$$\max f_2 = \max N^f = \max\{N_t\},\ t = 1,\ 2,\ \cdots,\ T \tag{11.2-9}$$

式中：N' 为电站在整个调度期内的时段最小出力；N_t 为电站在 t 时段的总

出力。

2. 约束条件

(1) 水位库容约束：$Z_t \leqslant Z_t \leqslant \overline{Z}_t$。

(2) 出力约束：$N_t \leqslant N_t \leqslant \overline{N}_t$。

(3) 流量约束：$Q_t \leqslant Q_t \leqslant \overline{Q}_t$。

(4) 水量平衡：$V_{t+1} = V_t + (I_t - O_t)M_t$，$t = 1, 2, \cdots, T$。

式中：$[Z_t, \overline{Z}_t]$ 对应水电站在调度期的有效库容约束，即水库水位与库容上下限约束；$[N_t, \overline{N}_t]$主要对应出力约束，包括电站预想出力约束和最小出力约束等；流量约束$[Q_t, \overline{Q}_t]$主要包括电站最大下泄能力以及调度期内下游航运、供水以及生态补偿对下泄流量的约束；V_t 和 V_{t+1} 分别为水电站在 t 时段的初、末库容。

11.2.3 水库发电优化调度模型

11.2.3.1 目标函数

对于水库优化调度决策，一般来讲都是多目标决策问题，目标包括防洪、发电、航运以及下游用水效益等。如果单以发电量为目标，函数可以写成

$$F = \max \sum_{t=1}^{T} KQ_t H_t T_t \quad 或 \quad F = \max \sum_{t=1}^{T} N_t T_t \tag{11.2-10}$$

式中：F 为电站年发电量，kW · h；K 为电站综合出力系数，无量纲；Q_t 为电站在 t 时段发电流量，m^3/s；H_t 为电站在 t 时段平均发电净水头，m；T 为年内计算总时段；N_t 为时段的出力，kV；T_t，为时段长度，s。

在实现算法优化过程中，发电量与最小出力具有竞争关系，所以本书把算法的适应度转换成带有约束条件的单目标，即在水库优化调度中适应度函数通常采用惩罚函数，通过加大惩罚系数的方法来抑制不可行解的产生，即不满足最小出力要求的不可行解。

$$f(V_t) = F(V_t) + \alpha \min\{N - N_{\min}, 0\} T_t \tag{11.2-11}$$

式中：$f(V_t)$ 为时段 t 适应度；$F(V_t)$ 为时段 t 发电量；α 为惩罚系数，无量纲。

11.2.3.2 约束条件

(1) 水量平衡约束：

$$V_{t+1} = V_t + (I_t - O_t)\Delta t \tag{11.2-12}$$

式中：V_t 为 t 时段的水库库容，m^3；I_t 为时段 t 的入库流量，m^3/s；O_t 为 t 时段的出库流量，m^3/s；Δt 为时段长度，s。

（2）水位约束：

$$Z_{min} \leqslant Z_t \leqslant Z_{max} \tag{11.2-13}$$

式中：Z_{min}，Z_t，Z_{max} 分别对应最低水位、时段 t 水位和最高水位，m。

（3）库容约束：

$$V_{min} \leqslant V_t \leqslant V_{max}(t=1,\ 2,\ \cdots,\ T) \tag{11.2-14}$$

式中：V_{min}，V_t，V_{max} 分别对应最小库容、时段 t 的库容和最大库容，m^3。

（4）水库出库流量约束：

$$O_{min} \leqslant O_i \leqslant O_{max} \tag{11.2-15}$$

式中：O_{min}，O_t，O_{max} 分别对应水库的最小出库流量、时段 t 出库流量和最大泄流流量，m^3/s

（5）出力约束：

$$N_{min} \leqslant N_i \leqslant N_{max} \tag{11.2-16}$$

式中：N_{min}，N_t，N_{max} 分别对应最小出力、t 时段出力和装机容量，kW。

11.2.4　梯级水库群发电优化调度模型

设定 m、M 分别表示水库编号及梯级水库数目（$M=4$）；t、T 分别表示时段及时段数；$k(m)$ 为第 m 电站的综合出力系数；$H(m,\ t)$ 表示 m 电站 t 时段的发电水头；$QI(m,\ t)$，$QF(m,\ t)$，$QC(m,\ t)$ 分别表示 m 水库 t 时段的入库流量、发电流量和出库流量；$QC_{max}(m,\ t)$，$QC_{min}(m,\ t)$ 分别表示 m 水库 t 时段最大出库流量限制及最小出库流量要求；$V(m,\ t)$，$Z(m,\ t)$ 分别表示 m 水库 t 时段末蓄水库容及其相应水位；$\overline{Z}(m,\ t)$，$\underline{Z}(m,\ t)$ 分别表示水库允许蓄水水位的上、下限；$N(m,\ t)$ 表示电站出力；$N_{min}(m,\ t)$ 表示电站出力最低要求；$N_{max}(m,\ t)$ 表示某一水头的最大允许出力。

11.2.4.1　目标函数

考虑梯级水电站的特点、梯级水库的主要功能以及电网既缺调峰容量，又缺少电量的实际情况，通常选取调峰容量最大和发电量最大两个目标。因此，目标函数如下：

$$\text{Max}\{M \in \sum_{m=1}^{M} N(m,\ t),\quad t=(1,\ 2,\ \cdots,\ T)\} \tag{11.2-17}$$

梯级水库发电量尽可能大，则梯级水库系统中蓄能或不蓄能越大越好，则在满足出力平衡的条件下，目标函数可写成

$$\text{Max}\sum_{t=1}^{T}\sum_{m=1}^{M}k(m)\times QI(m,t)\times H(m,t)\times\Delta t \tag{11.2-18}$$

$$\sum_{m=1}^{M}N(m,t)=\sum_{m=1}^{M}N(m,t+1)=NF(k) \tag{11.2-19}$$

式中：Δt 为时间换算单位；$NF(k)$ 为梯级水库群为电力系统提供的均匀出力，不同水文年、不同初始水位不尽相同，需要综合考虑电网电力电量平衡，经过大量试算才能获得。蓄水期和供水期的 $NF(k)$ 也不相同，这里设 $k=1$ 表示蓄水期的等出力，$k=2$ 表示供水期的等出力，且 $NF(1)\geqslant NF(2)$。

11.2.4.2 约束条件

水库水量平衡约束：

$$V(m,t+1)=V(m,t)+[QI(m,t)-QO(m,t)]\Delta t \tag{11.2-20}$$

水库蓄水水位约束：

$$Z(m,t)\leqslant Z(m,t)\leqslant\overline{Z}(m,t) \tag{11.2-21}$$

出库流量约束：

$$QC_{\min}(m,t)\leqslant QC(m,t)\leqslant QC_{\max}(m,t) \tag{11.2-22}$$

电站出力约束：

$$N_{\min}(m,t)\leqslant N(m,t)\leqslant N_{\max}(m,t) \tag{11.2-23}$$

梯级电站最大出力约束：

$$\sum_{m=1}^{M}N(m,t)\leqslant \text{Sum}N \tag{11.2-24}$$

式中：Sum$N$ 为电力系统所能接受的梯级水电站提供最大平均出力。根据从相关部门调查资料所得，电网所能接受梯级水电站提供的月最大平均出力不超过电网负荷最大值。

电量约束：

$$\sum_{t=1}^{T}\sum_{m=1}^{M}N(m,t)\times\Delta t\leqslant \text{Sum}E \tag{11.2-25}$$

式中：Sum$E$ 为电力系统所能接受的梯级水电站一年最大发电量。根据从相关部门调查资料所得，电网所能接受梯级水电站一年的最大发电量不超过电网负荷最大值。

在任一时段初，根据系统内各水库的天然来水及水库初始状态，确定时段末最佳库容使得整个调度期效益最大，从而确定梯级水库群中每个水库调度决策。从决策的观点来看，水电站群调度属于一类具有随机输入的序贯决策问题。首先以单个水库为例，给定初库容 v_c 和来水 q 以及保证出力 n，写成向量形式 (v_c, q, n)。由于末库容应满足约束：

$$v \vee (v_c + q - w) \leqslant v_m \leqslant (v_c + q) \wedge \bar{v}_m \tag{11.2-26}$$

因此这时，水库在面临时段所发出力不小于保证出力 n 的可行末库容集合为

$$D(v_c, q, n) = \{v_m \mid v \mid (v_c + q - w) \leqslant v_m \leqslant v_m A(v_c + q) \text{and} N(v_c, q, v_m) \geqslant n\} \tag{11.2-27}$$

记 $v_{sup}(v_c, q, n)$ 为可行域 $D(v_c, q, n)$ 的最大末库容，即当 $D(v_c q, n) \neq \varnothing$ 时，

$$v_{sup}(v_c, q, n) = sup\{v_m \mid v_m \in D(v_c, q, n)\} \tag{11.2-28}$$

则 $v_{sup}(v_c, q, n)$ 是使水库维持最高水位所对应的库容值，依此制定以下调度规则。给定面临时段的初库容与来水的值 (v_c, q)，按下述方式决定末库容 v_m。

(1) 若在本时段有 $D(v_c, q, n) \neq \varnothing$，则取末库容 $v_m = v_{sup}(v_c, q, n)$

(2) 若在本时段有 $D(v_c, q, n) = \varnothing$，则此时保证出力将产生破坏，这时求解的优化问题为

$$\begin{cases} \max\limits_{v_m} N(v_c, q, n) \\ \text{s.t.} \quad vV(v_c + q - w) \leqslant v_m \leqslant (v_c + q) \wedge v_m \end{cases} \tag{11.2-29}$$

设其解为 $v_{\max}(v_c, q)$，取末库容

$$v_m = v_{\max}(v_c, q) \tag{11.2-30}$$

通过对方程组非线性规划求解可得到水电站理论上面临时段最优决策，流域企业单位从而制订发电计划，为流域电网系统效益发挥提供决策支撑，因此，有必要进行水库优化调度模型与求解方法研究。

11.3 水库群联合防洪调度应用实例

本节对大清河南支流域内一系列具有水文、水力、水利联系的水库及相关工程设施(如堤防、滞洪区、分蓄洪区等)进行统一协调调度。在确保水利设施自身安全的前提下,尽量减轻流域洪水影响与损失,提高流域整体防洪能力,实现灾害损失的最小化。

11.3.1 库(群)淀联合调度优化建模思路

鉴于白洋淀在流域中的关键防洪地位,针对横山岭水库、口头水库、王快水库、西大洋水库、龙门水库与白洋淀进行了联合调度优化模型的构建。通过对典型洪水暴雨中心(如唐河平原和西大洋暴雨中心)进行 10 年一遇、20 年一遇、30 年一遇、50 年一遇、100 年一遇和 200 年一遇设计标准洪水的优化调度计算,得到最优的联合调度优化方案。

大清河联合防洪调度模型的建模总体思路如下。

(1) 洪水分析:分析流域洪水的时空分布及成因,掌握支流与干流洪水遭遇的规律。选择典型洪水年,拟定各种频率的整体防洪设计洪水。

(2) 防洪任务确定:确定流域的防洪控制断面,明确主要保护对象(如白洋淀)。

(3) 调度方式拟定:制定各水库群的防洪调度方式和控制性水库(如王快水库和西大洋水库)对白洋淀的防洪调度方式。

(4) 联合调度实施:结合预报信息,进行水工程联合调度,确保洪水从各个水库出库后安全演进到白洋淀,并继续演算到入海口。

(5) 目标协调:针对不同洪水情况,确定多个防洪目标的优先次序,采用粒子群算法等系统理论方法协调目标之间的矛盾,将多目标防洪调度转化为以白洋淀防洪安全为主要目标的单目标防洪调度。

11.3.2 库(群)淀联合调度优化模型

11.3.2.1 约束及边界条件

在针对大清河流域的防洪要求下,建立以白洋淀水位最低为主要目标的水库群防洪联合调度模型。模型在构建时充分考虑水库下泄与区间洪水遭遇的情况,并采用水量平衡方程、洪水演进方法等手段。同时,模型中设定了一系列约束条件,以确保防洪调度的安全有效,包括水库水位、防洪库容限制、泄洪方式及泄洪能力约束、流量变动幅度限制和最下游防洪控制点安全泄量等。

此外,模型还基于以下假定:

(1) 假定白洋淀以上流域内的洪水同频率发生;

(2) 假定汛前流域上游各水库都维持在汛限水位。

根据国务院批准的《大清河防御洪水方案》(国函〔2007〕33 号)和国家防汛抗旱总指挥部批准的《大清河洪水调度方案》(国汛〔2008〕11 号)实施防御与调度,其对应白洋淀运用原则:白洋淀十方院水位达 9 m 且继续上涨时,依次扒开障水埝、淀南新堤、四门堤、新安北堤,逐步扩大向周边洼淀分洪,以确保千里堤安全。同时白洋淀周边还有文安洼蓄滞洪区可以进行分洪,主要通过小关向文安洼蓄滞洪区进行分洪。文安洼运用规则:当东淀第六堡水位达到 6.5 m,且继续上涨威胁天津市区安全时,在充分保持河道泄洪能力的情况下:①如白洋淀十方院水位小于 9 m,则运用锅底闸并相机扒开该闸两侧堤埝,向贾口洼分洪。贾口洼充分运用后,东淀第六堡水位仍达到 6.5 m 且继续上涨时,则在滩里隔淀堤扒口向文安洼分洪。②如白洋淀十方院水位大于 9 m,运用王村分洪闸及滩里隔淀堤扒口向文安洼分洪。③如白洋淀十方院水位达到 9.85 m 且继续上涨,威胁千里堤安全,则在小关扒口向文安洼分洪。

11.3.2.2　模型建立

当流域遭遇洪水时,根据预报的洪水量级(峰、量、出现频率),结合当前水库群的蓄水状况和防洪库容,拟定以白洋淀水位最低为主要目标的洪水调节方案,以实现水库群的联合调度。在模型建立过程中,考虑了水流流达时间,利用研究流域现有的马斯京根演算模型,采用马斯京根法对出库洪水进行演算,并叠加区间洪水以得到白洋淀的入淀洪水。

由于水库群联合防洪调度问题涉及多种线性与非线性约束,使用常规优化算法往往存在计算量大、解的精度差等缺点。因此,推荐采用粒子群算法(PSO 算法)对模型进行优化计算。PSO 算法具有设计编程简单、计算工作量小、收敛速度快等优点,是求解联合调度优化问题的有效算法之一。

水库群防洪调度优化数学模型由目标函数和约束条件两部分组成。以白洋淀水位最低作为衡量水库群防洪优化调度优劣程度的主要准则,该准则的目标是使流域洪灾损失之和最小化。同时,考虑了区间入流、河道泄量约束、最高水位限制、水位变幅约束以及泄流能力等约束条件,建立了对应的联合防洪调度模型。将智能算法作为求解手段,我们采用确定式采样选择方法及算法所适用的优化策略手段,产生削峰效果好且保证白洋淀最高水位最低的最优解。通过循环迭代,直到方案满足优化准则或已求得满意解。

在实际应用中，将多目标优化问题转化为单一目标问题，以白洋淀水位最低为主要目标，其他目标如水库最高水位最低、河道流量最小以及入白洋淀流量最小等，在模型中都转化为约束条件。这样，多目标优化问题就转化为了单目标优化问题，使得求解过程更为简化和高效。在防洪库容有限或已定的情况下，这种优化准则尤为适用。数学模型的主要目标是实现白洋淀水位的最低化，同时确保其他防洪指标也满足要求。

11.3.2.3 优化调度研究

由于流域上游口头水库库容较小、调洪能力较弱，因此不参加与白洋淀的联合调度任务。

在联合优化各个典型年水库运行过程中，水库群和白洋淀初始水位都是汛限水位，且不考虑河道下渗影响，对西大洋和王快两座水库进行联合优化，其他水库按照设计调度规程进行调度。在优化过程中，考虑西大洋和王快两座水库的设计洪水位，设定的水库最高水位为设计洪水位。

针对联合优化调度目标函数，即追求最大下泄流量最小化目标，通过约束条件的改变反映出各个模块的特点，但不妨碍采用统一的算法，因为变量的基本定义、目标函数和主要约束条件还是一致的。

以 i 代表水库，设共有 n 个水库，依次编号为 $i=1, 2, \cdots, n$，对于大清河流域水库群，假设当前 $n=2$，对应王快水库、西大洋水库编号依次为 1、2；将调度周期划分为 M 个时段，以 j 代表时段变量，$j=1, 2, \cdots, M$。

应用 PSO 求解水库群防洪优化调度问题的关键是：初始群体的产生，即初始防洪调度方案（个体）的形成；个体的适应值计算；优化算子的实现。对上述优化模型，PSO 算法求解的设计过程如下。

（1）初始群体的产生。利用粒子群算法来求解大清河水库群防洪优化调度，关键在于初始可行解的选择。PSO 直接用决策变量的实值作为编码，编码的长度等于决策变量的个数。选择水库群的防洪出库流量作为 PSO 求解时的决策变量，它由各时段的出库流量向量组成：

$$Q=(\boldsymbol{q}_1, \boldsymbol{q}_2, \cdots, \boldsymbol{q}_i, \cdots, \boldsymbol{q}_M) \tag{11.3-1}$$

其中，$\boldsymbol{q}_1=(q_1^1, q_2^1, \cdots, q_n^1)^{\mathrm{T}}, \cdots, \boldsymbol{q}_i=(q_1^i, q_2^i, \cdots, q_n^i)^{\mathrm{T}}, \cdots, \boldsymbol{q}_M=(q_1^M, q_2^M, \cdots q_n^M)^{\mathrm{T}}$。

与常规优化算法仅以一个初始点开始进行迭代计算不同，粒子群算法是同时从多个初始点进行计算，最终求得问题的最优解。最初，先给出由 P 个个体组成的集合，即初始群体，它们可表示为

$$
\begin{aligned}
\boldsymbol{Q}_1 &= (q_1^1,\ q_2^1,\ \cdots,\ q_M^1,) \\
\boldsymbol{Q}_2 &= (q_1^2,\ q_2^2,\ \cdots,\ q_M^2) \\
\boldsymbol{Q}_P &= (q_1^P,\ q_2^P,\ \cdots,\ q_M^P)
\end{aligned}
\tag{11.3-2}
$$

在调度期内入库径流及区间入流已知，水库初始库水位已知，在实时防洪调度时，初始水位即为当前水位，参与水库泄流的泄流设施，以及在各水库泄流设施的泄流能力已知的条件下，联合防洪优化调度中各水库的防洪出库流量过程有一定的约束，所以并不是所有的个体均可行。对应优化模型，不仅要求各水库各时段的防洪出库流量满足水库的泄洪和过流能力约束、水库初始防洪库容约束等，同时白洋淀入淀流量需由上级库的出库经马斯京根洪水演进后与区间洪水叠加求得。为此程序中每产生一个个体，都必须对其进行可行性验证。

（2）适应度计算。对于水库群防洪优化调度的求解，其目标函数值总取正值，因此，可以直接设定个体的适应度就等于相应的目标函数值，取目标函数值最小的解为最优解。算法中，泄流能力及人造洪水约束在调度方案的编码中自动满足，而其他约束条件如初始防洪库容约束及水量平衡等则在设计粒子群算法时予以考虑。

（3）粒子群算法的设计。选定初始群体、确定适应度的计算方法后，采用确定式采样选择方法及算法所适用的优化策略手段，产生出库流量过程平方和更小的新一代群体。为保证全局收敛，在变异操作后采用最优个体保留策略，即在第 G 代变异后保留该代群体中的最优个体及其适应值。如此循环，直到满足优化准则或已求得满意解。水库群防洪优化调度改进粒子群算法求解的基本流程如图 11.3-1 所示。

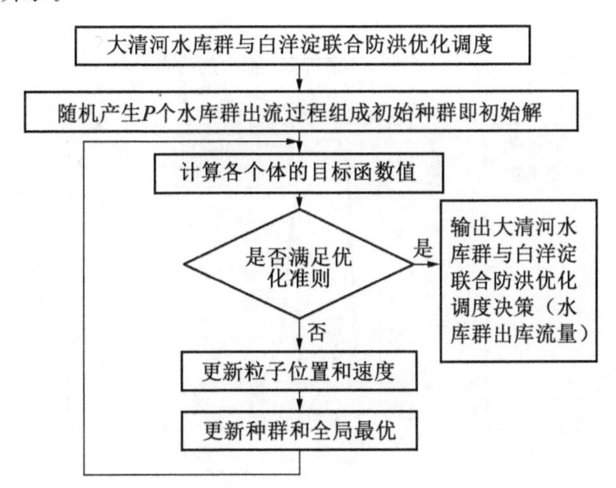

图 11.3-1　改进粒子群算法求解水库群防洪优化调度流程图

11.3.3 库(群)淀联合优化调度研究

对典型洪水暴雨中心以及唐河平原和西大洋暴雨中心对应的10年一遇、20年一遇、30年一遇、50年一遇、100年一遇和200年一遇设计标准洪水进行联合调度优化计算,得到了联合调度优化成果。其中典型洪水、50年一遇洪水和100年一遇洪水条件下的成果如下。

11.3.3.1 流域典型洪水暴雨中心条件下的库、淀联合调度

以大清河实际发生过的“63・8”洪水为分析对象,以此为依据得到不同设计标准洪水的设计洪峰、洪量和洪水过程线。为检验本书提出联合调度是否有效,分别把典型“63・8”洪水、对应设计频率50年一遇洪水、100年一遇洪水以及200年一遇洪水作为输入条件,并与设计规程调度进行比较。

(1) 典型“63・8”洪水。典型“63・8”洪水条件下,文安洼蓄滞洪区未启用,王快水库、西大洋水库和白洋淀的入库、出库流量及水位调度成果如图11.3-2所示。

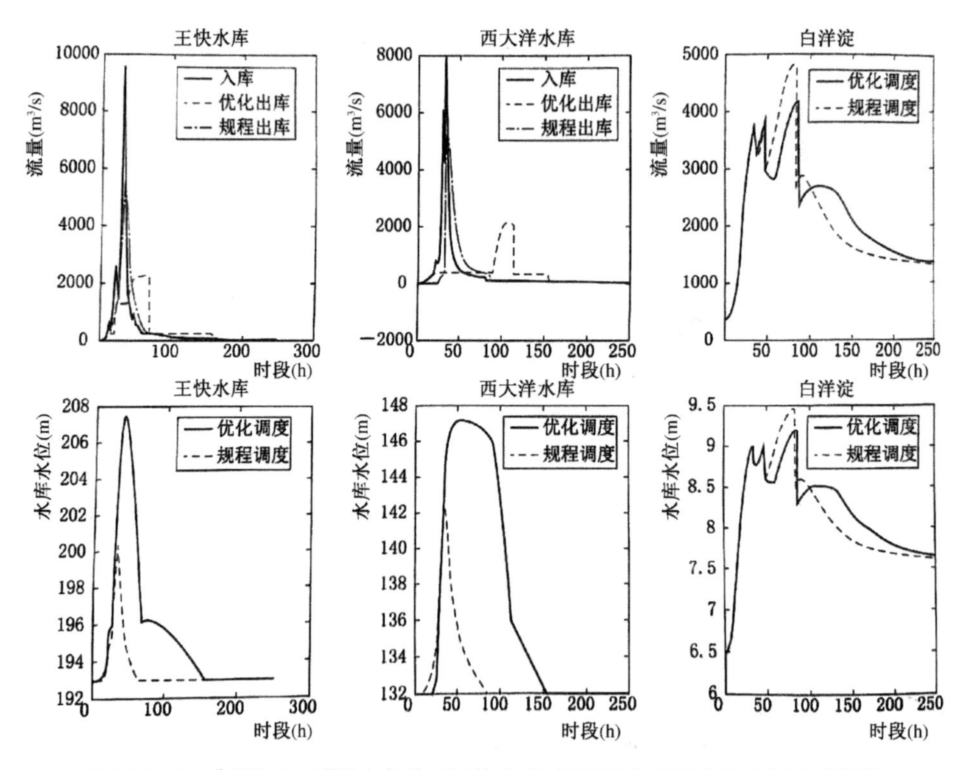

图11.3-2 典型“63・8”洪水条件下王快水库、西大洋水库及白洋淀调度成果图

(2) 典型 50 年一遇洪水。典型洪水暴雨中心 50 年一遇洪水条件下,文安洼蓄滞洪区未启用,王快水库、西大洋水库和白洋淀的入库、出库流量及水位调度成果如图 11.3-3 所示。

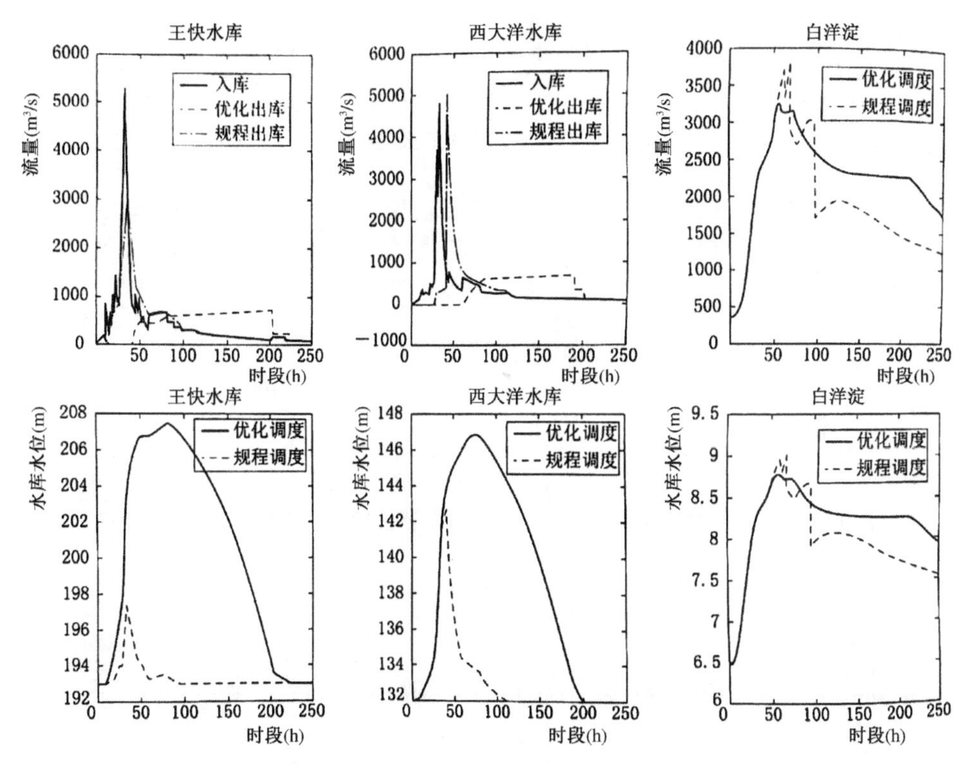

图 11.3-3　50 年一遇洪水条件下王快水库、西大洋水库及白洋淀调度成果图

(3) 典型 100 年一遇洪水。典型洪水暴雨中心 100 年一遇洪水条件下,文安洼蓄滞洪区未启用,王快水库、西大洋水库和白洋淀的入库、出库流量及水位调度成果如图 11.3-4 所示。

(4) 典型 200 年一遇洪水。典型洪水暴雨中心 200 年一遇洪水条件下,文安洼蓄滞洪区未启用,王快水库、西大洋水库和白洋淀的入库、出库流量及水位调度成果如图 11.3-5 所示。

11.3.3.2　成果对比分析

针对大清河流域防洪工程体系联合运行进行了联合调度优化研究,王快水库与西大洋水库最大出库流量对比见表 11.3-1 和表 11.3-2,白洋淀最高水位对比分析见表 11.3-3。

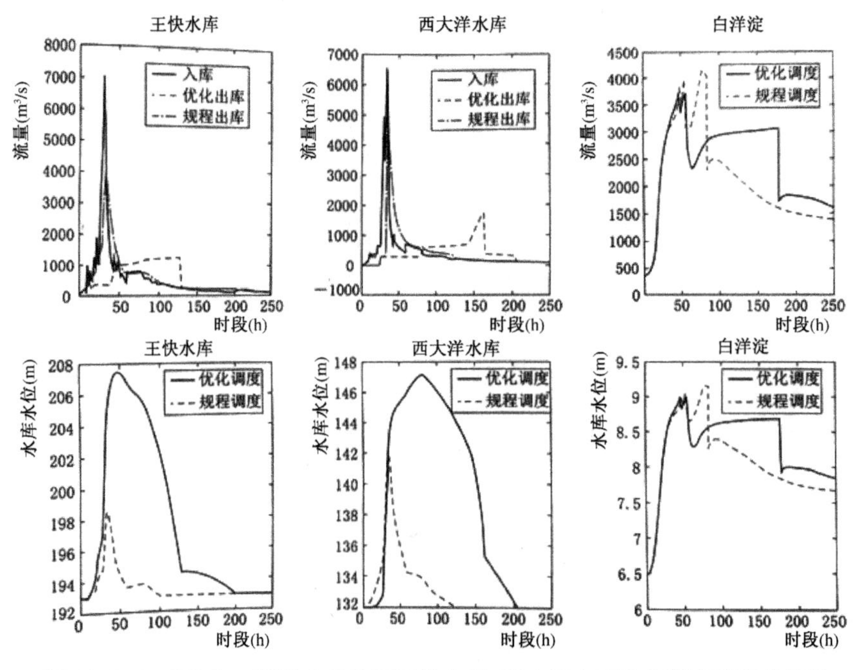

图 11.3-4　100 年一遇洪水条件下王快水库、西大洋水库及白洋淀调度成果图

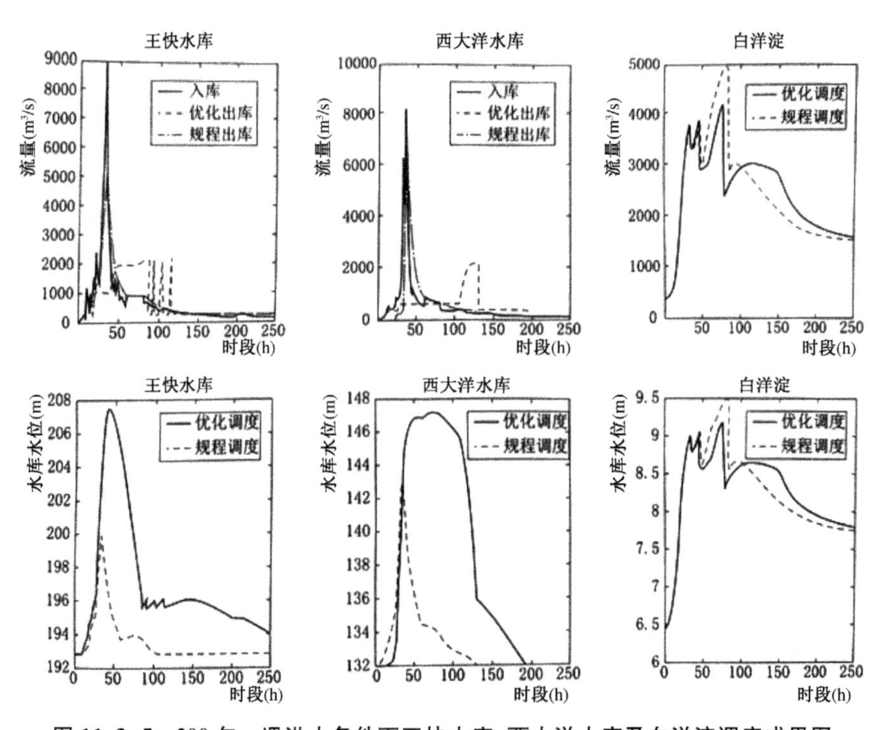

图 11.3-5　200 年一遇洪水条件下王快水库、西大洋水库及白洋淀调度成果图

表 11.3-1　王快水库最大出库流量对比　　单位：m^3/s

洪水频率	设计规程调度	优化调度	洪水频率	设计规程调度	优化调度
“63・8”洪水	5 644	2 314	50 年一遇	3 021	711
10 年一遇	999	225	100 年一遇	4 129	1 263
20 年一遇	1 733	368	200 年一遇	5 285	2 212
30 年一遇	2 288	500			

表 11.3-2　西大洋水库最大出库流量对比　　单位：m^3/s

洪水频率	设计规程调度	优化调度	洪水频率	设计规程调度	优化调度
“63・8”洪水	5 287	2 145	50 年一遇	5 087	686
10 年一遇	300	281	100 年一遇	4 889	1 699
20 年一遇	300	448	200 年一遇	5 579	2 198
30 年一遇	399	556			

由表 11-1 和表 11-2 可以看出，通过大清河流域防洪工程体系联合优化调度，西大洋和王快两座水库相对于规程调度，优化过程中不超过设计洪水位，为了跟别的水库下泄洪峰错峰，会保持在洪水位一段时间，缓解了下游白洋淀防洪压力，王快水库各频率洪水条件下的出库流量均大幅度减少，西大洋水库仅在设计频率 20 年和 30 年一遇洪水条件下出库流量略有增加，其余设计频率作为输入条件，其出库流量均大幅度减少，通过联合调度减小了下游河道的防洪压力，也为下游白洋淀的水位降低创造了条件。从表 11.3-3 中可以看出，白洋淀的最高水位也有了不同程度的降低，联合调度的成果是显著的。

表 11.3-3　白洋淀最高水位对比　　单位：m

洪水频率	设计规程调度	优化调度	洪水频率	设计规程调度	优化调度
“63・8”洪水	9.44	9.19	50 年一遇	9.00	8.78
10 年一遇	7.87	7.52	100 年一遇	9.15	9.01
20 年一遇	8.53	8.14	200 年一遇	9.47	9.17
30 年一遇	8.88	8.44			

11.3.4　混联水库群联合优化调度研究

淠河流域洪水均直接由暴雨产生。形成大暴雨的主要天气系统是低涡切变和台风。暴雨出现的时间一般在每年的5—9月。其中6—7月多为低涡切变型暴雨(俗称梅雨),形成主汛期。由于梅雨季节的前期土壤含水量比较丰润(特别干旱的年份除外),加之降雨过程持续时间长、总量大,因此这个时期极易出现洪灾。8—9月为台风型暴雨形成伏汛,暴雨历时一般3～5天,最长可达7天。

淠河流域地处江淮之间北部,境内地形呈南高北低和东西高中间低的狭长带状,上游植被良好;干流上游河道及中游支流河道坡度较大,中下游干流河道比降相对较缓,平均比降1.46‰;河床为砂质。

淠河洪水由暴雨形成,暴雨中心多出现在佛子岭、响洪甸水库上游,入库洪水峰高量大,在水库的调蓄作用下,出库洪峰流量得以有效削减。佛子岭、磨子潭两大水库,其泄流直接进入东淠河。

佛、磨两水库以下主要为丘陵区,降雨强度一般小于上游山区,区间洪水不大。根据安徽省防汛抗旱指挥部下发的大型水库汛期调度运用计划,淠河4座大型水库现行的主汛期调度规则如下。

(1) 佛子岭水库控制水位为117.56～118.56 m,当库水位超过汛限水位但低于123.08 m时,考虑下游安全,按水库下泄流量原则上不超过3 450 m^3/s控泄;库水位超过123.08 m时,考虑水库自身安全,全开泄洪设施泄洪。

(2) 磨子潭水库控制水位为179～180 m,当库水位超过汛限水位时,开启新、老泄洪隧洞泄洪;当库水位超过196 m时,加开溢洪道泄洪。

(3) 白莲崖水库控制水位为194～195 m,当佛子岭库水位在129 m以下(水库校核水位129.80 m)、白莲崖水位超过汛限水位时,白莲崖水库全开泄洪设施泄洪;当佛子岭水位达129 m以上时,同时,白莲崖水库水位虽然超过汛限水位但低于233.91 m设计最高洪水位时,白莲崖全关泄洪中孔,泄洪隧洞继续敞泄;当白莲崖水位超过233.91 m时,全开白莲崖水库所有泄洪设施泄洪。

(4) 响洪甸水库控制水位为125.0 m,调度方式:库水位125 m以上留5亿m^3防洪库容担负淮干蓄洪任务;库水位超过125 m、低于132.63 m时,视淮干水情泄洪;库水位超过132.63 m、低于140.33 m(设计洪水位140.98 m)时,视情控制水库泄洪流量原则上不大于1 100 m^3/s;库水位超过140.33 m,视情全开泄洪设施泄洪。

针对淠河流域防洪要求,建立保证水库安全的前提下,以保护对象水位最低、尽量保证河道流量均匀为主要目标的水库群防洪联合调度模型。模型中考虑水库下泄与区间洪水遭遇情况,采用水量平衡方程、洪水演进方法等,以水库水位、防洪库容限制、泄洪方式及泄洪能力约束、流量变动幅度限制和最下游防洪控制点安全泄量等作为约束条件。在建立联合防洪调度模型时，选择调度期内水库群下泄流量最小平方和作为佛磨白响混联水库群防洪联合调度目标函数：

$$\min_{x_0}\{[q_1(t)+\Delta Q_{1,2}(t)]^2+[q_2(t)+\Delta Q_{2,3}(t)]^2+\cdots+[q_n(t)+\Delta Q_{n+1}(t)]^2\}\mathrm{d}t \tag{11.3-3}$$

在联合优化各个典型年水库运行过程中，考虑佛磨白响混联水库群的设计洪水位，设定佛磨白响水库最高水位为设计洪水位，即利用佛磨白响混联水库群所有防洪库容，针对响洪甸水库，适当考虑淮干洪水影响，预留一定的防洪库容。

针对联合优化调度目标函数，即追求最大下泄流量最小化目标，通过约束条件的改变反映各个模块的特点，但不妨碍采用统一的算法，因为变量的基本定义、目标函数和主要约束条件还是一致的。

以 i 代表水库，设共有 n 个水库，依次编号为 $i=1, 2, \cdots, n$，对于淠河流域水库群，假设当前 $n=4$，对应佛磨白响混联水库群编号依次为1、2、3、4；将调度周期划分为 M 个时段，以 j 代表时段变量，$j=1,,2, \cdots, M$。

应用PSO方法求解水库群防洪优化调度问题的关键是：初始群体的产生，即初始防洪调度方案（个体）的形成；个体的适应值计算；优化算子的实现。流程如图11.3-6所示。

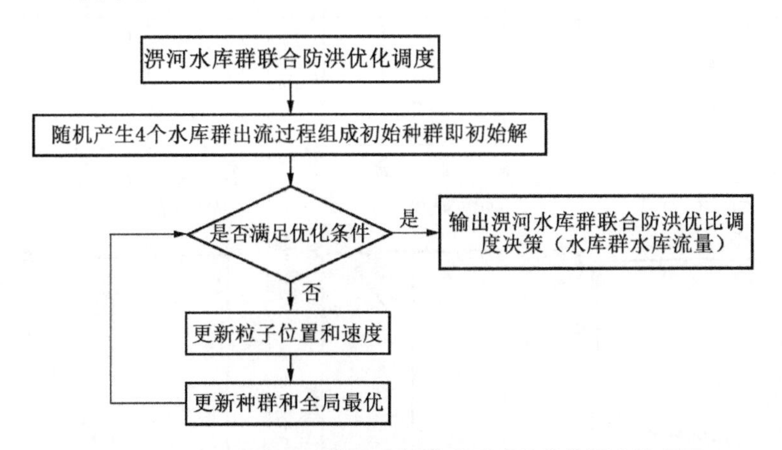

图11.3-6　改进粒子群算法求解水库群防洪优化调度流程图

为了验证联合优化调度的可行性，选取2003年、2005年、2016年和2020年的场次洪水，进行优化调度计算，并于现行的设计规程调度进行比较，其结果如图11.3-7～图11.3-10所示。

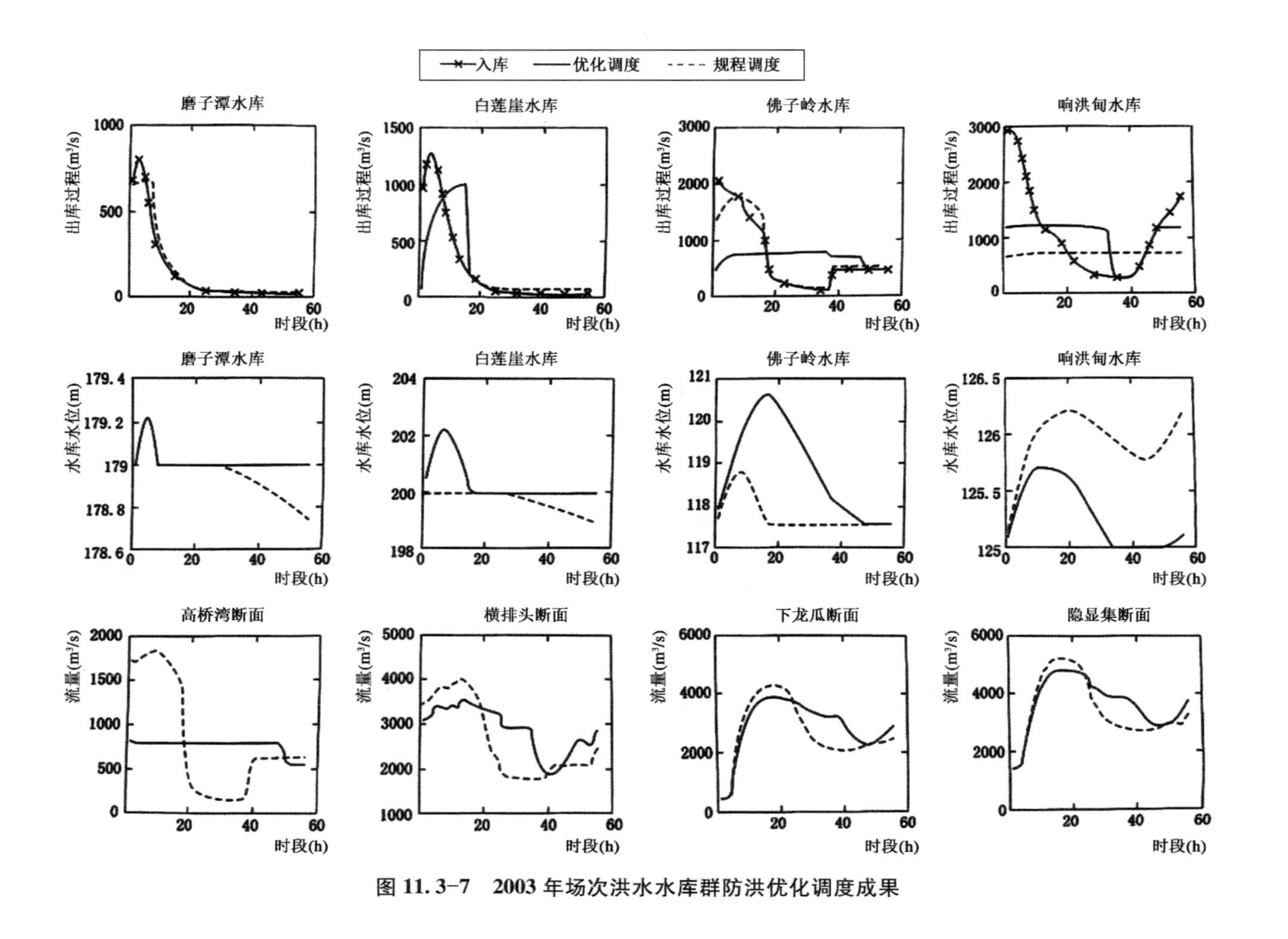

图 11.3-7　2003 年场次洪水水库群防洪优化调度成果

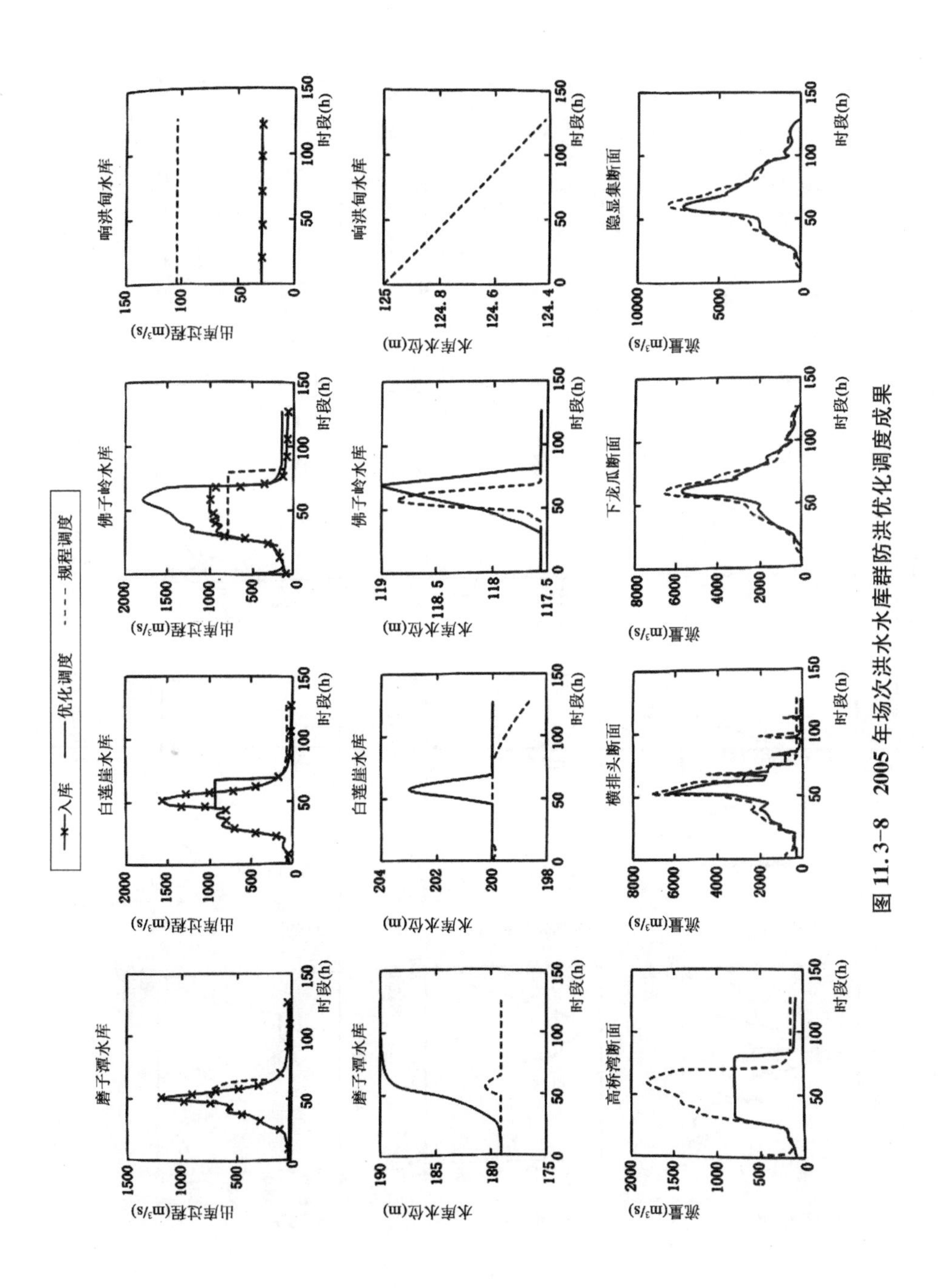

图 11.3-8　2005 年场次洪水水库群防洪优化调度成果

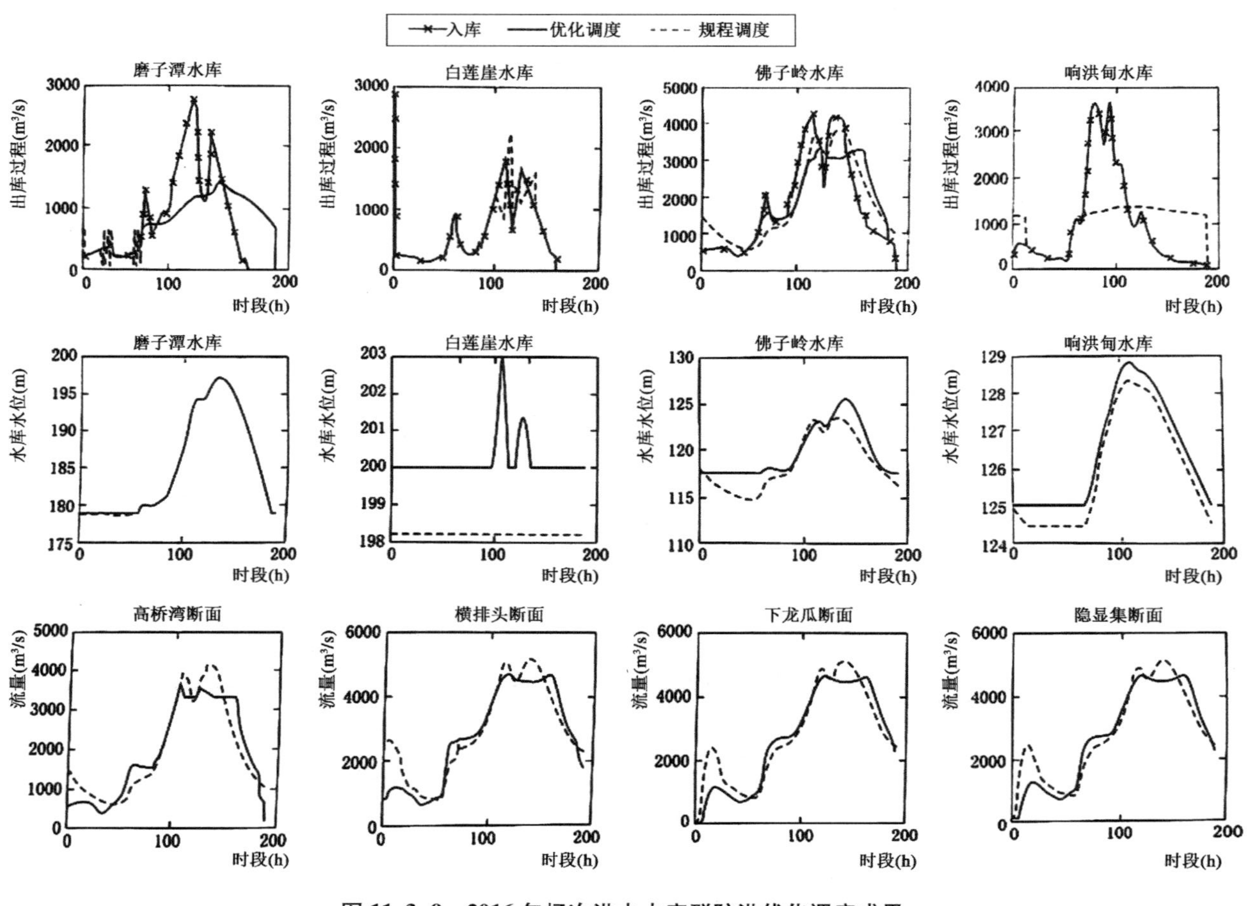

图 11.3-9 2016 年场次洪水水库群防洪优化调度成果

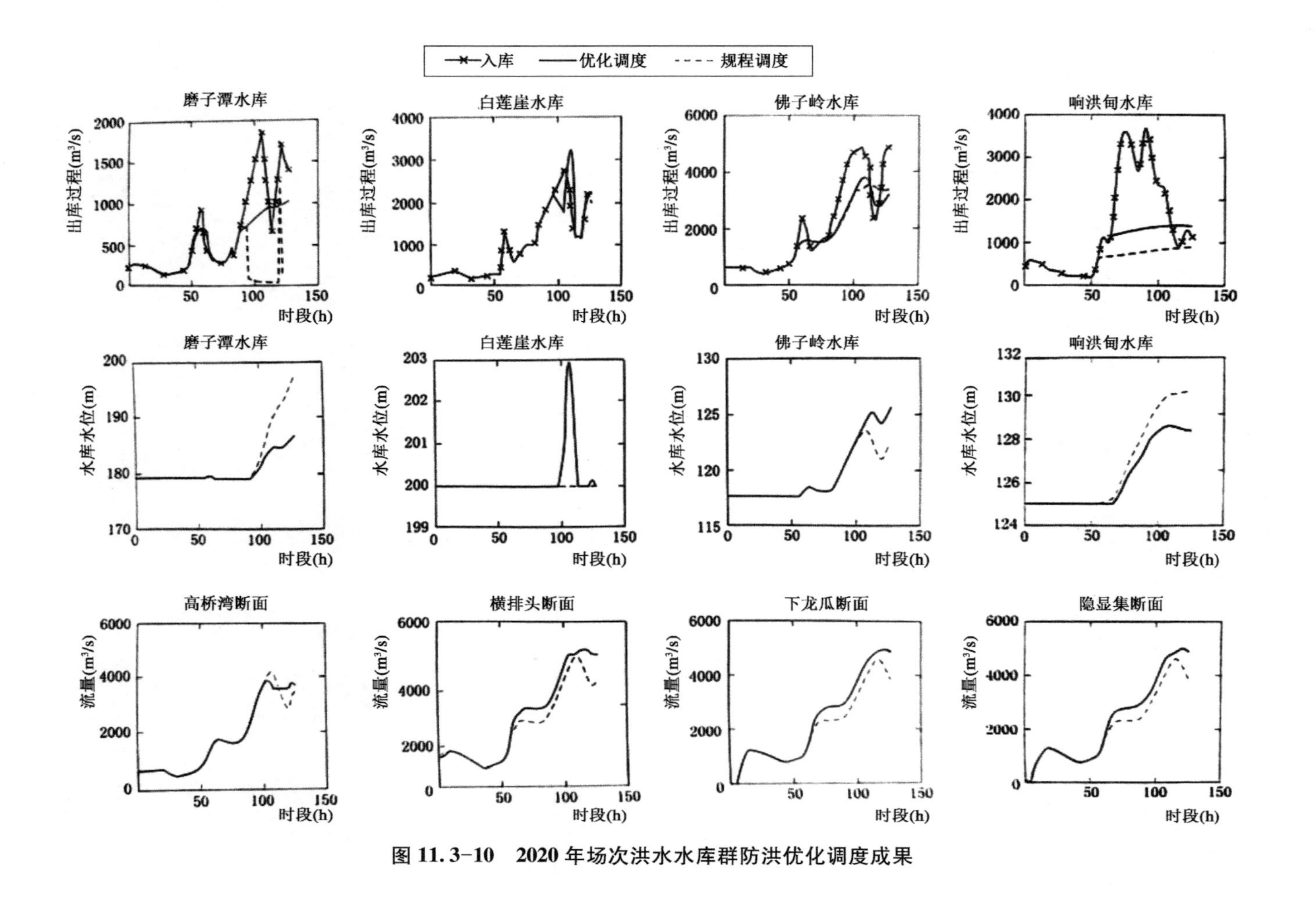

图 11.3-10　2020 年场次洪水水库群防洪优化调度成果

由图 11.3-7～图 11.3-10 可以看出，通过渭河流域水库群联合优化调度，短暂利用各个水库防洪库容，相对于规程调度，可以有效地降低下游保护断面的最大流量。这是因为优化过程中不超过设计洪水位，为了跟别的水库以及下游区间洪水进行错峰，会保持在洪水位一段时间进行滞洪，缓解了下游防洪压力，但是在 2020 年，优化调度成果下游断面最大流量有一定的增加，这是因为区间流量比较大，而水库本身为了安全又有泄洪需求，导致有部分时段流量较大。

参考文献

[1] 沈冰.水资源规划及利用[M].北京：中国水利水电出版社，2016.
[2] 门宝辉，金菊良.水资源规划及利用[M].北京：中国电力出版社，2017.
[3] 王双银，宋孝玉.水资源评价[M].郑州：黄河水利出版社，2008.
[4] 李秀菊.水资源开发利用与保护的重大意义[J].河南水利与南水北调，2012(14)：26-27.
[5] 程哲.河北省水资源开发利用现状及对策研究[J].云南水力发电，2023，39(11)：1-3.
[6] 郭孟卓.守住水资源开发利用上限为保障国家水安全尽责[J].水利发展研究，2023，23(10)：1-5.
[7] 戚小龙.新时期水资源开发利用与管理存在的问题及解决策略分析[J].水上安全，2023(3)：69-71.
[8] 贾志峰，刘鹏程，马艳，等.我国水资源动态演变及开发利用现状分析[J].水电能源科学，2023，41(3)：27-30.
[9] 邵茂清，曾杰，柴宏祥.水资源规划及其应用[J].山西建筑，2007(28)：207-209.
[10] 冯巧，方国华，王富世.浅谈国外水资源规划[J].水利经济，2006(2)：55-57+83.
[11] 左其亭，周可法，杨辽.关于水资源规划中水资源量与生态用水量的探讨[J].干旱区地理，2002(4)：296-301.
[12] 刘健民.水资源规划与管理决策支持系统的发展和应用[J].水科学进展，1995(3)：255-260.
[13] 翁文斌.现代水资源规划——理论、方法和技术[M].北京：清华大学出版社，2004.
[14] 孙秀玲.水资源利用与保护[M].北京：中国建材工业出版社，2020.
[15] 万本太，邹首民.走向实践的生态补偿——案例分析与探索[M].北京：中国环境出版社，2008.
[16] 刘玉龙.生态补偿与流域生态共享共建[M].北京：中国水利水电出版社，2007.
[17] 唐建荣.生态经济学[M].北京：化学工业出版社，2005.
[18] 王浩.中国可持续发展总纲：中国水资源与可持续发展[M].北京：科学出版社，2007.
[19]《中国水利年鉴》编纂委员会.中国水利年鉴 2004[M].北京：中国水利水电出版社，2004.
[20] 李国英.治理黄河 思辨与践行[M].郑州：黄河水利出版社，2003.
[21] DAILY G. Nature's services: Societal dependence on natural ecosystems [M]. Washington, D.C.: Island Press, 1997.

[22] 张春玲，阮本清.水源保护林效益评价与补偿机制[J].水资源保护，2004，20(2)：27-30.
[23] 宗臻铃，欧名豪，董元华，等.长江上游地区生态重建的经济补偿机制探析[J].长江流域资源与环境，2001，10(1)：22-27.
[24] 马智民，黄河，刘利年.关于西部生态环境保护中国家补偿法律制度的思考[J].水土保持通报，2004，24(5)：91-94.
[25] 邢丽.关于建立中国生态补偿机制的财政对策研究[J].财政研究，2005(1)：20-22.
[26] 吕庆华.丽水市生态示范区建设的生态补偿机制探讨[J].中国环境管理，2003，22(5)：30-33.
[27] 周大杰，董文娟，孙丽英，等.流域水资源管理中的生态补偿问题研究[J].北京师范大学学报(社会科学版)，2005(4)：131-135.
[28] 庄泰，高鹏，王学军.中国生态环境补偿费的理论与实践[J].中国环境科学，1995，15(6)：413-418.
[29] 费世民，彭镇华，周金星，等.关于森林生态效益补偿问题的探讨[J].林业科学，2004，40(4)：171-179.
[30] 王金龙，马为民.关于流域生态补偿问题的研讨[J].水土保持学报，2002，16(6)：82-83.
[31] 王舒曼，曲福田.水资源核算及对GDP的修正——以中国东部经济发达国家为例[J].南京农业大学学报，2001，24(2)：115-118.
[32] 蒋依依，王仰麟，卜心国，等.国内外生态足迹模型应用的回顾与展望[J].地理科学进展，2005，24(2)：13-23.
[33] 章锦河，张捷，梁玥琳，等.九寨沟旅游生态足迹与生态补偿分析[J].自然资源学报，2005，20(5)：735-744.
[34] ROBERT COSTANZA，RALPH D'ARGE，RUDOLFDE GROOT，et al. The value of the world's ecosystem services and natural capital[J]. Nature，1997，387：253-256.
[35] 中国水利水电科学研究院，清华大学，中国科学院数学与系统科学研究院，等.水利与国民经济协调发展研究[R].2004.8.
[36] 王浩，秦大庸，汪党献，等.水利与国民经济协调发展报告[M].北京：中国水利水电出版社，2008.
[37] 黄强，王义民.水能利用(第四版)[M].北京：中国水利水电出版社，2009.
[38] 张芮，王双银.水利水能规划：水资源规划及利用[M].北京：中国水利水电出版社，2014.
[39] 顾圣平，田富强，徐得潜.水资源规划及利用[M].北京：中国水利水电出版社，2009.
[40] 何俊仕，林洪孝.水资源规划及利用[M].北京：中国水利水电出版社，2006.
[41] 尚忠义，田世义.水资源及其开发利用[M].北京：科学普及出版社，1993.
[42] 叶守泽.水文水利计算[M].北京：中国水利水电出版社，1992.
[43] 任树梅，李靖.工程水文与水利计算[M].北京：中国农业出版社，2005.
[44] 周之豪.水利水能规划(第二版)[M].北京：中国水利水电出版社，2003.
[45] 翁文斌，王忠静，赵建世.现代水资源规划——理论、方法和技术[M].北京：清华大学出

版社,2004.
[46] 左其亭,窦明,吴泽宁. 水资源规划与管理(第二版)[M]. 北京：中国水利水电出版社,2014.
[47] 左其亭,窦明,吴泽宁. 水资源规划与管理[M]. 北京：中国水利水电出版社,2005.
[48] 左其亭,陈曦. 面向可持续发展的水资源规划与管理[M]. 北京：中国水利水电出版社,2003.
[49] 左其亭,窦明,马军霞. 水资源学教程[M]. 北京：中国水利水电出版社,2008.
[50] 尹传波. 小型水电站水能计算和机组选择的思考[J]. 工程技术：全文版,2016(7)：187.
[51] 郑程遥,邵春兵,黄定波. 基于电价影响的水电站装机容量选择[J]. 水电能源科学,2020,38(12)：165-168.
[52] 胡太娟,杨悦奉,马旭牢. 水电站装机容量选择的探讨[J]. 东北水利水电,2006,24(9):8-9.
[53] 张忠波. 水库群联合调度研究[M]. 北京：中国水利水电出版社：2020.